国家自然科学基金项目(51974303、51574230、51204169)
国家重点研发计划(2018YFC0807903)

煤尘结构与反应性

Structure and Reactivity of Coal Dust

李庆钊　著

U0251193

科学出版社

北　京

内 容 简 介

本书系统总结了煤尘结构与反应性的研究历程及内容体系，阐述了煤尘结构及其反应性研究的基本理论、方法和最新的重要成果，全书内容包括：煤尘的产生及其危害、煤尘结构与反应性研究进展、煤尘特性及其表征、煤尘理化结构及其吸附特性、煤尘表面润湿特性、低温条件下煤尘的绝热自热特性、慢速及快速升温条件下煤尘的燃烧特性、煤尘燃烧固相微结构演化特性、煤尘爆炸及抑爆响应特性等。

本书可供从事矿业工程、安全工程、热能工程及相关专业的本科生、研究生、科研人员及现场工程技术人员阅读和使用。

图书在版编目(CIP)数据

煤尘结构与反应性 = Structure and Reactivity of Coal Dust / 李庆钊著. —北京：科学出版社，2022.1

ISBN 978-7-03-067925-3

Ⅰ. ①煤…　Ⅱ. ①李…　Ⅲ. ①煤尘-结构　②煤尘-反应性　Ⅳ. ①X513

中国版本图书馆CIP数据核字(2021)第017434号

责任编辑：李　雪　崔元春 / 责任校对：杜子昂
责任印制：苏铁锁 / 封面设计：无极书装

科 学 出 版 社 出版
北京东黄城根北街 16 号
邮政编码：100717
http://www.sciencep.com

北京凌奇印刷有限责任公司 印刷
科学出版社发行　各地新华书店经销

*

2022 年 1 月第 一 版　开本：720 × 1000 1/16
2022 年 1 月第一次印刷　印张：22 1/2
字数：450 000
POD定价：　188.00元
(如有印装质量问题，我社负责调换)

前　　言

我国"缺气、少油、相对富煤"，2019 年我国煤炭消费占一次能源消费比例为 57.7%，中国工程院预测 2050 年我国煤炭占一次能源消费比例仍将保持在 50% 左右。因此，2050 年以前，以煤炭为主导的能源结构难以改变，以煤炭为主导能源是我国经济社会发展的必然选择。

然而，我国煤炭开采条件复杂，各类安全事故时有发生。煤尘是煤炭开采、运输及加工等作业过程中所面临的严重灾害之一。据调查，我国煤矿综采、综掘面煤尘浓度高达 200~1000mg/m³，呼吸性煤尘达 15~500mg/m³，煤矿工人尘肺病发病率居高不下。在我国报告的尘肺病病例中，煤工尘肺占 50.2%，死亡病例超过生产安全事故的 2 倍。同时，煤尘是具有可燃性的矿物质，由于煤矿井下作业环境中煤尘的产生总是不可避免的，当井下作业环境空气中悬浮的煤尘达到一定浓度且有足够能量的点火源时可引发煤尘爆炸及冲击波卷扬沉积煤尘的二次爆炸，其爆炸温度高、爆炸压力大，极易造成严重的灾害事故。

因此，研究矿井煤尘的取样测试及分析方法，获取煤尘的基本理化结构特征及其润湿特性，揭示煤尘在不同条件、不同气氛环境下的化学反应机理，将对矿井降尘、煤尘爆炸灾害防治具有极其重要的实际意义，也是国家在煤矿安全生产和职业安全健康保障方面的重大需求。

作者长期从事燃烧与爆炸相关的科研工作，在可燃气体、煤尘燃烧与爆炸致灾机理、主动惰化抑爆技术及方法，以及以此为基础的煤矿瓦斯安全输送、低浓度瓦斯燃烧利用、矿井煤尘防治等方面取得了显著进步。为提炼多年来在该领域的研究工作，作者系统总结了十多年来所取得的创新成果，完成了本书的撰写。

全书共 9 章，第 1 章绪论，主要简述了煤尘的产生及其危害，系统总结了煤尘结构特性、煤尘润湿特性及其反应性的最新研究进展；第 2 章煤尘特性及其表征，重点介绍了包括煤尘在内的粉尘采样及浓度监测方法，分析了煤尘的物质组成、煤尘粒度及其形状、煤尘荷电特性、煤尘密度与导热性及其空气动力学特性；第 3 章煤尘理化结构及其吸附特性，重点介绍了煤尘的理化结构的测试分析方法及理化结构对煤尘与气体吸附、解吸特性的影响规律；第 4 章煤尘表面润湿特性，主要研究了煤尘表面的微观性质对于其宏观润湿特性的作用机理，揭示了影响颗粒润湿性能的关键受控因素；第 5 章低温条件下煤尘的绝热自热特性，主要研究了煤尘的自热温升过程及产物的释放规律；第 6 章慢速升温条件下煤尘的燃烧特性，主要采用热分析系统研究程控升温条件下煤尘的热反应过程、特征温度及其反应动力学参数；第 7 章快速升温条件下煤尘的燃烧特性，研究分析了不同条件下(燃烧气氛、燃烧温度、沉降炉的停留时间等)煤(尘)受热过程中孔隙结构的差异及其随燃尽过程的变化规律；第 8 章煤尘燃烧固相微结构演化特性，采用傅里叶变换红外光谱法(FTIR)和 X 射线衍射(XRD)分析技术，详细研究了不同采样条件下煤焦表面化学结构及其类微晶结构的微观特征；第 9 章煤尘爆炸及抑爆响应特性，主要研究了不同煤尘的爆炸特征参数，分析了影响煤尘爆炸的关键影响因素，探索了煤尘爆炸气固相产物的演化规律，获得了煤尘爆炸对典型抑爆剂的响应规律。

　　本书是作者长期潜心研究成果的结晶，凝聚了作者多年的辛苦劳动和心血。书稿内容涉及作者本人博士期间的研究成果以及本人作为导师所指导的郑源臻、王可等在研究生期间的科研工作成果，他们在理论研究、实验室试验与分析、成果提炼与撰写等方面都表现出了卓越的创新意识，为本书的完成付出了艰辛的劳动。

　　在书稿整理方面，朱建云老师以及研究生郑苑楠、张桂韵、刘鑫鑫、马旭、李晓文、朱鹏飞等开展了大量的文献资料调研、文字与图片的编辑工作。值此本书完成之际，特向他们表示衷心的感谢。

　　本书的出版得到了国家自然科学基金项目(51974303、51574230、51204169)、国家重点研发计划(2018YFC0807903)的资助和科学出版社的大力支持，在此一并表示诚挚的谢意。

　　由于作者水平有限，书中不妥之处，敬请读者不吝指正。

李庆钊

2020 年 9 月于中国矿业大学

目　录

第1章 绪 论

煤尘是煤矿的五大灾害之一，危害性极大，不仅污染井下作业环境，影响煤矿工人的身体健康，而且具有爆炸性，极易造成重大伤亡事故和财产损失，因此，矿井煤尘防治已成为当前煤矿安全生产亟待解决的重大科学技术难题。本章简述了煤尘的产生及其危害，系统总结了煤尘结构特性、煤尘润湿特性及煤尘反应性的最新研究进展，为深入探索煤尘结构与其反应性的耦合关系奠定了基础。

1.1 煤尘的产生及其危害

近年来矿井智能化、机械化、自动化水平的日益提高，增加了瓦斯、煤尘、火灾等灾害发生的潜在隐患，尤其是矿井的煤尘污染，已经严重影响了煤矿安全生产，长期暴露于煤尘环境中会引发严重的职业病。煤矿井下生产过程中煤岩的破碎作业主要包括采掘作业、支护作业、爆破作业、装载作业和运输作业等，均有煤尘的产生，煤尘伴生于煤炭生产、加工、运输的整个过程。随着开采强度和生产集中度大幅增加，产尘量和煤尘浓度急剧上升。

煤矿煤尘的危害主要体现在以下几个方面。

1)煤尘的自燃性和爆炸性

煤尘爆炸是煤矿中致灾性最严重的灾害，与瓦斯爆炸相比，煤尘爆炸的强度和致灾范围更大、破坏性更强、造成的灾难更严重。煤尘具有的潜在爆炸危险长期以来一直严重威胁着煤矿井下的安全生产，近年来，我国煤尘爆炸以及由煤尘参与而导致的爆炸事故时有发生，为中国煤炭的安全生产敲响了警钟。2005年11月27日，龙煤矿业控股集团有限责任公司七台河分公司东风煤矿发生一起特别重大的煤尘爆炸事故，造成171人死亡，48人受伤；2005年12月7日，河北省唐山恒源实业有限公司(原刘官屯煤矿)发生一起特别重大的瓦斯煤尘爆炸事故，造成108人死亡，29人受伤；2006年2月23日，枣庄联创实业有限责任公司16108采煤工作面发生一起特大煤尘爆炸事故，造成18人死亡，9人受伤；2007年12月5日，山西省临汾市洪洞县左木乡红光村瑞之源煤业有限公司原新窑煤矿发生瓦斯煤尘爆炸事故，105人遇难；2008年5月21日，盂县南娄镇万隆煤业有限公司井底车场发生一起煤尘爆炸事故，致5人死亡，1人受伤；2010年5月18日下午山西省盂县辰通煤业有限公司发生瓦斯爆炸事故，造成11人遇难；2012年4月23日，内蒙古乌拉特前旗兴亚煤炭有限责任公司煤矿发生一起瓦斯爆炸事故，造成 9 人死亡，16 人受伤；2013 年 12 月 13 日，新疆昌吉回族自治州呼图壁县白杨沟煤炭有限责任公司煤矿发生重大瓦斯煤尘爆炸事故，造成 22 人死亡，1 人受伤；2014 年 11 月 26 日，辽宁省阜新矿业集团恒大煤业有限责任公司发生重大煤尘爆燃事故，造成 24 名矿工死亡，52 人受伤；2015 年 10 月 9 日，江西省上饶市枫岭头镇永吉煤矿发生重大瓦斯爆炸事故，造成 10 人死亡。

尽管生产技术及安全管理水平不断提高，煤尘爆炸或有煤尘参加的爆炸事故不断减少，但由于煤尘爆炸的强破坏性，煤尘爆炸风险依然不可小视。据统计，我国 87.37%的国有重点煤矿的煤尘具有爆炸危险性，具有煤尘爆炸危险的井工矿普遍存在[1]。因此，开展煤尘爆炸致灾机理及其防治工作，特别是针对煤尘的爆炸特性、爆炸及火焰传播机理及抑爆技术进行全面、深入的研究，将具有重要的实际意义。

2) 煤尘导致尘肺病

对于产尘作业，一般以产尘强度作为煤尘生成量多少的评价指标。产尘强度又称绝对产尘强度，是指生产过程中单位时间内的煤尘产生量，单位为毫克/秒。与其相对应的是相对产尘强度，是指每采掘 1t 或 1m³ 煤岩所产生的煤尘质量，单位为毫克/吨或毫克/米³。井巷掘进工作面的相对产尘量和生产强度紧密相关，可用于比较不同生产情况下的产尘量。在全机械化采煤工作面，全尘浓度可达 1500mg/m³ 以上，综掘工作面的呼吸性粉尘(空气动力学直径<7.07μm，属 PM$_{10}$ 范畴)浓度常在 300mg/m³。据统计，各生产环节所产生的浮游粉尘量占全部矿井的大致比例如下：采煤工作面 50%，掘进工作面 35%，喷浆作业点 10%，装、运、卸煤环节 5%，其中采煤、掘进以及锚喷作业区的产尘量占矿井总产尘量的 95% 以上[2]。煤矿生产过程中产生的粉尘一部分通过喷雾降尘或通风排尘等措施进行消除，一部分粒度较小的尘粒飞扬悬浮在生产空间内，作业人员由于长期接触呼吸性粉尘，吸入的粉尘会慢慢沉积在人体肺部，会在生理、病理上产生一系列的变化，导致尘肺病。

3) 影响作业安全

煤尘产生后能够长时间悬浮在空气中，大大降低作业地点的可见度，影响生产效率，加快机械磨损，缩短设备寿命，影响作业安全运行。

1.2 煤尘结构与反应性研究进展

1.2.1 煤尘结构特性

煤是由有机大分子和矿物质组成的复杂结构的物质，其不同组分在煤尘细化过程中表现出不同的性质。长期以来，人类对煤性质的研究与认识从未间断过，经过不断研究与积累，目前对煤性质已经有了比较全面的了解和认识。然而，相对于块煤而言，煤尘有着更小的分散度，随颗粒粒径的减小，其既保持了块煤的性质，又具有更多粉体所特有的性质，如煤尘颗粒的表面微观结构、表面电性、润湿特性、吸附特性等，目前人们对这些细微颗粒的该类特性的研究明显不足。由于机械截割的影响以及不同煤的硬度、截割参数的差异，煤体将产生不同粒径分布(particle size distribution，PSD)的煤尘，煤尘在粉碎过程中将会发生机械化学反应，致使其微观结构、表面化学特性及矿物晶格结构发生显著差异[3]。研究发现，随着煤尘粒径的不断减小，煤尘比表面积急剧增大，尤其是微孔数量急剧增加[4,5]。超细粉体的表面结构也呈现出典型的分形(fractal)特征，表面分形维数随着粒径的增加而增加，而结构分形维数随着平均孔径的减小而增大[6]。

在颗粒破碎过程中煤颗粒表面形态的变化将由脆性开裂向塑性开裂转变，细颗粒煤的微观断裂形态呈撕裂状[7]，且煤的表面电位显著下降[8]。随着煤尘的细化，其孔隙结构、化学结构及元素组成均发生变化，煤尘疏水性逐渐增强。经过超细粉碎后的煤颗粒形状和表面粗糙度具有分形特征，Zeta 电位随粒度的变化与煤的变质程度密切相关[9,10]。Zhao 等[11]借助 FTIR 从分子层面上探索了破碎过程中煤化学结构的选择性富集情况，采用红外结构参数方法半定量地描述了不同粒径煤尘的官能团变化情况，发现随着煤尘粒径的减小，煤尘中灰分不断降低，氢含量和脂肪烃/芳香烃先稳定后减小，最后趋于稳定，脂肪族侧链或桥键逐渐变长，含氧官能团—C—O 和高度取代的芳环主要集中在 80～106μm 的颗粒中，C═O 富集在最小的颗粒中。Hower[12]从粒径对显微组分分布的影响方面展开了研究，结果表明镜质体倾向集中在小颗粒中，而硅酸盐和惰性物质主要存在于大颗粒中。Lin 等[13]研究发现，在煤的超细粉碎过程中，机械破碎等外力作用将使煤中的化学键发生断裂，产生大量的自由基，使得煤中芳碳率及芳氢率增大，氧接脂碳含量降低，氧接芳碳含量升高。

传统上对煤尘粒度和表面微观结构特性的描述大多是定性分析，因为定量分析是基于经典的几何学概念进行测量，而煤尘颗粒边界复杂、表面粗糙、微观结构起伏多变、极不规则、具有相当精细的结构，这些特性并不严格属于经典几何学的光滑的线、面、体的范畴。如果用传统欧氏测量来描述煤尘颗粒的几何特性，实际上则会忽略许多重要细节，从而也就抹掉了许多重要信息。为此，美国学者曾提出了分形理论(fractal theory)，为研究用传统的数学方法不能描述的煤尘粒度分布(PSD)提供了全新的数学手段和理论基础[14,15]。

对于粉体颗粒粒度的分形研究，国内外文献中已有许多报道，但其大多集中在对土壤、矿物颗粒粒度的分形描述，对煤尘的分形研究相对较少[16]。煤尘颗粒外形的不规则性和自相似性，以及颗粒群分布的自相似性使之成为分形理论所描述的对象，因此分形理论为研究像煤尘这样的复杂系统提供了有利的工具。利用分形理论研究煤尘粒度分布有可能实现煤尘粒度参数的定量表征。

1.2.2　煤尘润湿特性

煤尘润湿性是影响降尘的重要特性之一，煤尘润湿是指其他流体介质(如液体)在毛细管力作用下附着在煤颗粒表面或渗透至煤颗粒内部，从而取代颗粒表面原有吸附介质的过程，其对于煤尘的沉降具有至关重要的意义。理想的润湿是由最初的两相(固-气和液-气)平衡状态经过三相接触状态(固-液-气)，最后达到两相平衡(气-液和固-液)。

在这方面，研究人员做了很多的工作，如李庆钊等[17]研究了超细煤粉表面的润湿性，得到煤经超细化粉碎后，表面润湿性发生了很大的变化，不同变质程度的超细煤粉表面都变成了强疏水表面。为了研究煤的浮选问题，村田逞诠[18]用化学法定量分析了煤的含氧官能团，得到了羧基含量是影响煤表面润湿性最主要的因素，羟基对润湿性的影响仅次于羧基，羰基、醚基对润湿性的影响甚微。Gosiewska等[19]研究了煤尘的矿物质和润湿接触角的关系，得出矿物质决定煤尘本身的润湿性。聂百胜等[20]根据煤大分子和表面结构特点，应用分子热力学和表面物理化学理论分析了煤表面自由能的特征和煤吸附水的微观机理，得到煤对水分子的吸附是多层吸附，吸附第一层水主要是煤对水分子的氢键作用占主要地位的结果，对其余水分子层的吸附主要是分子间力引起的长程力作用的结果，为认识煤的润湿性奠定了理论基础。本研究也探索了煤尘微观理化特性与其润湿性关联机制，通过系统分析煤尘的物理性质及其润湿行为，研究了不同表面活性剂对煤尘润湿性的影响，并与去离子水进行了比较。结果发现，煤的粒度越细、煤的微观结构越复杂，煤的润湿性越差。在 3 种不同的煤尘样品中，挥发分含量较高的煤的润湿性能较差，因为挥发分更容易释放，颗粒周围更容易形成气膜[21]。因此，研究认为细颗粒表面复杂的微结构可能导致其具有强疏水性，同时煤颗粒所含挥发物质的高低也影响着煤尘润湿性。此外，随着表面分形维数的增大，润湿接触角逐渐增大，煤尘疏水性增强。Kollipara等[22]发现液滴与煤颗粒间的接触时间是改善煤尘润湿性的重要因素，接触时间从 10s 增加到 25s，煤尘润湿性提高 3%~27%，且较粗糙的煤颗粒需要更多的时间来完全润湿。

总体而言，煤尘性质、润湿流体的种类和特性、煤尘与液体间的相互作用是影响润湿性能的重要因素[23]。对于不同变质程度的煤，随着变质程度的增加，煤所含化学组分发生变化。低级煤具有较高氧含量和丰富的含氧官能团，如羟基、羧基、羰基等，而高级煤的含氧官能团较少，导致煤的疏水性随变质程度的增大而增强[24]。程卫民等[25]提出芳香族 C—H 含量与煤尘表面润湿性显著相关，C—H含量的增加将导致液滴与煤尘之间的润湿接触角更小。Xu 等[26]使用 Walker 法分析了煤尘化学成分与其润湿性之间的关系，认为煤尘表面羟基是决定其润湿性的主要原因，高羟基含量的煤尘比羟基含量较低的煤尘具有更快的润湿速率。此外，煤尘中无机矿物质含量已被证明对煤尘颗粒的润湿性有着显著的影响[27]。

研究表明，添加表面活性剂可以显著改善煤尘颗粒的润湿特性，但所添加的表面活性剂对润湿能力的改善则主要取决于其表面张力和化学结构[28,29]。表面活性剂由于具有特殊的结构，能有效地降低液体表面张力，许多科学工作者对水溶液中添加表面活性剂后如何提高煤尘润湿性做了大量的实验和理论研究工作，发现煤尘的润湿速率主要受温度、煤尘的尺寸组成以及特殊表面活性剂的浓度和分子结构的影响。在 10～40℃的温度范围内，润湿速率随温度的升高而增加，大致呈线性关系，在特定温度下润湿速率随煤尘平均粒度的增加而线性增加。钱瑾华和涂代惠[30]通过研究表面活性剂润湿煤尘的能力，讨论了无机电解质及温度对表面活性剂润湿能力的影响，阴离子型表面活性剂中添加适量无机盐可大大提高溶液对煤尘的润湿性，而非离子型表面活性剂对煤尘的润湿性影响较小。Pahlman[31]发现在阴离子型表面活性剂溶液中添加钠盐和钾盐可以改善润湿性，煤中的矿物质与煤的润湿性有直接的关系。徐英峰和冯海明[32]认为不同的表面活性剂对煤尘的润湿性能是不一样的，非离子型表面活性剂的润湿效果优于阴离子型表面活性剂，同一种表面活性剂对不同粒径的煤尘有不同的润湿效果，试验表明，其对粗煤尘的润湿效果好于细煤尘。吴超[33]对表面活性剂的复合效果进行了研究，试验表明，大部分复合表面活性剂的性能比单独使用表面活性剂时的效果有所改善或相同，只有个别复合表面活性剂作用有所下降。Xu 等[34]指出，表面活性剂与煤尘间的疏水作用力和静电排斥力决定了活性剂的吸附密度，而吸附密度和亲水亲油平衡(HLB)值共同作用影响着表面活性剂对煤尘的润湿性。Wang 等[35]选用不同变质程度的煤尘，分析了阴离子、阳离子和非离子型表面活性剂及其复配对煤尘润湿性的改善效果，发现复配表面活性剂可显著改善煤尘的表面润湿特性。

1.2.3 煤尘反应性

大量的研究发现，煤尘的细化也会影响煤颗粒的热解过程。在相同环境条件下，煤颗粒尺寸的减小特别是当煤尘粒径低于 20μm 时，会降低煤的着火温度和活化能[36]，加快煤粒的反应速率[37]，缩短挥发性气体的释放时间[38]，提高煤尘燃烧反应的稳定性[39]。

受煤尘反应的影响，当煤尘产生后悬浮于空气中或气流导致扬尘时，极易诱发煤尘爆炸。煤尘爆炸特性的影响因素是多方面的，总体而言煤尘的物质组成、理化特性、悬浮粉尘的浓度、诱发粉尘爆炸的点火能量等是影响其爆炸特性的主要因素。

对于煤尘燃烧和煤尘爆炸，由于大型煤尘爆炸实验耗时过长且价格昂贵，相关研究很少。其中，美国曾在煤矿井下进行了煤尘爆炸实验并获取了煤尘爆炸参数[40]，为实验室实验和现场测试提供了直接依据。目前，为了更加全面地进行煤尘爆炸研究，国内外很多学者选择在实验仪器中进行煤尘爆炸特性研究，从而可以灵活地进行实验工况设计。Pineau 和 Ronchail[41]在一个与管道相连的容器中进行了煤尘爆炸实验，实验中煤尘预先放置在容器底部并由强烈的爆炸引燃，实验在测定煤尘爆炸特性参数的同时揭示了煤尘爆炸过程中二次爆炸的巨大危害。在Gardner 等[42]的实验中，煤尘由空气经过一段实验管道吹入带有点火装置的容器内部，进而获得煤尘的引燃能量等爆炸敏感性参数。Wolanski 等[43]和 Kauffman等[44]在一个垂直容器中进行了煤尘爆炸实验，测定了不同工况组合条件下煤尘爆炸特性参数的变化。Bartknecht[45,46]通过在两个不同长径比容器中进行煤尘爆炸实验发现，在直径为 2.5m、长度为 130m 的实验管道中，煤尘爆炸火焰前进速度很大，在煤尘浓度为 250g/m³ 和 500g/m³ 时，分别达到了 500m/s 和 700m/s。邓煦帆[47]按照国际标准自行设计实验装置，进行了多种烟煤的爆炸实验，并分析了压力、温度和氧气浓度等因素对烟煤爆炸特性参数的影响作用。借助不同形状与容积的封闭容器、开口燃烧管等装置，浦以康和胡俊[48]对烟煤的燃烧爆炸特性和传播特性进行了系统的实验研究，总结了煤尘浓度、粒度及气体介质中氧气浓度、扬尘湍流强度和初始点火能量对煤尘最大爆炸压力、最大爆炸压力上升率以及爆炸火焰传播最小熄火间距的影响。

由于不同变质程度煤尘颗粒的物理结构十分复杂且化学组成并不固定，从煤的工业分析而言，其组成包括挥发分、水分、灰分和固定碳等，其中挥发分的含量是影响煤尘爆炸威力的重要因素。随着煤尘中挥发分含量的升高，煤尘爆炸越容易发生、爆炸性越强。煤尘中的水分含量增加可降低爆炸强度。煤尘中的灰分是惰性组分，只参与换热，不参与反应，在煤尘爆炸过程中灰分不仅吸收一部分热量，还会阻隔相间传热，起到削弱爆炸的作用。煤尘中的固定碳是颗粒的主要可燃组分，在燃烧过程中将产生大量一氧化碳并伴随热量释放使受限空间的压力迅速升高。李雨成等[49]研究指出挥发分是影响煤尘爆炸火焰长度的第一因子。刘贞堂等[50]在 20L 球形爆炸装置中研究了不同变质程度的煤爆炸特性，发现在最佳煤尘浓度条件下，最大爆炸压力与变质程度呈负相关。本研究采用 20L 球形爆炸装置和 X 射线衍射分析仪研究了 6 种不同煤化程度的煤尘及其爆炸固体产物的微观结构。结果表明，挥发分含量越高、镜质组反射率($R_{o,max}$)越低、灰分含量越低的煤粉表现出较强的爆炸强度。与原煤样品相比，爆炸过程使 26°左右的 002 波段的相对强度降低，从而提高了爆炸固体产物的石墨化程度[51]。

有关煤尘爆炸特性参数的测试装置，最常用的有标准 20L 球形爆炸装置以及1m³ 球形爆炸装置。王犇等[52]利用 20L 球形爆炸装置和哈特曼管式爆炸装置对硫黄粉尘进行实验，研究不同硫黄粒径对爆炸的影响程度时发现硫黄粉尘最小点火能量及爆炸极限质量浓度随着粒径的减小而减小；然而最大爆炸指数则完全不同，随着粒径的减小而增大。巢曼等[53]为了研究三环唑粉尘的粒径大小对粉尘爆炸的影响,采用激光粒度仪,结合 20L 球形爆炸装置和哈特曼管式爆炸装置进行研究。结果表明,粉尘粒径越小,点火能量与爆炸下限质量浓度越小;粉尘质量浓度越大,其爆炸压力也会变大,但是达到极值时爆炸压力会变小。通过在 20L 球形爆炸装置以及 1m³ 球形爆炸装置中进行的粉尘爆炸实验,Going 等[54]对比分析了两个装置中粉尘爆炸极限(MEC)和极限氧浓度(LOC)的差异,并研究了煤尘挥发分含量以及粒径对煤尘爆炸参数的影响。Cashdollar[55]借助 20L 球形爆炸装置对煤尘爆炸危险性进行了研究,研究表明煤尘挥发分含量和煤尘粒径均对煤尘爆炸威力具有决定性作用,煤尘粒径越小、挥发分含量越大,煤尘爆炸威力越大。这与 Bi 和 Wang[56]的研究结果相一致。Gao 等[57]通过在 20L 球形爆炸装置中进行煤尘爆炸实验,研究了煤尘爆炸下限、最大爆炸压力以及最大爆炸压力上升速率等煤尘爆炸基本参数,结果表明同一浓度条件下,煤尘爆炸下限随着粒径的减小而降低,最适粒径煤尘常常造成最大爆炸压力及最大爆炸压力上升速率显著增大。为了将大粒径煤尘考虑在内,Man 和 Harris[58]研究了粗粒径、中粒径以及细粒径匹兹堡煤尘的爆炸特性,结果表明三种粒径煤尘的最大爆炸压力相当,但爆炸极限随着煤尘粒径的增加而显著增大,这说明在某种程度上,煤尘爆炸主要受较细粒径煤尘(150μm 或是更小)的控制。由于实验装置及实验条件的不同,这一实验结果和 Amyotte 等[59]的实验结果有很大不同。Cao 等[60]通过分析 20L 球形爆炸装置中测得的煤尘爆炸参数,指出煤尘的有效参与容积对爆炸参数有显著影响。Torrent 和 Fuchs[61]通过实验研究发现,在标准 20L 球形爆炸装置中添加 3%的甲烷时,煤尘爆炸的最大爆炸压力和最大爆炸压力上升速率上升了 30%。Foniok[62]以不同挥发分含量的煤尘为研究对象,研究了甲烷含量的变化对不同煤阶煤尘爆炸下限的影响。

除煤尘的物质组成之外,煤尘粒度是影响煤尘爆炸性的又一重要因素。通常,煤尘粒度越小,热解析出挥发分的速度越快,单位体积释放出的挥发分越多。在受限空间体积一定时,挥发分燃烧释放的热量也越多,最大爆炸压力也会增加。Li 等[63]在 20L 球形爆炸装置中研究了粒度分散度 σ_D 对煤尘爆炸性的影响,结果表明,当煤尘粒度及粒度分散度降低时,煤尘最大爆炸压力及最大爆炸压力上升速率呈现出升高趋势,且挥发分及固定碳的燃烧时间将显著缩短,因此煤尘粒度及粒度分散度是评价煤尘爆炸危险性需考虑的两个重要方面。

通常,煤尘粒子只有粒径足够小时才能悬浮在空气中。国际标准化组织规定粒度<75μm 的固体粒子的悬浮体称作粉尘,其中粒径<1μm 的颗粒可在风力作用下长时间飘浮在空气中,粒径>10μm 的颗粒相对容易沉降。煤尘粒径越小,比表面积越大,当煤尘悬浮于空气当中、颗粒周围有充足的空气助燃时,煤尘颗粒就越容易发生爆炸。当然,只有当空气的悬浮混合物中煤尘达到一定浓度时,才可能引起爆炸。单位体积中能够发生煤尘爆炸的最低或最高煤尘量称为煤尘爆炸下限或爆炸上限,悬浮混合物中煤尘浓度低于爆炸下限或高于爆炸上限的悬浮煤尘都不会发生爆炸灾害。但煤尘爆炸的浓度界限与煤尘的粒度、物质组成、测试条件、点火源的种类和能量等紧密相关。一般而言，煤尘爆炸浓度下限范围为 $30\sim50g/m^3$，上限范围为 $1000\sim2000g/m^3$，煤尘爆炸威力最强的浓度范围为 $200\sim500g/m^3$。

截至目前，由于煤尘结构的复杂性及其影响因素众多，煤尘的爆炸反应机理尚未被完全揭示。中国矿业大学、山东科技大学、北京理工大学、南京理工大学、西安科技大学、中煤科工集团重庆研究院有限公司等单位在煤尘爆炸特性方面进行了大量研究，取得了一些研究成果[64-67]。

与可燃气体爆炸相比，引燃煤尘爆炸所需的最小点火能量通常要高一至两个数量级，但其因煤尘变质程度的不同而差异巨大。煤尘的引燃温度也随煤尘浓度及测试条件的变化而不同，煤尘爆炸的最小点火能量可低至 $4.5\sim40mJ$，点燃温度为 $650\sim1050℃$，通常在 $700\sim800℃$。因此，通常煤矿井下的爆破火焰、电气火花、机械摩擦火花等均具有引燃煤尘爆炸的可能。

为了防治爆炸灾害的发生，众多学者开展了粉体抑爆剂对煤尘爆炸特性的抑制作用的研究，罗振敏等[68]和程方明等[69,70]通过实验发现二氧化硅能够有效抑制瓦斯爆炸。Kordylewski 和 Amrogowicz[71]对比分析了碳酸氢钠和磷酸二氢铵对煤尘爆炸的抑制作用，指出抑爆剂的粒度、浓度等因素显著影响抑爆效果，粉体抑爆剂的浓度越大、粒度越小，抑爆效果越好。谢波和范宝春[72]利用自主创新的简易主动式粉剂抑爆设备进行实验。研究发现，抑爆剂的粒径越小，浓度越大，其抑制爆炸成效越强。合理地选择应用抑爆剂的浓度和粒径，可抑制粉尘爆炸。范宝春等[73]通过预先在粉尘中加入不同浓度的碳酸钙，研究了不同质量百分比条件下粉尘爆炸特性参数的变化，发现添加较少质量碳酸钙时基本发挥不了抑爆作用，而当碳酸钙浓度超过一定值后，粉尘爆炸得到有效抑制。文虎等[74]和 Krasnyansky[75]通过在爆炸过程中加入定量粒径不同的氯化钾和氢氧化铝，证明了超细粉体对气相和固相爆炸具有较好的抑制作用。同时，也有很多学者[76,77]研究了点火能量等各种因素对粉体抑制煤尘爆炸效果的影响。

受煤尘爆炸性差异的影响，不同抑爆剂对煤尘爆炸的抑制效果也存在明显差异。通常煤尘爆炸抑制所用抑爆剂包括惰性粉体抑爆剂、化学活性粉体抑爆剂及复合粉体抑爆剂三类[78]。惰性粉体抑爆剂主要指岩粉和硅系粉体，通过相变吸热、吸附自由基和稀释反应介质，起到屏蔽、冷却与窒息作用。惰性粉体因其方便易得、成本低廉、高效持久等特点，是抑制煤尘爆炸常用的一种方法[79]。当前，惰性粉体抑爆剂对爆炸抑制的研究主要集中在惰性抑爆剂粉体的种类、粒度及浓度对抑爆效果的影响[80]。化学活性粉体抑爆剂常见的有 $NH_4H_2PO_4$（ABC 粉）、$NaHCO_3$、$Al(OH)_3$、$NaCl$ 等，粉体遇高温发生强烈的吸热分解反应，降低火焰温度的同时，通过中和反应消耗活性中心自由基，中断爆炸链式反应[81]。复合粉

体抑爆剂综合了惰性粉体抑爆剂和纳米活性粉体抑爆剂两类粉体抑爆剂的优势,
实现了惰性粉体抑爆剂和纳米活性粉体抑爆剂的系统耦合、协同增效,具有较好
的应用前景。其通常采用复配技术来构建抑爆剂粉末。Mikhail[82]运用复配技术研
发了一种复合粉体抑爆剂(PSE),其成分为 78%尿素、20%氯化钾和 2%改性气相
法白炭黑,其中抑制爆炸的最有效成分是尿素和氯化钾。

左前明等[83]运用复配协同增效技术,以 Al(OH)$_3$、聚磷酸铵和硅藻土为单体
复配制备了复合型抑爆剂,与上述 3 种单体抑爆剂对比,复合型抑爆剂的抑爆效
果更好,实现了协同增效。当复合型抑爆剂与煤尘的质量为 1:2 时,可以彻底抑
制煤尘爆炸,优于传统抑爆剂的抑制效果。Ni 等[84]利用沸石为载体,采用纳米合
成与复合技术研制了具有核壳结构的 NaHCO$_3$/沸石纳米颗粒复合型干粉灭火抑爆
剂材料,利用多孔沸石和 NaHCO$_3$ 纳米颗粒的协同作用实现抑爆,为提高灭火抑
爆剂的性能提供了新途径。

1.3 本书的特色与创新

煤尘是煤矿的重要致灾源,其对于作业人员的职业安全与健康、煤矿热动力
灾害具有极其重要的影响。然而,目前尚未有专著能够系统介绍有关的煤尘结构
与反应性。本书通过大量的调研、实验室测试与理论分析,系统而全面地阐述了
国内外煤尘研究的发展历史与现状,深入分析了煤尘的产生及其危害、煤尘取样
及其基本特性与表征方法、煤尘的理化结构及其吸附特性、煤尘表面润湿特性、
低温及升温条件下煤尘的燃烧特性及固相产物的结构演化规律、煤尘爆炸及其对
不同抑爆剂的响应特性等内容,是一部专门研究煤尘宏观反应性的微观控制机理
的学术专著。

在本书的撰写过程中,作者坚持理论联系实际,努力做到系统性、科学性和
先进性,力求准确、严谨,图文并茂,系统而全面地探索煤尘结构及其与反应性
间的耦合作用关系以及其控制机制,全书的特色与创新如下。

1) 系统阐述了煤尘的微观结构及其测试与表征方法

本书从煤尘浓度监测、采样出发,研究获得煤尘的元素组成及矿物组成,阐
述了煤尘的粒度、形状的测定及其表征方法,探讨了煤尘结构的分形特征,系统
描述了煤尘密度及其荷电特性、导热性、空气动力学特性的测试分析方法及其关
键影响因素。

2) 综合研究了煤尘在不同条件下的宏观反应性规律

结合扫描电子显微镜(SEM)、傅里叶变换红外光谱仪、X 射线衍射分析仪以
及热重分析(TGA)、气相色谱分析仪(GC)等先进的测试分析手段,通过大量实验

室研究与测试分析，综合获得了煤尘在低温条件下的绝热自热特性、在慢速及快速升温条件下的燃烧特性、煤尘爆炸的条件及其抑爆响应特性，明确了煤尘在反应过程中气相产物的生产及其固相产物结构的演化规律。

3) 全面揭示了煤尘宏观反应性的微观作用机理

基于煤尘宏观反应特性及固相微观结构的演化规律，获得了煤尘绝热自热及低温氧化的反应动力学参数与反应机理，明确了快速升温条件下煤尘燃烧固相产物孔隙结构及表面化学结构演化的非线性特征，揭示了煤尘爆炸的反应特性及典型抑爆剂对煤尘爆炸的抑制效应及作用机理。

参 考 文 献

[1] 范维唐. 中国煤炭工业发展战略与煤矿安全[R]. 青岛: 山东科技大学, 2005.

[2] 程卫民, 周刚, 陈连军, 等. 我国煤矿粉尘防治理论与技术 20 年研究进展及展望[J]. 煤炭科学技术, 2020, 48(2): 1-20.

[3] Liu J X, Jiang X M, Han X X, et al. Chemical properties of superfine pulverized coals. Part 2. Demineralization effects on free radical characteristics[J]. Fuel, 2014, 115(12): 685-696.

[4] Luo L, Yao W, Liu J X, et al. The effect of the grinding process on pore structures, functional groups and release characteristic of flash pyrolysis of superfine pulverized coal[J]. Fuel, 2019, 235: 1337-1346.

[5] Luo L, Liu J X, Zhang Y C, et al. Application of small angle X-ray scattering in evaluation of pore structure of superfine pulverized coal/char[J]. Fuel, 2016, 185: 190-198.

[6] Liu J X, Jiang X M, Huang X Y, et al. Morphological characterization of super fine pulverized coal particle. Part 4. Nitrogen adsorption and small angle X-ray scattering study[J]. Energy Fuels, 2010, 24(5): 3072-3085.

[7] 高顶, 赵跃民. 煤颗粒表面形态及其对超细粉碎的影响[J]. 中国粉体技术, 2007, 13(6): 9-11.

[8] Bokanyi L, Csoke B. Preparation of clean coal by flotation following ultra fine liberation[J]. Applied Energy, 2003, 74(3): 349-358.

[9] 董平, 单忠健, 李哲. 超细煤粉表面润湿性的研究[J]. 煤炭学报, 2004, 29(3): 346-349.

[10] 杨静, 徐辉, 高建广, 等. 粒度对煤尘表面特性及润湿性的影响[J]. 煤矿安全, 2014, 45(10): 140-143.

[11] Zhao Y, Qiu P H, Chen G, et al. Selective enrichment of chemical structure during first grinding of Zhundong coal and its effect on pyrolysis reactivity[J]. Fuel, 2017, 189: 46-56.

[12] Hower J C. Maceral/micro lithotype partitioning with particle size of pulverized coal: Examples from power plants burning Central Appalachian and Illinois Basin coals[J]. International Journal of Coal Geology, 2008, 73(3): 213-218.

[13] Lin Y K, Li Q S, Ji K, et al. Thermogravimetric analysis of pyrolysis kinetics of Shenmu bituminous coal[J]. Reaction Kinetics, Mechanisms and Catalysis, 2014, 113(1): 269-279.

[14] 李水根, 吴纪桃. 分形与小波[M]. 北京: 科学出版社, 2002.

[15] 张济忠. 分形: 第 2 版[M]. 北京: 清华大学出版社, 2011.

[16] 董平, 单忠健. 超细煤粉粒度分布的分形描述[J]. 黑龙江科技学院学报, 2004, 14(2): 69-73.

[17] 李庆钊, 林柏泉, 张军凯, 等. 矿井煤尘的分形特征及其表面润湿性能的影响[J]. 煤炭学报, 2012, 37(s1): 138-142.

[18] 村田逞诠. 煤的润湿性研究及其应用[M]. 北京: 煤炭工业出版社, 1992.

[19] Gosiewska A, Drelich J, Laskowski J S, et al. Mineral matter distribution on coal surface and its effect on coal wettability[J]. Journal of Colloid & Interface Science, 2002, 247(1): 107.

[20] 聂百胜, 何学秋, 王恩元, 等. 煤吸附水的微观机理[J]. 中国矿业大学学报, 2004, 33(4): 379-383.

[21] Li Q Z, Lin B Q, Zhao S A, et al. Surface physical properties and its effects on the wetting behaviors of respirable coal mine dust[J]. Powder Technology, 2013, 233: 137-145.

[22] Kollipara V K, Chugh Y P, Mondal K. Physical, mineralogical and wetting characteristics of dusts from Interior Basin coal mines[J]. International Journal of Coal Geology, 2014, 127(1): 75-87.

[23] Mustafa A, Basha O M, Morsi B. Coal-agglomeration processes: A review[J]. Coal Preparation, 2016, 37(3): 131-167.

[24] Arif M, Jones F, Barifcani A, et al. Influence of surface chemistry on interfacial properties of low to high rank coal seams[J]. Fuel, 2017, 194: 211-221.

[25] 程卫民, 薛娇, 周刚, 等. 基于红外光谱的煤尘润湿性[J]. 煤炭学报, 2014, 39(11): 2256-2262.

[26] Xu C H, Wang D M, Wang H T, et al. Effects of chemical properties of coal dust on its wettability[J]. Powder Technology, 2017, 318: 33-39.

[27] 赵振保, 杨晨, 孙春燕, 等. 煤尘润湿性的实验研究[J]. 煤炭学报, 2011, 36(3): 442-446.

[28] Xu G, Chen Y P, Jacques E, et al. Surfactant-aided coal dust suppression: a review of evaluation methods and influencing factors[J]. Science of the Total Environment, 2018, 639: 1060-1076.

[29] Chen Y P, Xu G, Albijanic B. Evaluation of SDBS surfactant on coal wetting performance with static methods: Preliminary laboratory tests[J]. Energy Sources Part A: Recovery Utilization & Environmental Effects, 2017, 39(3): 1-11.

[30] 钱瑾华, 涂代惠. 表面活性剂润湿煤尘能力的研究[J]. 河北煤炭建筑工程学院学报, 1995, (2): 43-46.

[31] Pahlman K J E. Coal wetting ability of surfactant solutions and the effect of multivalent anion additions[J]. Colloids & Surfaces, 1987, 26(5): 217-242.

[32] 徐英峰, 冯海明. 对润湿剂润湿煤尘影响因素的研究[J]. 中国煤炭, 2005, 31(3): 39-40.

[33] 吴超. 化学抑尘[M]. 长沙: 中南大学出版社, 2003.

[34] Xu C H, Wang D M, Wang H T, et al. Experimental investigation of coal dust wetting ability of anionic surfactants with different structures[J]. Process Safety and Environmental Protection, 2019, 121: 69-76.

[35] Wang K, Ding C N, Jiang S G, et al. Application of the addition of ionic liquids using a complex wetting agent to enhance dust control efficiency during coal mining[J]. Process Safety & Environmental Protection, 2019, 122: 13-22.

[36] Jiang X M, Zheng C G, Yan C, et al. Physical structure and combustion properties of super fine pulverized coal particle[J]. Fuel, 2002, 81(6): 793-797.

[37] Zhang H, Liu J X, Wang X Y, et al. Density functional theory study on two different oxygen enhancement mechanisms during NO-char interaction[J]. Combustion and Flame, 2016, 169: 11-18.

[38] Anthony D B, Howard J B, Hottel H C, et al. Rapid devolatilization of pulverized coal[J]. Symposium on Combustion, 1975, 15(1): 1303-1317.

[39] Liu J X, Jiang X M, Shen J, et al. Influences of particle size, ultraviolet irradiation and pyrolysis temperature on stable free radicals in coal[J]. Powder Technology, 2015, 272: 64-74.

[40] Sapko M J, Weiss E S, Cashdollar K L, et al. Experimental mine and laboratory dust explosion research at NIOSH[J]. Journal of Loss Prevention in the Process Industries, 2000, 13(3): 229-242.

[41] Pineau J P, Ronchail G. Propagation of coal dust explosions in pipes[J]. Astm Special Technical Publication, 1987, 55(4): 74-89.

[42] Gardner B R, Winter R J, Moore M J. Explosion development and deflagration to detonation transition in coal dust/air suspensions[J]. Symposium (International) on Combustion, 1988, 21(1): 335-343.

[43] Wolanski P, Sacha W, Zalesinski M. Effect of dust concentration on detonation parameters in grain dust-air mixtures[C]. Proceedings of the 4th International Colloquium on Dust Explosions, Porabka-Kozubnik Poland, 1990: 355-370.

[44] Kauffman C W, Wolanski P, Ural E, et al. Detonation waves in confined dust clouds[C]. Proceedings of the 19th International Symposium on Combustion, Haifa, 1982.

[45] Bartknecht W. Explosions: Course, Prevention, Protection[M]. New York: Springer-Verlag, 1981: 251-259.

[46] Bartknecht W. Dust Explosions: Course, Prevention, Protection[M]. Berlin: Springer-Verlag, 1989.

[47] 邓煦帆. 粉尘爆炸危险性分级研究[J]. 防爆电机, 1992, (1): 14-21.

[48] 浦以康, 胡俊. 高炉喷吹用烟煤煤粉爆炸特性的实验研究[J]. 爆炸与冲击, 2000, 20(4): 303-312.

[49] 李雨成, 刘天奇, 陈善乐, 等. 煤质指标对煤尘爆炸火焰长度影响作用的主成分分析[J]. 中国安全生产科学技术, 2015, 11(3): 40-46.

[50] 刘贞堂, 张松山, 郭汝林, 等. 不同变质程度煤尘爆炸特性对比分析[J]. 煤矿安全, 2015, 46(4): 170-173.

[51] Li Q Z, Tao Q L, Yuan C C, et al. Investigation on the structure evolution of pre and post explosion of coal dust using X-ray diffraction[J]. International Journal of Heat and Mass Transfer, 2018, 120: 1162-1172.

[52] 王犇, 臧晓勇, 赵琳, 等. 硫磺粉尘爆炸特性研究[J]. 无机盐工业, 2014, 46(9): 62-65.

[53] 巢曼, 朱顺兵, 吴倩倩, 等. 三环唑粉尘爆炸特性研究[J]. 工业安全与环保, 2016, 42(7): 23-25.

[54] Going J E, Chatrathi K, Cashdollar K L. Flammability limit measurements for dusts in 20L and 1m^3 vessels[J]. Journal of Loss Prevention in the Process Industries, 2000, 13(3): 209-219.

[55] Cashdollar K L. Coal dust explosibility[J]. Journal of Loss Prevention in the Process Industries, 1996, 9(1): 65-76.

[56] Bi M S, Wang H Y. Experiment on methane-coal dust explosions[J]. Journal of China Coal Society, 2008, 33(7): 784-788.

[57] Gao C, Li H, Su D, et al. Explosion characteristics of coal dust in a sealed vessel[J]. Explosion and Shock Waves, 2010, 30(2): 164-168.

[58] Man C K, Harris M L. Participation of large particles in coal dust explosions[J]. Journal of Loss Prevention in the Process Industries, 2014, 27: 49-54.

[59] Amyotte P R, Mintz K J, Pegg M J, et al. The ignitability of coal dust-air and methane-coal dust-air mixtures[J]. Fuel, 1993, 72(5): 671-679.

[60] Cao W G, Huang L Y, Zhang J, et al. Research on characteristic parameters of coal-dust explosion[J]. Procedia Engineering, 2012, 45: 442-447.

[61] Torrent J G, Fuchs J C. Flammability and explosion propagation of methane/coal dust hybrid mixtures[C]. 23rd International Conference of Safety in Mine Research Institute, Washington DC, 1989.

[62] Foniok R. Hybrid dispersive mixtures and inertized mixtures of coal dust-explosiveness and ignitability[J]. Staub Reinhaltung der Luft, 1985, 45: 151-154.

[63] Li Q Z, Wang K, Zheng Y N, et al. Experimental research of particle size and size dispersity on the explosibility characteristics of coal dust[J]. Powder Technology, 2016, 292: 290-297.

[64] 左前明. 煤尘爆炸特性及抑爆技术实验研究[D]. 青岛: 山东科技大学, 2010.

[65] 宫广东, 刘庆明, 胡永利, 等. 管道中煤尘爆炸特性实验[J]. 煤炭学报, 2010, 35(4): 609-612.

[66] 李庆钊, 翟成, 吴海进, 等. 基于20L球形爆炸装置的煤尘爆炸特性研究[J]. 煤炭学报, 2011, 36(增刊1): 119-124.

[67] 曹卫国. 褐煤粉尘爆炸特性实验及机理研究[D]. 南京: 南京理工大学, 2016.

[68] 罗振敏, 葛岭梅, 邓军, 等. 纳米粉体对矿井瓦斯的抑爆作用[J]. 湖南科技大学学报: 自然科学版, 2009, 24(2): 19-23.

[69] 程方明, 邓军, 文虎, 等. SiO$_2$纳米粉体抑制瓦斯爆炸的试验研究[J]. 煤炭科学技术, 2010, 38(8): 73-76.

[70] 程方明, 邓军, 罗振敏, 等. 硅藻土粉体抑制瓦斯爆炸的实验研究[J]. 采矿与安全工程学报, 2011, 27(4): 604-607.

[71] Kordylewski W, Amrogowicz J. Comparison of NaHCO$_3$ and NH$_4$H$_2$PO$_4$ effectiveness as dust explosion suppressants[J]. Combustion and Flame, 1992, 90(3): 344-345.

[72] 谢波, 范宝春. 大型管道中主动式粉尘抑爆现象的实验研究[J]. 煤炭学报, 2006, 31(1): 54-57.

[73] 范宝春, 谢波, 张小和, 等. 惰性粉尘抑爆过程的实验研究[J]. 实验流体力学, 2001, 15(4): 20-25.

[74] 文虎, 王秋红, 罗振敏, 等. 超细Al(OH)$_3$粉体抑制甲烷爆炸的实验研究[J]. 西安科技大学学报, 2009, 29(4): 388-390.

[75] Krasnyansky M. Prevention and suppression of explosions in gas-air and dust-air mixtures using powder aerosol-inhibitor[J]. Journal of Loss Prevention in the Process Industries, 2006, 19(6): 729-735.

[76] 蒯念生, 黄卫星, 袁旌杰, 等. 点火能量对粉尘爆炸行为的影响[J]. 爆炸与冲击, 2012, 32(4): 432-438.

[77] 张景林, 肖林, 寇丽平, 等. 气体爆炸抑制技术研究[J]. 兵工学报, 2000, 21(3): 261-263.

[78] Zhang J F, Sun Z Q, Zheng Y M, et al. Coupling effects of foam ceramics on the flame and shock wave of gas explosion[J]. Safety Science, 2012, 50(4): 797-800.

[79] Song Y F, Nassim B, Zhang Q. Explosion energy of methane/deposited coal dust and inert effects of rock dust[J]. Fuel, 2018, 228: 112-122.

[80] Liu Q M, Hu Y L, Bai C H, et al. Methane/coal dust/air explosions and their suppression by solid particle suppressing agents in a large-scale experimental tube[J]. Journal of Loss Prevention in the Process Industries, 2013, 26(2): 310-316.

[81] Jiang B Y, Liu Z G, Tang M Y, et al. Active suppression of premixed methane/air explosion propagation by non-premixed suppressant with nitrogen and ABC powder in a semi-confined duct[J]. Journal of Natural Gas Science and Engineering, 2016, 29: 141-149.

[82] Mikhail K. Prevention and suppression of explosion in gas-air and dust-air mixtures using powder aerosol-inhibitor[J]. Journal of Loss Prevention in the Process Industries, 2006, 19(6): 729-735.

[83] 左前明, 程卫民, 邹冠贵, 等. 协同增效原理在煤尘抑爆剂中的应用实验[J]. 重庆大学学报, 2012, 35(1): 105-109.

[84] Ni X M, Kuang K Q, Yang D L, et al. A new type of fire suppressant powder of NaHCO$_3$/zeolite nanocomposites with core-shell structure[J]. Fire Safety Journal, 2009, 44: 968-975.

第2章 煤尘特性及其表征

煤尘属于粉尘的一种，是在煤炭生产和加工过程中所产生的各种矿物细微颗粒的总称，是煤矿五大灾害之一。煤尘潜在的危险性极大，是诱发包括尘肺病在内的多种疾病的主要原因，其不仅污染作业环境、影响矿工的身体健康，当煤尘在空气中达到一定浓度时遇火源还会诱发煤尘爆炸灾害。因此，有效监测生产作业空间的煤尘浓度、采集煤尘试样(sample)并分析其相关特征，是揭示煤尘致灾机理并进行有效防治的前提和基础。本章重点介绍了包括煤尘在内的粉尘浓度监测与采样，分析了煤尘的物质组成、煤尘粒度及其形状、煤尘荷电特性、煤尘密度与导热性及煤尘的空气动力学特性。

2.1 粉尘浓度监测与采样

粉尘浓度监测是了解粉尘危害、正确评价作业地点的劳动卫生条件、制定防尘措施、选择降尘设备、考察防尘效果的基础，粉尘浓度监测是一项技术性较强的工作，必须按照《工作场所空气中有害物质监测的采样规范》(GBZ 159—2004)、《工作场所空气中粉尘测定》(GBZ/T 192.1～192.5—2007)、《煤炭工业部煤矿测尘规定》《煤矿作业场所职业病危害防治规定》《煤矿井下粉尘综合防治技术规范》(AQ 1020—2006)等相关技术标准，其测尘时间、测尘地点、测尘次数需具有代表性。

2.1.1 浓度监测方法

1. 滤膜质量测尘法

我国粉尘浓度多采用质量浓度表示，其测定方法主要为滤膜计重法[1]，该法的采样原理是通过抽取一定体积的含尘空气，将粉尘过滤在已知质量的滤膜上，由采样后滤膜的质量增量，求出单位体积空气中粉尘的质量。滤膜计重法具有采样简便、操作快捷及准确性较高的优点，但在矿井高湿环境或有水雾存在的情况下采样时，样品称量前需做干燥处理。在有油雾的空气环境中采样时，可用石油醚除油，再计算粉尘浓度和油雾浓度。

滤膜计重法所用仪器附件如下。

1) 采样器

采样器需采用经过国家煤矿防尘通风安全产品质量监督检验中心检验合格的，并经国务院所属部委一级单位鉴定的粉尘采样器。在需要防爆的作业场所采样时，需采用防爆型粉尘采样器，并附带采样支架。

2) 滤膜

测尘用滤膜一般有合成纤维和硝化纤维两类，我国测尘用滤膜多是合成纤维滤膜。其是由直径 1.25～1.5μm 的高分子化合物(过氯乙烯)制成的超细纤维，所组成的网状薄膜孔隙很小，表面呈细绒状，不易破裂，具有抗静电性、憎水性、耐酸碱和质量轻等特点。纤维滤膜热稳定性好，在低于 55℃条件下不受温度变化的影响。当煤尘浓度低于 50mg/m³ 时用直径 40mm 的滤膜，高于 50mg/m³ 时直径 75mm 的滤膜。对于特殊粉尘，当过氯乙烯滤膜不适用时，可改用玻璃纤维滤膜。

3) 采样头、滤膜夹及样品盒

采样头一般采用武安Ⅲ型采样头(图 2-1)，其可用塑料或铝合金制作，滤膜夹由固定盖、锥形环和螺纹底座组成，滤膜夹及样品盒用塑料加工而成。

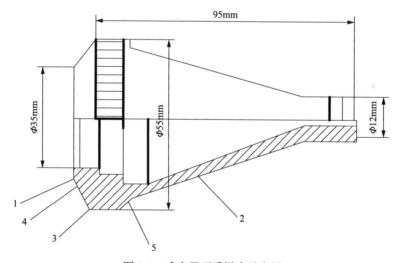

图 2-1　武安Ⅲ型采样头示意图

1-顶盖；2-漏斗；3-固定盖；4-锥形环；5-螺纹底座

4) 气体流量计

采样时多采用 15～40L/min 的转子流量计测量空气的流量，也可用涡轮式气体流量计。流量较大时，可选用精度为±2.5%的 40～80L/min 的转子流量计。流量计至少每半年用钟罩式气体计量器、皂膜流量计或精度为±1%的转子流量计校正一次，使用过程中若流量计管壁和转子有明显污染时，应及时清洗校正。

5) 天平

用于称量的天平的精度至少为 0.0001g，按计量部门规定，分析天平每年需检定一次。

6) 干燥器

常以吸水变色硅胶作为干燥剂。

2. 压电晶体差频测尘法

石英晶体差频法粉尘浓度测定仪以石英谐振器为测尘传感器[2]，其工作原理示意图如图 2-2 所示。

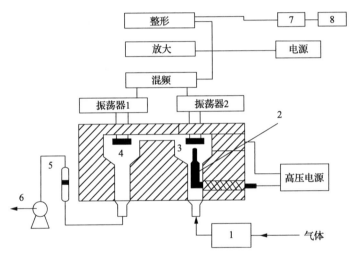

图 2-2　石英晶体差频法粉尘浓度测定仪工作原理图

1-粒子切割器；2-放电针；3-测量石英谐振器；4-参比石英谐振器；
5-流量计；6-抽气泵；7-浓度计算器；8-显示屏

含尘样品先通过粒子切割器剔除粒径大的颗粒物，仅使待测粒径范围内的微细颗粒物进入测量气室。测量气室内设有高压放电针、石英谐振器与电极等构成的静电采样器，气样中的粉尘由高压电晕放电而带负电荷，带电粉尘继而在带正电荷的石英谐振器表面放电并沉积，除尘后的气样经参比室内的石英谐振器排出。由于参比石英谐振器没有集尘作用，当没有气样进入时，两石英谐振器由于固有振动频率相同，即 $f_1=f_2$，因此，$\Delta f=f_1-f_2=0$（f_1、f_2 分别为两石英谐振器频率，Δf 为两石英谐振器频率之差）。

此时无信号输入处理系统，屏幕上显示粉尘浓度为零。

当有含尘气样进入仪器时，石英振荡器因采集的粉尘质量增加，其振荡频率 f_1 降低，两石英谐振器频率之差 Δf 经信号处理系统换成粉尘浓度并在显示屏上显

示。石英谐振器上集尘越多，振荡频率 f_1 降低也越多，二者具有线性关系，即

$$\Delta f = K \cdot \Delta M \tag{2-1}$$

式中，K 为由石英晶体特征和温度等因素决定的常数；ΔM 为测量石英晶体质量增量，即采集的粉尘质量，mg。

如空气中粉尘浓度为 $c(\mathrm{mg/m^3})$，采样流量为 $Q(\mathrm{m^3/min})$，采样时间为 $t(\mathrm{min})$，则

$$\Delta M = c \cdot Q \cdot t \tag{2-2}$$

将式(2-2)代入式(2-1)得

$$c = (1/K) \cdot [\Delta f / (Q \cdot t)] \tag{2-3}$$

因实际测量时 Q、t 值均固定，故式(2-3)可改写成：

$$c = A \cdot \Delta f \tag{2-4}$$

式中，$A = 1/(KQt)$。

由此可知，通过测量采样后两石英谐振器频率之差 Δf，即可得粉尘浓度。当用标准含尘气样校正仪器后，即可在显示屏幕上直接显示被测气样的粉尘浓度。

3. 光电测尘法

光电测尘法是利用光线通过含尘气流时可使光强发生变化的一种粉尘浓度测试方法[3]，其测试原理包括白炽灯投射法、红外光投射法、光散射法、激光散射法等。

以常见的光散射法测尘仪为例进行介绍。光散射法测尘仪是基于粉尘颗粒对光的散射原理设计而成的，其工作原理如图 2-3 所示。含尘气体在抽气动力作用下连续被吸入暗室，当平行光束穿过暗室照射到含尘气体中的细小颗粒时，会发

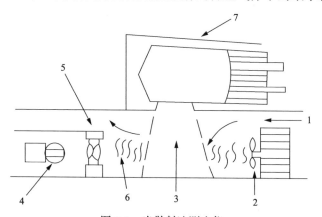

图 2-3　光散射法测尘仪

1-被测空气；2-风扇；3-散射光发生区；4-光源；5-暗室；6-光束；7-光电倍增管

生光散射现象，产生散射光。颗粒物的形状、颜色、粒度及其分布等性质一定时，散射光的强度与颗粒物的质量浓度成正比。散射光经光电传感器检测并转换成微电流，其被放大后再转换成电脉冲数，利用电脉冲数与粉尘浓度成正比的关系便可获得含尘气流中的粉尘浓度。

$$c' = K'(R_d - B_a)\qquad(2\text{-}5)$$

式中，c' 为空气中 PM_{10} 质量浓度，mg/m^3，采样头装有粒子切割器；R_d 为仪器测定颗粒物的测定值——电脉冲数，R_d=累计读数/t，即 R_d 为仪器平均每分钟产生的电脉冲数，t 为设定的采样时间(min)；B_a 为仪器基底值(仪器检查记录值)，又称暗计数，即不含粉尘的气体通过时仪器的测定值，相当于由暗电流产生的电脉冲数；K' 为颗粒物质量浓度与电脉冲数之间的转换系数。

4. β射线吸收测尘法

β射线吸收测尘法基于的原理[4]是利用β射线通过特定物质后，其强度将发生衰减，其衰减程度与所穿过的物质的厚度有关，而与物质的物理、化学性质无关。β射线测尘仪的工作原理如图 2-4 所示，它是通过测定清洁滤带(未采尘)和采尘滤带(已采尘)对β射线吸收程度的差异来确定采尘量，在含尘气流的体积已知的情况下，计算可得气流中的含尘浓度。

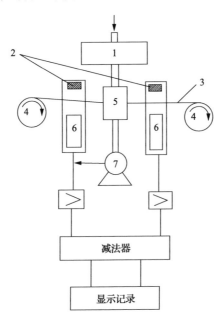

图 2-4　β射线测尘仪的工作原理图

1-大粒子切割器；2-射线源；3-玻璃纤维滤带；4-滚筒；5-集尘器；6-监测器(计数器)；7-抽气泵

设两束相同强度的 β 射线分别穿过清洁滤带和采尘滤带后的强度为 N_0(计数) 和 N(计数)，则二者关系为

$$N = N_0^{-K_1 \cdot \Delta M} \text{ 或 } \ln(N_0 / N) = K_1 \cdot \Delta M' \tag{2-6}$$

式中，K_1 为质量吸收系数，cm^2/mg；$\Delta M'$ 为滤带单位面积上煤尘的质量，mg/cm^2。

式(2-6)经变换可写成如下形式：

$$\Delta M' = (1 / K_1)\ln(N_0 / N) \tag{2-7}$$

设滤带采尘部分的面积为 S，采气体积为 V_c，则空气中粉尘浓度 c 为

$$c = \Delta M' \cdot S = [S / (V_c \cdot K_1)]\ln(N_0 / N) \tag{2-8}$$

式(2-8)说明当仪器工作条件选定后，气样含尘浓度只取决于 β 射线穿过清洁滤带和采尘滤带后的计数比值。从式(2-8)中也可以看出，β 射线吸收测尘法的工作原理与双分束分光光度计有相似之处。

常见的 β 射线源可用 ^{14}C、^{60}Co 等，监测器采样计数管对放射性脉冲进行计数，以反映 β 射线的强度。

2.1.2　粉尘采样方法

为了使粉尘分析测试程序获得可靠的结果，粉尘的采样过程必须非常仔细严谨，以保证所取样品不受外界污染，同时记录采样位置、方法等细节以便于使不同样品间的分析数据能够相互比较。同时，粉尘采样还需根据分析的目的进行，如果需要测试样品在某一方向上的定向特性，如颗粒特征分布的取向性，则样品采集必须标记从顶部至底部或其他特定方向特征的相关参数以确定其取向类型、分布和微观细节在某一方向上的排列，而其对应的采样方法包括原位采样和异位采样两种形式。

1. 采样原则

"试样"的英文定义是指"a portion of the whole, selected in such a way as to be truly representative of the whole"，指能够真实反映原始样品的代表性小样。因此，采样的关键是小样应能够尽可能地反映原始样品的真实特性，但需指出的是：

(1)任何小样均无法真实反映原始样品的所有特性；

(2)小样所得的测试结果与原始样品间必然存在一定的差别；

(3)采样仅用于反映原始样品研究的某一特定方面的特性；

(4)采样也仅适用于特定的分析测试技术，不同测试方法的采样可能不完全相同。

与流体不同，粉末的性质可能在不同的条件下发生变化。例如，粉尘可能随着时间而固结，或者呈现出磨损或分离的现象。因为粉末的特性受尺度影响较大，所以按尺度进行采样显得至关重要，如何获得有代表性的样品是后续试验成功的关键。作为实验室研究的基本规则，一般只有非常小部分的颗粒材料能够被用于实验室的相关仪器分析。因此，该部分样品对于获得原始材料的总体特性显得十分重要。

采样是粉体处理的一个重要因素，需要仔细进行科学设计和系统操作。采样的目的是收集可管理的必需样品，通过从总样中的所有部分采取多个小样，以实现可接受的准确度来表示总样。因此，一般争取使所有粒子必须以同样的概率被包含在最终的采集样本中。

为了满足这些要求，粉尘采样应该遵守以下基本原则：

(1)采样应尽可能从流体中进行，而不是从沉积粉尘层中进行。

(2)整个样本采样过程可按照多个等间隔的周期进行，而非整个连续时间段进行。

其中，第一个原则建议采样应该从流动的粉体流中进行，如带式输送机的出口或下一个容器的入口。第二个原则指抽样过程应该抽取一定数量的短时间采样，其采样细分可以利用单独的采样分频器来实现。

如果采样材料在其性质方面完全均匀，则任何采样就这些性质而言在理论上应该是完全相同。然而，在材料是各向异质的情况下，预测在一些测量的性质中则会存在一定的差异。除了由测定过程引起的误差之外，这些变化的来源是不同粒度的颗粒材料碎片本身在各个方向上的异质性所造成的。

2. 最小采样量

如果样品所有的特性均是均匀一致的，那么任何剂量的采样测试结果均可以完好地反映原始总样的特性。而对于类似粉体物料，不同粒度的特性存在较大的显著差异，则采样测试结果将与原始样品存在一定的误差，此时总样测试的总误差则由初级采样误差和后续采样测试误差组成。

当采样无偏差或偏差较小时，采样则被认为是准确的，此时采样误差是接近真实平均值的随机变量。采样中不管均值是否是真实的均值，其均存在两种类型的采样误差是难以避免的，即非黏性材料中的体积变化而导致的分离误差和统计误差。

分离误差取决于粉末的处理过程，其可以通过取样前对原始样品的充分混合、增大取样量而降低样品与原始样品间的误差。而统计误差无法完全避免，即使是对于连续随机分布的理想样品，也会存在一定的随机波动误差。

　　按照统计理论，采样过程可看作是随机而独立地选取大小为 N′的样本。所谓随机取样过程是指每个样本具有相同的机会被选取。样品的独立性则意味着一个样本的选取不会对另一个样本产生影响。这些要求在实践中往往并不能完全满足，抑或是由前述的两种采样误差所导致的结果或者采样技术本身所引起的。

　　采样是一个由样品量和采样过程等所决定的统计过程，当然，这些影响因素也受后续测试技术的影响，也是一个随机过程。

　　对于粉体颗粒材料，采样这个随机过程包括三个主要的步骤：

　　(1)每一次选取指定量的样品需具有同样的采样机会；

　　(2)通过减少采样量以保证采样概率；

　　(3)测试不同样品的相关特性。

　　理论和实验研究表明，保持其他量不变，减少样本体积将会增加统计方差。实际采样中，最少可接受的采样量与粗颗粒在总样品中的含量间的函数关系可以表示为

$$M_s \geqslant \frac{Cd^3}{\sigma^2} \tag{2-9}$$

式中，σ^2 为采样误差的方差；C 为表征材料特性的常数；d 为最大颗粒的直径；M_s 为采样的样本量。

　　因此，采样的基本要求如下：

　　(1)采样批次中所有煤颗粒均以相等的概率进入采样设备中。

　　(2)所用取样装置的尺寸足以允许最大的颗粒自由进入。

　　(3)第一阶段采样是收集足够数量的煤样以在整个批次上照顾煤的变异性，而后组合成的样本可将样品的质量减小到可控制范围之内。

　　(4)总样品的最小质量应足以使颗粒存在于样本中。

　　(5)要确保采样的结果具有所需的精度，需要考虑以下问题：煤的变异性、采样批次的样品总数、每个样品的增量等。

　　3. 采样仪器

　　1)全尘浓度采样器

　　全尘浓度采样是将一定体积的含尘空气通过采样头，将全部粉尘粒子截留于采样头内的滤膜表面，根据滤膜的增重和通过采样头的空气体积，计算出空气中的粉尘浓度的方法[5]。滤膜测尘系统示意图如图 2-5 所示。

　　2)呼吸性粉尘采样器

　　呼吸性粉尘采样器是基于分离过滤原理[6]，在采样杆头部加设前置分离装置，对进入含尘气流中的大颗粒进行淘析分离，因此前置分离装置亦称淘析器。根据淘析器的分离原理，可将其分为以下三种类型。

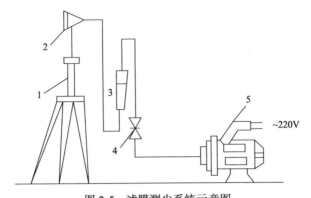

图 2-5　滤膜测尘系统示意图

1-三角支架；2-滤膜采样头；3-转子流量计；4-调节流量螺旋夹；5-抽气泵

(1)平板淘析器：按重力沉降原理设计；

(2)离心淘析器：按离心分离原理设计；

(3)冲击分离器：按惯性冲击原理设计。

以上三种呼吸性粉尘采样器分离原理如图 2-6 所示。

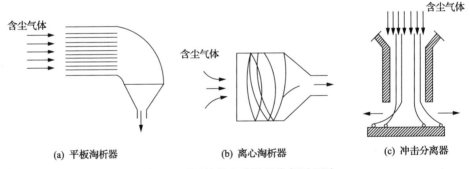

(a) 平板淘析器　　　　　(b) 离心淘析器　　　　　(c) 冲击分离器

图 2-6　呼吸性粉尘采样器分离原理图

　　以 AQH-1 型呼吸性粉尘采样器为例进行分析，如图 2-7 所示。该采样器属便携式标准采样器，该采样器可以在一个工作班内进行连续采样，用实验室天平称出所采集到的煤尘总重量，计算出一个工作班内的呼吸性煤尘的平均浓度（即工作班平均暴露浓度），从而为评价粉尘作业环境的卫生条件及对尘肺病研究提供数据[7]。

　　其采样原理为微电机带动隔膜气泵抽吸含尘空气，气流以 2.5L/min 的稳定流量流经淘析器和过滤器。水平安装的淘析器具有四个通道，其根据重力沉降原理设计以对粒径进行分选，粒度较大的尘粒(非呼吸性煤尘)滞留其内，而粒度较小的尘粒(呼吸性煤尘)通过，淘析器的分选效能符合英国医学研究会(BMRC)曲线，通过淘析器的粉尘由置于过滤器内的滤膜捕集。从过滤器出来的干净气流，经隔膜气泵、稳流盒、流量计而排入采样器壳体内，并保持微小压力以防止粉尘进

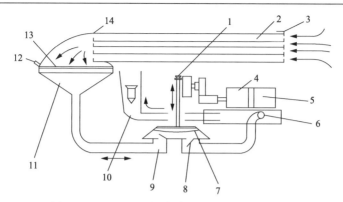

图 2-7 AQH-1 型呼吸性粉尘采样器原理示意图

1-调节曲柄；2-淘析器；3-气阻器；4-微电机；5-计数器；6-稳流盒；7-隔膜气泵；
8、9-进、排气阀片；10-流量计；11-过滤器；12-滤膜夹；13-滤膜；14-通气罩

入采样器壳体内。稳流盒的作用是减小气流的脉动，提高流量稳定性。吸气泵的吸气总体积，通过计数器来显示。微电机由温压电路控制以恒速转动，保证流量稳定。

4. 实验室制样

在许多粉体采样过程中，采样装置必须是针对特定的材料而设计的。任何采样方案中通常包含两个阶段，如图 2-8 所示：总样本的收集和实验室样品的制备。其中总样本可以高达几十千克或更多，其取决于原始材料批量的大小，考虑目前可用于粉末表征的先进的仪器测试方法，故实验室样品很少超过 1kg，甚至更少。

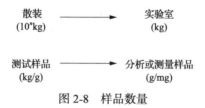

图 2-8 样品数量

许多因素在样品采样的各个阶段均会影响样品的代表性。例如，当将非黏性粉末倾倒成堆时，其不同粒径的粉体空间分布将发生变化，其中细颗粒多位于堆的中心。当一个容器的粉尘经受振动，细颗粒将通过粗颗粒而渗出。在锥形堆材料中，大部分较粗的颗粒通常存在于较低的位置，且粗颗粒倾向于朝容器内容物的顶部迁移。因此，任何粉尘采样方法都必须考虑这些不均匀性。

在实验室内，总样品将被手动或机械式地细分为一个或多个小样品。最常见的手动分样方法称为锥形四分法，即将总样品混合并将其堆积成锥形堆，将其压平至原始高度的四分之一左右，将扁平堆分成四个相等的部分，选取两个对角方向的样品进行混合，并再次堆积成新的锥形堆，按照锥形四分法重复上述过程直到获得所需的样品量[8]。图 2-9 为锥形四分法示意图。

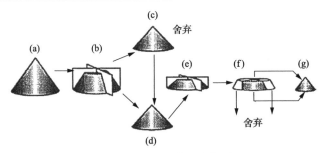

图 2-9　锥形四分法示意图

2.2　煤尘的物质组成

2.2.1　煤尘的元素组成

煤尘中的元素主要有 C、H、O、N、S 等，同时还含有微量的 Al、Fe、Cr、Ca、Mg、Na、Zn、Mn、Pb、Ni 等金属元素和 As、Si 等非金属元素[9]。C 的含量占煤尘总组分的 80%～90%，O 的含量约占煤尘总组分的 10%，H 的含量占煤尘总组分的 1%～5%，S 的含量约占煤尘总组分的 1%，高硫矿的煤尘 S 含量会比较高。当然，煤尘的元素组成也因煤变质程度的差异而不同。

煤尘中微量重金属的含量虽然不高，在 0%～0.05%，但是重金属对人体的影响很大。重金属进入人体之后，不再以离子的形式存在，而是与人体内的有机成分结合成金属络合物。重金属通过与人体内的蛋白质、核糖、维生素和激素等发生反应，致使它们丧失或改变原来的生理化学功能而产生病变。另外，重金属进入人体之后还可能与酶发生置换反应，造成酶的活性降低，从而表现出毒性。当然，并不是所有的煤尘都含有所有的微量金属元素，且不同变质程度的煤，煤尘中重金属的组分也不相同。

非金属元素 As、Si 与 O 化合成 SiO_2 和砷化物，可在开采各种金属矿山时的凿眼、爆破过程以及矿石的碾碎、选矿、冶炼等加工过程中产生，如煤矿掘进以及开山筑路、开凿隧道、采石等作业中都会产生大量石英煤尘。在生产过程中长期吸入大量含游离二氧化硅的煤尘会引起硅肺病。到目前为止，硅肺病发病率最高，而且一旦发病，即使不再接触含游离二氧化硅的煤尘仍可缓慢发展，迄今为止尚无有效的治疗方法，所以是危害最严重的尘肺病。砷化物是一种致癌物质，砷化物对环境的污染以及对人体的致癌作用，已成为劳动保护的重要问题之一[10]。

2.2.2　煤尘的矿物质组成

矿物质是煤中无机物质的总称，煤中矿物质的来源通常由三部分构成：
(1)成煤植物所含的矿物质；
(2)成煤期间外界混入的矿物质；

(3)采煤时掉入的矿物质。

其中,前两部分总称为内在矿物质,而最后一部分则称为外在矿物质。

煤中矿物质是一种复杂的混合物,其化学成分比较复杂,已经确定煤中存在以下矿物质:

(1)Al、Fe、Mn、Ca、Mg、K、Na 的硅酸盐和游离的 SiO_2;

(2)$CaCO_3$、$MgCO_3$、$FeCO_3$;

(3)黄铁矿 FeS_2 和其他的硫化物;

(4)$CaSO_4$、$Fe_2(SO_4)_3$;

(5)$Ca_3(PO_4)_2$、$FePO_4$、$AlPO_4$;

(6)钛酸盐或二氧化钛。

直接测定煤中矿物质的种类和含量很复杂,实际测试过程中基本不采用。通过测定煤中的灰分从而间接来近似代替其中的矿物质含量则是常使用的确定煤中矿物质的简单方法。虽然矿物质的灰分在质和量上与煤中矿物质有一定差别,但其依然具有较好的参考价值。

2.3 煤尘粒度及其形状

2.3.1 煤尘粒度及其分布

1. 颗粒的粒径

对于粉体颗粒,单一粒子的特性对颗粒群的性质至关重要,其包括颗粒的尺寸、形状、表面特征、密度、硬度、吸附性能等,其中颗粒粒径是常用的颗粒表征的重要参数。

粉体(粉末)颗粒的“粒径”通常用于其分类或粉末表征,根据惯例,粒度可以用不同的尺度单位表示,粗颗粒可以用厘米或毫米表示,细颗粒可以用微米或纳米表示。此外,根据国际标准化组织(ISO)的建议,且多采用 SI 单位。粒度、分散度、PSD 宽度见表 2-1。

表 2-1 粒度、分散度、PSD 宽度一览表

颗粒分类	粒度(D_{90})	分散度	PSD 宽度(D_{90}/D_{10})
纳米颗粒	<0.1μm	单一尺寸	<1.02(理想=1.00)
超细	0.1~1μm	极窄	1.02~1.05
较细	1~10μm	较窄	1.05~1.5
细	10~1000μm	窄	1.5~4
粗	1~10mm	宽	4~10
较粗	>10mm	非常宽	>10

注:D_{90} 表示累计粒度分布达到 90% 时对应的粒径,即小于该粒径的颗粒占 90%;D_{10} 表示累计粒度分布达到 10% 时对应的粒径,即小于该粒径的颗粒占 10%。

一般认为，对于组成粉末的颗粒材料，其中位(median)粒径 D_{50}(指粉尘累计粒度分布达到 50%时对应的粒径，即小于该粒径的颗粒占 50%)应小于 1mm。对于不同的天然和工业粉体颗粒材料，常见的粒径范围存在着从纳米到毫米的尺度差异，如图 2-10 所示。

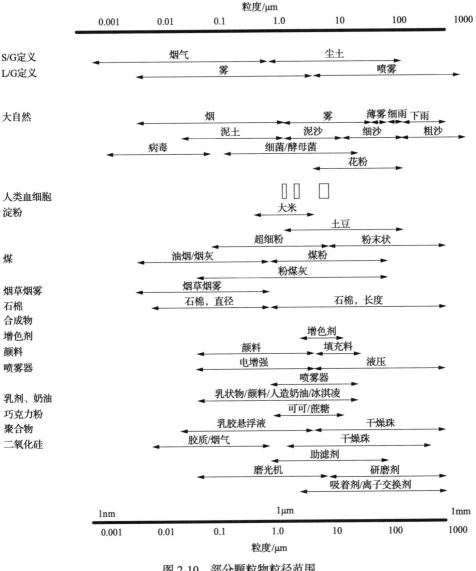

图 2-10　部分颗粒物粒径范围

S-固体；G-气体；L-液体

在现实工作中，选择具有相关特征粒径的粉体是进行粉体测量分析或应用的关键，而实际上，组成粉体的颗粒很少具有规则的球形形状。大多数的工业粉体多是通过硬质矿物(金属或非金属)材料的尺寸减小过程而获得的。在这种情况下，硬质矿物材料粉碎过程使得颗粒多为多面体结构，且呈现出尖锐棱角，其长度、宽度、厚度有时差异显著，表现为板状或针状，如水泥、黏土等，其形成元素的紧密结构通常是对称的，具有确定的形状，如立方体、八面体等。而颗粒状食物原料大多是有机物料，其化学成分远比那些无机工业粉末更复杂。当然，随着颗粒变小，粉体颗粒的边缘受深度研磨的作用可以变得更为平滑，有时可以被近似认为是球形。

　　通常直径多用于表示颗粒的线性特征尺寸，而考虑到上述因素，不规则颗粒可以由多种尺寸描述。如表 2-2～表 2-4 所示，颗粒尺寸通常用以下三种直径进行表示：等效球体直径(具有相同某特性的球体的直径)、等效圆直径(具有与颗粒相同投影轮廓的圆的直径)和统计直径。

表 2-2　等效球体直径的定义一览表

符号	名称	球体的等效属性
D_v	体积直径	体积
D_s	表面积直径	表面积
D_{sv}	体积表面积直径	表面积与体积之比
D_d	曳力直径	在同一流体中以相同速度运动的阻力
D_f	自由落体直径	在与粒子相同密度的液体中的自由落体速度
D_{St}	斯托克斯直径	基于斯托克斯定律的自由落体速度($Re<0.2$)
D_A	筛分直径	穿过相同的方孔

表 2-3　等效圆直径的定义一览表

样本	名称	圆的等效属性
D_a	稳定投影面积直径	投影区域，如果粒子处于稳定的位置
D_p	随机投影面积直径	投影区域，如果粒子是随机定向的
D_c	周长直径	轮廓的周长

表 2-4　统计直径的定义一览表

样本	名称	尺寸测量
D_F	费里特(Feret)直径	粒子两侧的两条切线之间的距离
D_M	马丁(Martin)直径	将粒子图像一分为二的线的长度
D_{SH}	剪切直径	用图像剪切目镜获得的颗粒宽度
D_{CH}	最大绳直径	由粒子轮廓限制的线的最大长度

对于给定的粉体，颗粒的统计直径通常为显微镜直接观察统计而获得的平行于某固定方向的颗粒直径，如图 2-11、图 2-12 所示。

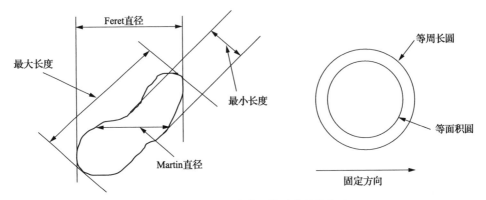

图 2-11　用于测量非球面粒子直径的方法

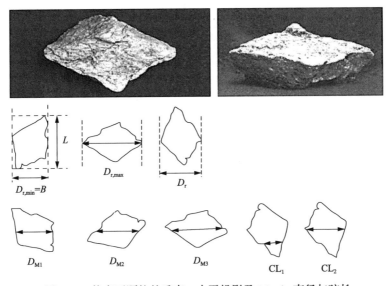

图 2-12　静态下颗粒的垂直、水平投影及 Martin 直径与弦长

$D_{r,min}$-最小投影直径；$D_{r,max}$-最大投影直径；D_r-中位投影直径；D_{M1}、D_{M2}、D_{M3}-Martin 直径；CL_1、CL_2-弦长

D_F：颗粒随机取向时的投影图像在投影方向上的平行线间的距离(有时使用在许多取向上的平均值)。

D_M：颗粒随机取向的投影图像上能够将其投影面积进行平分的某点的直径(有时使用在许多取向上的平均值)。

宽度 B：当颗粒处于最大稳定状态时所对应的最小 Feret 直径 D_F。

长度 L：垂直于颗粒宽度方向上颗粒的 Feret 直径 D_F。

弦长 CL：在颗粒圆周某一点开始向某一随机方向上将颗粒平分的线段长。

厚度 T：当颗粒处于最大稳定状态时所对应的颗粒高度。

其中，对于凸粒子，其 Feret 直径 D_F 和颗粒周长 P' 之间存在如下关系：

$$D_F = P' / \pi \qquad (2\text{-}10)$$

如果粒子不是凸的，则平均 Feret 直径与周长 P' 之间则没有式(2-10)中的关系。

此外，不同方向颗粒的平均投影面积 A' 和颗粒表面积 S' 之间存在如下关系：

$$A' = S' / 4 \qquad (2\text{-}11)$$

当颗粒处于最稳定的位置时，其最小 D_F 可用于描述粒子投影的宽度 B，最大 D_F 可被取作长度 L，厚度 T 是颗粒在最稳定位置时的高度。宽度和厚度即可定义粒子可以通过的筛子的最小孔径尺寸。

在实践中，大多数等效直径主要通过测量取自于原样品的给定数量的颗粒，单次测量无意义，只有对大量颗粒的精确测量统计才能获得较为精准的颗粒尺寸。此外，该种颗粒直径的等价确定方法也取决于不同颗粒的等效性质。

因此，颗粒尺寸的测量取决于粒径定义中所涉及的某些约定，也取决于对颗粒的某一特性的考虑。不同的粒度测定物理原理未必能够给出相同的结果。例如，在气力输送中更重要的是确定颗粒的斯托克斯直径，而在颗粒填充床或流化床中，颗粒表面积与体积之比的体积表面积直径则更有用，即具有相同“表面积与体积比”的球体的粒子直径。

在现实中，大多数颗粒并非球形，而是具有不同的形状，通常表面是粗糙的，具有不同的性质(如密度、导电性等)，甚至当体积相同时，也有可能由于具有不同的晶体结构或杂质而具备不同的性质。这些差异往往是由颗粒的外观和行为导致的，且会影响颗粒的筛分、沉降或光散射行为。

等效球体概念是在颗粒测量技术领域中引入能够尽可能减小对颗粒性质弱化的方式来对粒子的集合进行测量的办法，在测量时任意粒子及其等效球体具有相同的某种性质是其粒径确立的一个原则，如图 2-13 所示，此时等效球体的直径即可表征该粒子的大小。

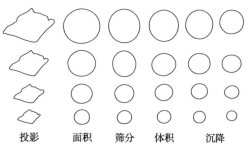

投影　　面积　　筛分　　体积　　沉降

图 2-13　任意颗粒的等效球体定义

等投影面积直径(D'_A)：是指具有相同投影面积的圆的直径，可作为粒子的等效表面积直径。

等表面积球直径(D_S)：是指具有相同表面积的球的直径，可作为粒子的等效表面积直径。

等体积球直径(D_V)：是指具有相同体积的球体颗粒的直径，可作为颗粒等效筛分直径(近筛目)，即颗粒刚好通过筛孔的直径。

等筛分球直径(D_{Si})：通过筛分介质的孔径尺寸(校准筛的标称孔径尺寸)。

斯托克斯直径(D_{St})：服从斯托克斯定律条件时具有相同沉降速度的球体直径可作为非规则颗粒的斯托克斯直径D_{St}。通常，高雷诺数(Re)颗粒的沉降直径小于低雷诺数(Re)颗粒的斯托克斯直径。

一般来讲，非规则颗粒的面积当量直径大于其他等效直径，体积当量直径的优点在于其涉及颗粒的体积或颗粒材料的质量，如图 2-14 所示。通常，测量时多假定颗粒及其等效球体具有相同的密度。但是，对于空气动力学直径，其等效球体的密度多假定为 1000kg/m^3，而对于颗粒沉降的水力直径，其等效球体的密度多假定为 2650kg/m^3。

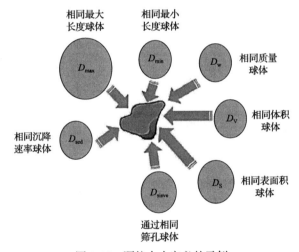

图 2-14　颗粒大小定义的示例

D_{max}-最大直径；D_{min}-最小直径；D_w-等质量球直径；D_V-等体积球直径；D_S-等表面积球直径；
D_{sieve}-等筛分球直径；D_{sed}-等沉降速率直径

2. 颗粒的粒度分布

由于粉体制备设备、工艺等，粉体颗粒集合中不同粒径的颗粒总是表现为具有一定粒度分布的特征。根据美国国家标准与技术研究院(NIST)，如果被测样品中至少90%的颗粒在中位粒径上下5%的偏差的范围内，则将其称为单分散颗粒群。然而，通常情况下，粒度分布较大且大颗粒和小颗粒的尺寸变化很大，则称其为多分散颗粒群。当然，颗粒群的粒度分布宽度取决于测量技术的固有分辨率、测量范围及颗粒群实际粒度分布的宽度。目前有多种不同的仪器及方法可用于测量粒度分布，包括：筛分法、显微镜计数及颗粒沉降法等。

粒度分布测量的结果一般以图或表的形式、按照差分或累计方式进行表示，数据通常被归一化处理，使得所有分数之和等于 1 或 100%。图的尺寸标度选择线性还是对数，取决于粒度分布宽度的大小和分布，其中线性标度通常适用于窄粒度分布，而对数标度可以在中等或宽尺寸分布的小尺寸末端显示更好的分辨率。差分尺寸分布是给出颗粒群中不同尺寸颗粒的分数密度，通常差分数据以频率直方图的形式表示不同颗粒的粒径。累计尺寸分布指单位颗粒群中大于或小于某规定粒径的颗粒粒子数目或体积、质量的百分比随不同粒径的变化关系。

1）粒度分布描述的类型

对于给定的颗粒群，存在四种不同的粒度分布（图 2-15），其取决于测量的变量：数量 $f_N(x)$、长度 $f_L(x)$、表面积 $f_S(x)$ 和质量（或体积）$f_M(x)$。当然，这些分布间具有一定的相关性，但其转换只有在形状因子恒定的情况下才可以，即当形状因子不变时，颗粒形状与颗粒的尺寸无关：

$$f_L(x) = k_1 \cdot x \cdot f_N(x) \tag{2-12}$$

$$f_S(x) = k_2 \cdot x^2 \cdot f_N(x) \tag{2-13}$$

$$f_M(x) = k_3 \cdot x^3 \cdot f_N(x) \tag{2-14}$$

式中，常数 k_1、k_2 和 k_3 为粒度依赖性的形状因子，如果颗粒的形状不随尺寸变化，则其均为常数。

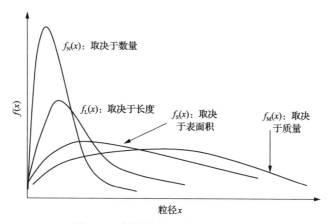

图 2-15 某颗粒的四种不同粒径分布

根据分布频率的定义：

$$\int_0^\infty f(x)\mathrm{d}x = 1 \tag{2-15}$$

因此，分布频率曲线下的积分面积应等于 1。

2）粒度分布的特征参数

对于给定颗粒群的尺寸分布特征，其特征参数一般由三个特征参数进行度量，即最可几粒径、中位粒径和平均粒径，如图 2-16 所示。

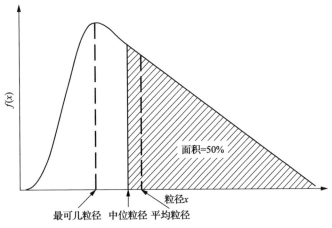

图 2-16　最可几粒径、中位粒径和平均粒径的颗粒大小分布

最可几粒径是粒度分布频率曲线峰值对应的颗粒尺寸，当然某些颗粒群的粒度分布频率曲线可能包含有多个峰。

中位粒径可根据累计百分比曲线确定，其对应于累计分布曲线 50%的颗粒粒径。

平均粒径是指 50%的大颗粒和 50%的小颗粒所对应的分界粒径，即该粒径尺寸将分布频率曲线下的面积平均分为两半。

对于给定颗粒粒度分布的颗粒群，其平均粒径一般定义为

$$g(\overline{x}) = \int_0^\infty g(x)f(x)\mathrm{d}x \tag{2-16}$$

式中，$f(x)$ 为数量、长度、面积或质量等相关的粒度分布；$g(x)$ 为粒径 x 的某函数，根据 $g(x)$ 的不同可以获得不同的平均粒径 $\overline{x}$，如表 2-5 所示。

3）粒度分布数据的表示

试验测量的颗粒群的粒度分布的数据，一般表示为不同粒径颗粒的数量或质量（或体积）分数等频率（为纵轴 y）随相应颗粒粒径（为横轴 x）的变化趋势，其分布频率多用 $f(x)$ 表示，累计分布频率用 $F(x)$ 表示，如图 2-17 所示。

表 2-5　平均粒径作为 $g(x)$ 的函数

$g(x)$ 的形式	平均粒径的名称 $\bar{x}$
$g(x)=x$	算数平均值 $\bar{x}_n$
$g(x)=x^2$	二次均值 $\bar{x}_q$
$g(x)=x^3$	立方均值 $\bar{x}_c$
$g(x)=\lg(x)$	几何均值 $\bar{x}_g$
$g(x)=1/x$	调和平均值 $\bar{x}_h$

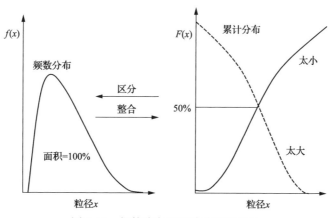

图 2-17　频数分布和累计分布的关系

当然，对于给定的颗粒群，其大于或小于某一粒径的颗粒的累计分布曲线函数满足如下关系：

$$F(x)_{\text{oversize}} = 1 - F(x)_{\text{undersize}} \tag{2-17}$$

式中，$F(x)_{\text{oversize}}$ 为大于某一粒径的累计分布；$F(x)_{\text{undersize}}$ 为小于某一粒径的累计分布。

4）粒度分布函数

根据颗粒群粒度分布（累计分布或频率分布），按照统计学理论可确定粒度分布函数多属于正态分布、对数正态分布、Rosin-Rammler 分布、盖茨-高登-舒曼分布（Gates-Gaudin-Schumann distribution）、班尼特分布、Gaudin-Meloy 分布及 Svenson 分布等函数形式。

A. 正态分布

从统计学可知，粒度分布是一种对称分布，其最可几粒径、中位粒径、平均粒径均相等，标准偏差反映了粒度分布的宽度。大多数情况下，颗粒的粒度分布往往并非正态分布，也不对称，多为偏态分布。相比正态分布，偏态分布模式有可能向一侧"偏斜"，根据峰值小于或大于平均值可将其分为正偏态分布和负偏态

分布。对数正态分布常常适用于更宽的粒度分布，其在对数尺度标度上围绕几何平均值对称。正态分布函数为

$$y = \frac{1}{\sigma\sqrt{2\pi}}\exp\left[-\frac{(x-a)^2}{2\sigma^2}\right] \tag{2-18}$$

式中，y 为概率密度；x 为粒径；a 为算术平均值；σ 为标准偏差。

B. Rosin-Rammler 分布

也称为 Rosin-Rammler-Sperling-Bennett、RRSB 或韦布尔(Weibull)分布，适用于筛分的分析结果，通常表示宽尺寸分布的颗粒群。其分布函数为

$$Y = 1 - \exp\left[-\left(\frac{x}{x_{\mathrm{R}}}\right)^n\right] \tag{2-19}$$

式中，Y 为粒径 x 下的累计质量分数；x_{R} 为当前所给粒径的测量常数；n 为所分析颗粒群的累计曲线的陡度。

C. 盖茨-高登-舒曼分布

盖茨-高登-舒曼分布是简单幂定律拟合的示例。它通常最适合在尺寸分布的中间部分。图形线性化主要基于粒度分布的 2%～50%部分：

$$Y = \left(\frac{x}{k}\right)^m \tag{2-20}$$

式中，Y 为粒径 x 下的累计质量分数；k 为分布的特征尺寸；m 为测量分布宽度，也称为 Schuhmann 斜率。

D. Gaudin-Meloy 分布

修正的 Gaudin-Meloy 分布函数为

$$Y = \left[1 - \left(1 - \frac{x}{x_0}\right)^r\right]^m \tag{2-21}$$

式中，Y 为粒径 x 下的累计质量分数；x_0 为与最大值相关的参数粒径；m 为 Schuhmann 斜率；r 为 x_0 与尺寸模量的比。

2.3.2 煤尘粒度测试方法

目前，粉尘粒度的测试技术方法有很多种，其代表性技术方法可分为五种，即筛分法[9]、显微镜法[11]、沉降法[12]、颗粒流扫描技术、在线测量技术[13]。不同技术可测量的粒径范围如图 2-18 所示。

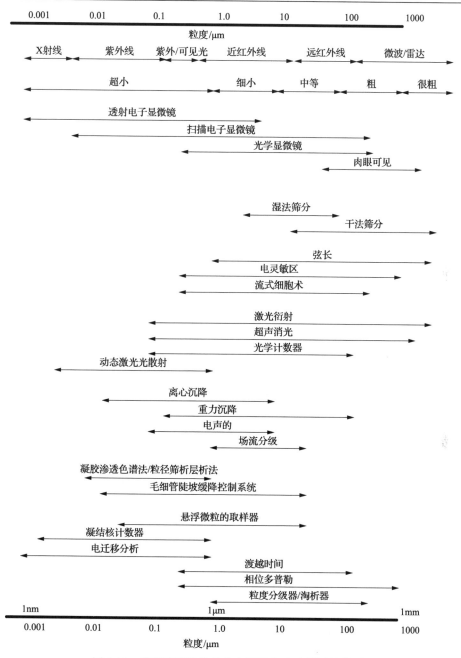

图 2-18　典型的颗粒粒径分布测量方法及其测量范围

1. 筛分法

筛分法被认为是最简单、有用、可再现且比较廉价的粒径测试方法之一，其属于基于颗粒几何相似性原理进行分析测试的技术，测量结果是给出不同粒径范围内的分布特征。

筛分法覆盖粒径范围为 5μm～4mm，限制最小适用粒径的主要原因有两个：第一是难以生产出足够细的孔网的筛布，第二是非常细的粉末颗粒具有较强的表面能及吸附特性，不具有足够大的重力来抵抗其与筛布的黏附能力。

标准筛广泛用于各实验室，化验室，物品筛选、筛分、级配等检验部门对颗粒状、粉状物料的粒度结构、液体类固体物含量及杂物量的精确筛分、过滤、监测，该系列检验筛具有噪声低，标准筛体，筛、滤样品效率、精度高等优点。

标准筛系列通常由一组具有覆盖一定粒径范围(从微米到厘米)筛孔的筛子构成，筛孔尺寸定义为可通过最小正方形筛孔径的颗粒尺寸，也为其网孔尺寸，多用英寸[1]表示。对于筛网，其网孔尺寸和线径决定了孔径尺寸，孔径比为系列筛网的常数。标准筛孔径由 Rittinger 在 1867 年首次提出，在美国，具有标准开口尺寸的系列筛被称为泰勒(Tyler)标准筛。表 2-6 列出了 ISO 和美国材料与试验协会(ASTM)的标准筛系列。

表 2-6　标准筛系列

ISO/mm	ASTM	ISO/mm	ASTM	ISO/mm	ASTM
2.80	No.7	0.560	—	0.100	—
2.50	—	0.500	No.35	0.090	No.170
2.36	No.8	0.450	—	0.080	—
2.24	—	0.425	No.40	0.075	No.200
2.00	No.10	0.400	—	0.071	—
1.80	—	0.355	No.45	0.063	No.230
1.70	No.12	0.315	—	0.056	—
1.60	—	0.300	No.50	0.053	No.270
1.40	No.14	0.280	—	0.050	—
1.25	—	0.250	No.60	0.045	No.325
1.18	No.16	0.224	—	0.040	—
1.12	—	0.212	No.70	0.038	No.400
1.00	No.18	0.200	—	0.036	—
0.900	—	0.180	No.80	0.032	No.450
0.850	No.20	0.160	—	0.025	No.500
0.800	—	0.150	No.100	0.020	No.635
0.710	No.25	0.135	No.120	—	—
0.630	—	0.112	—		
0.600	No.30	0.106	No.140		

[1] 1 英寸=2.54cm。

筛网材质主要分为三种，每种的特点和应用范围各不相同：金属丝编织网(应用最广泛的方孔网径的大小范围为 2.36～0.02mm)、冲孔板筛网(主要应用于大网孔，有圆孔和方孔两种，网孔从 0.2mm 到几百毫米)、电成型筛网(主要用于高精度的场合，可以做到每个网孔都在平均误差范围内)。

筛分分析时按照孔径大小的升序堆叠筛子，将被筛分物料放置在顶部的筛子内，在规定时间内用机器如振筛机(图 2-19)等或手振动筛子，如图 2-20 所示，而后称量保留在每个筛网上的粉体颗粒的质量，筛选测试的结果可以用表格或图形的形式进行呈现，其中图形方法在粒度分析中建议优先选择。

图 2-19　振筛机

图 2-20　标准筛

2. 显微镜法

显微镜计数是颗粒尺寸测量最直接的方法，由于不同显微镜分辨率的差异，测量时可基于颗粒的粒度情况来确定使用光学显微镜还是电子显微镜来进行计数。一般而言，其实际极限仅达到 50μm 左右。

显微镜计数测量时，先将颗粒悬浮在液体介质中制备样品(通常加入分散剂)，并将其放在载玻片上检查。计数工作包括两个重要方面：第一是统计直径，如 D_F 或 D_M，测量时需对每个载玻片上的所有计数保持相同的测量矢量方向，如图 2-21 所示；第二是在拍摄的百余张幻灯片的每一张中至少统计六个粒子。其原始测量数据通常以表格形式收集，并最终绘制成所需的图形。

显微镜法所测的粒径为等效投影面积径，可计算出其长度平均径。

优点：简单、直观、可进行形貌分析，可以准确得到球形度、长径比等特殊数据。

缺点：代表性差，速度慢，无法测超细颗粒，不宜分析粒度范围宽的样品，只检查相对较少的颗粒，适合质量检查等简易判断。

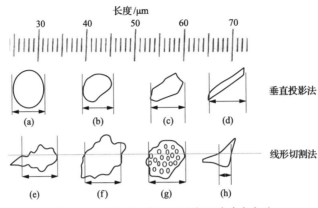

图 2-21　显微镜下常用的粒度尺寸确定方法

3. 沉降法

与其他测量计数不同，沉降法测量的是粒子的斯托克斯直径，其测量的变量是描述颗粒在悬浮液中的沉降行为，当然沉降测量中颗粒的沉降会受到颗粒形状的影响和限制。因此，沉降法测量多适用于颗粒粒径稍大的粉体颗粒材料。目前最重要的沉降方法包括重力沉降法和离心沉降法。

1) 重力沉降法

重力沉降通常使用 Andreasen 沉降移液管进行，测量时将大约 0.1% 体积颗粒的悬浮液置于测量圆筒中，如图 2-22 所示。使用移液管从表面下方的固定深度抽出 10mL，测量样品的浓度并与最初的浓度进行比较。由于所有的颗粒将达到其末端速度，两者浓度的比率则是已经达到 H cm 深度的颗粒的质量分数。因此：

$$x_{st} = \sqrt{\frac{18\mu H}{(\rho_s - \rho)gt}} \qquad (2\text{-}22)$$

式中，μ 为液体黏度；ρ_s 为颗粒密度；ρ 为液体密度；g 为重力加速度；t 为时间。

悬浮液中颗粒沉降而导致的浓度变化可以通过式 (2-23) 计算：

$$F(x) = \frac{C(H,t)}{C(H,0)} \qquad (2\text{-}23)$$

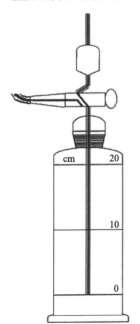

图 2-22　Andreasen 沉降移液管

式中，$C(H,t)$ 为在深度 H 和时间 t 时的体积或质量浓度；$C(H,0)$ 为在深度 H 和时间 0 时的体积或质量浓度。测量时推荐的时间尺度是第一次测量沉降 1min 时的结果，然后以几何级数为 2 的比例进行递增，即在 2min、4min、8min 等时间进行测量，以获得测量结果的平滑分布曲线。

现代沉降测试方法也是基于重力沉降原理，采用光照技术将重力沉降与光电测量相结合。该技术是采用平行的窄水平激光束穿过颗粒的悬浮液并投射到光电传感器元件上，基于颗粒在悬浮液中的浓度变化及激光光束能量的衰减随时间的变化关系进行粒度分布的测量。

2）离心沉降法

由于大多数颗粒沉降受对流、扩散及布朗运动的影响，粒子沉降速度不仅取决于粒子大小，还取决于颗粒的径向位置。离心沉降主要用于扩大沉降的适用范围，通过离心悬浮液来加速颗粒的沉降过程以降低相关因素的影响。其分析过程是测量起始半径处的颗粒的浓度（悬浮液的初始浓度）和测量区的颗粒的浓度而获得粒径分布的结果。

离心沉降使用由浅碗盘组成的离心式移液机进行（图 2-23），此时主要考虑颗粒所受到离心力，而非颗粒的重力，从而在合理的测试时间内降低可监测颗粒的粒径至亚微米范围内。

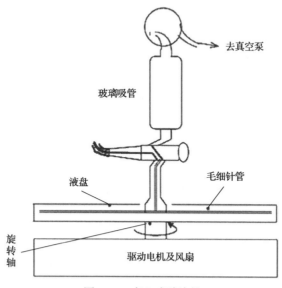

图 2-23　离心式移液机

根据斯托克斯定律，离心测量时修正的颗粒沉降表达式为

$$x_1 = \sqrt{\frac{18\mu\ln(R'/S_1)}{(\rho_s - \rho)\omega^2 t_1}} \tag{2-24}$$

式中，x_1 为在时间 t_1 时取出的初始样品中的最大颗粒浓度；R' 为测量时的半径；S_1 为表面半径；ω 为角速度。

4. 颗粒流扫描技术

截至目前，用于颗粒流扫描技术的仪器经历了重大发展，其包括多种不同的粒径测量技术。颗粒流扫描技术是将颗粒悬浮在液体或气体中，通过特定的光源对其进行扫描，通过监测器监测由颗粒存在而导致的通过悬浊液的光束的变化，从而获得颗粒的浓度或数量信息。根据监测信息的差异，颗粒流扫描技术可监测的信息包括：

(1) 由颗粒存在而引起的激光衍射；

(2) 颗粒流通过时导致的场电阻变化；

(3) 颗粒流通过时对光束的遮挡通量；

(4) 旋转光束照射颗粒时产生的次生信号；

(5) 两次监测到激光束的间隔时间；

(6) 颗粒通过两束相干激光束时所产生的干涉特征。

利用光束变化作为监测悬浮液中颗粒特征的仪器通常使颗粒流流过光束通过的单元，当每个粒子穿过光束时，光束的一部分被颗粒的横截面阻挡，颗粒的大小特征可以很容易被记录下来，但当仪器测量颗粒的折射率与携带颗粒的液体折射率相当时，该类仪器将无法正常工作。因此，该类仪器一般无法测量粒径小于 2μm 的颗粒。

激光衍射是目前应用最广泛的颗粒粒径分析技术，其分析快速、方便、易于操作和可重复性强。激光衍射粒子计数器操作原理如图 2-24 所示。

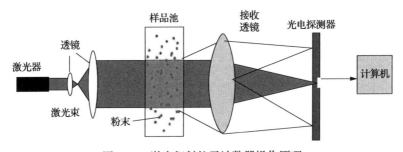

图 2-24 激光衍射粒子计数器操作原理

在测量时，对于干粉，被测样品量可以小至 4～10g；对于液体悬浮液，被测样品量可以小至 1～2g。在测试期间，悬浮液中的颗粒可以循环通过激光束并在颗粒作用下将入射光散射到傅里叶透镜上，透镜聚焦散射光至监测器阵列上。根据收集的衍射光数据，使用反演算法来确定颗粒的粒度分布，该技术所测颗粒粒径的准确性取决于高分辨率散射光的测量。通常，仪器可测量的颗粒粒径范围为 0.1～3000μm。

5. 在线测量技术

过程工程往往需要连续监测颗粒物的尺寸，在线粒度分析仪器主要用于满足该类需要。在线粒度分析仪器可以在控制中启动、调节或关闭信号系统，并且可以自动操作并连续预设指令，其测量的响应时间几乎是瞬时的。

在线测量是一个正在快速发展的领域，测量仪器设备可分为两类：颗粒流扫描和场扫描。不同的颗粒流扫描技术均遵循前面所描述的基本原理。场扫描通常适用于某些工作面积较大且依赖集中系统对块状物料与粒度相关的某种行为进行实时监测的场所，并可以从理论上校准推导物料的粒度关系。场扫描测量技术包括超声波衰减测量、回波测量、激光衰减、在线黏度测量、电气噪声测量、X 射线衰减和 X 射线荧光场扫描方法。

2.3.3　煤尘颗粒形状特征

1. 颗粒形状的定性描述

理论上来讲，颗粒形状是粒子边界上所有点所构成的样式特征，包括宏观尺度、介观尺度和微观尺度表面形态的各个特征。其中宏观尺度主要描述颗粒的三维度量，介观尺度描述颗粒的球形度等特征，而微观尺度多描述与颗粒孔隙及非均相结构相关的表面粗糙度或光滑度等特性。实际中，颗粒宏观和介观尺度多通过光学或电子显微镜成像和图像分析的手段进行描述。

一般来讲，常见颗粒的形状特征的定性描述（图 2-25）如下。

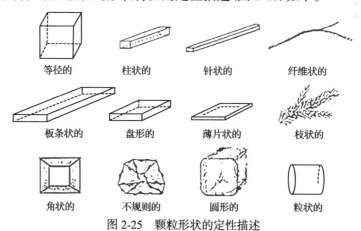

图 2-25　颗粒形状的定性描述

针状细长颗粒：宽度和厚度远小于长度，$L : B : T = (10 \sim 100) : {\sim}1 : {\sim}1$；

角状颗粒：具有尖锐的边缘或多面体形状；

柱状颗粒：细长形的颗粒，$L : B : T = (3 \sim 10) : {\sim}1 : {\sim}1$；

立方体颗粒：具有相似的长度、宽度和厚度，颗粒表面间的夹角近似为 90°的光滑颗粒；

枝状颗粒：形状表现为典型的树状结构；

圆盘形颗粒：具有近似圆形的横截面，直径与厚度比 $D_A : T = (1.3 \sim 10) : 1$；

纤维状颗粒：具有非常大的长径比，$L : B : T = (>100) : \sim 1 : \sim 1$，直径为 $0.1 \sim 10 \text{mm}$；

薄片状颗粒：具有相似的长度、宽度和较薄的厚度，$L : B : T = \sim 1 : \sim 1 : (<0.1)$；

粒状颗粒：具有不规则的形状，但维数尺度为 $L : B : T = \sim 1 : \sim 1 : (0.5 \sim 2)$；

不规则颗粒：各维数方向缺乏任何对称性特征；

板条状颗粒：长、薄形似叶片状的颗粒，$L : B : T = (10 \sim 50) : (2 \sim 5) : 1$；

扁平颗粒：具有相似的长度和宽度但厚度略大于圆盘形的颗粒，$L : B : T = \sim 1 : \sim 1 : (0.1 \sim 0.6)$；

棒状颗粒：具有较大长径比及圆形截面的颗粒，$L : D_A = (2 \sim 5) : 1$；

球体颗粒：近似旋转对称和光滑表面的颗粒(图 2-26)。

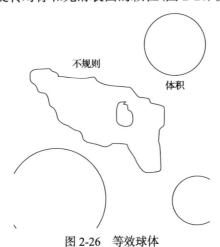

图 2-26　等效球体

与此同时，颗粒的形状可以作为颗粒分类的参考依据。如图 2-27 所示，通过使用"周长"与"凸壳周长"之比可以削除粗糙颗粒的不规则外形轮廓。最早描述颗粒轮廓形状的方法是使用长度 L、宽度 B 和厚度 T(图 2-28)所定义的伸长比(L/B)和扁平度(B/T)等进行颗粒形状的表达。

2. 颗粒形状的定量描述

颗粒形状的简单定性描述不足以准确刻画颗粒的表面特征，也难以区别不同形状粒子的特性，并且颗粒形状对于颗粒性能的影响是非常重要的。因此，如何将颗粒形状予以定量化描述是非常重要的。

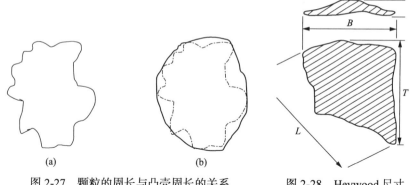

图 2-27　颗粒的周长与凸壳周长的关系　　　图 2-28　Heywood 尺寸

颗粒形状最简单的宏观定量描述是确定其长度 L、宽度 B、厚度 T，以及其伸长比 L/B、扁平度 B/T、长宽比（最大与最小 Feret 直径比或 L/B）。

在介观尺度上，通常采用球形度来描述颗粒的形状，对于非球形颗粒的投影面积 A' 和长度 L，定义：

$$圆形度（Roundness）= \sqrt{D_A / L} \tag{2-25}$$

对于圆形颗粒，其值为 1，因此：

$$圆形度(1) = 4A' / \pi L^2 = (D_A / L)^2 \tag{2-26}$$

圆形度涉及颗粒周长（P'）和投影面积（A'）的其他定义如下：

$$圆形度(2) = P^2 / 4\pi A' \tag{2-27}$$

$$圆形度(3) = 4\pi A' / P'^2 \tag{2-28}$$

当然，颗粒的两个不同当量直径之间的比率也可以作为其形状因子，球形度 ϕ 定义为具有与颗粒相同体积的球体的表面积和颗粒实际表面积的比，用于描述粒子与球体的接近程度：

$$\phi = (D_v / D_s)^2 \tag{2-29}$$

式中，D_v 为体积直径；D_s 为表面积直径。

然而，对于复杂的颗粒，难以采用一个简单的数字来准确描述其不规则形状。目前，颗粒的球形度是描述颗粒形状用得较多的一个参数，其定义为

$$\phi_s = \frac{6V_p}{D_p S_p} \tag{2-30}$$

式中，D_p 为单个颗粒的随机投影面积直径；S_p 为单个颗粒的表面积；V_p 为单个颗粒的体积。对于球形颗粒，ϕ_s 等于 1，而对于其他不规则颗粒材料，其 ϕ_s 值为

0.6～0.7。

由于单个颗粒的体积和表面积均为不可直接测量的物理量，为了确定单个颗粒的体积和表面积，一般采用等效直径来进行间接计算获得。例如，当单颗粒的随机投影面积直径为 D_p 时，颗粒的体积和表面积可由如下公式计算：

$$V_p = \alpha_v D_p^3 \tag{2-31}$$

$$S_p = \alpha_s D_p^2 \tag{2-32}$$

式中，α_v 和 α_s 分别为体积因子和表面积因子，其数值大小取决于颗粒的形状和所选用的当量直径的定义。

颗粒形状轮廓可以采用极坐标的形式进行描述，如图 2-29 所示，以颗粒的重心为原点，依次测得极径 R_j 和极角 θ，并将 R_h 表示为旋转角 θ 的函数 $R(\theta)$。因此：

$$R_h(\theta) = A_0 + \sum_{n=1}^{M} A_n \cos(n\theta - \varphi_n) \tag{2-33}$$

式中，A_0 为平均极径；A_n 为系数(第 n 次测量的极径)；φ_n 为第 n 次测量极径所对应的相位角，其中：

$$A_n = \sqrt{B_n^2 + C_n^2} \tag{2-34}$$

式中，B_n 为第 n 次测量的水平投影长度；C_n 为第 n 次测量的垂直投影长度。

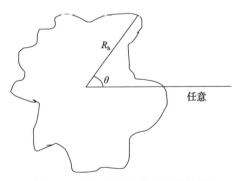

图 2-29　用极坐标表示不规则轮廓

2.3.4　煤尘颗粒的分形特征

分形理论的最基本特点是用分数维度的视角与数学方法描述和研究客观事物，也就是用分形分维的数学工具来描述研究客观事物。其跳出了一维的线、二维的面、三维的立体乃至四维的时空的传统约束，更加趋近于对复杂系统真实属性与状态的描述，更符合客观事物的多样性与复杂性。线性分形又称为自相似分形，它表征分形在通常的几何变换下具有不变性，即标度无关性。自相似性是从不同尺度的对称出发，分形形体中的自相似性可以是完全相同的，也可以是统计意义上的相似。分形维数或分数维作为分形的定量表征和基本参数，是分形理论的一个重要概念。

1. 颗粒表面分形特征

颗粒形状表征的另一种方法是通过分形分析颗粒的投影轮廓，用逐步缩减的步长 λ 多次测量并获得颗粒投影的总轮廓周长 $(P'(\lambda))$，如图 2-30 所示。然后以 $\lg P(\lambda)$ 对 $\lg \lambda$ 作图，使用线性回归模型对 $\lg P'(\lambda) \sim \lg \lambda$ 进行最佳拟合，获得线性拟合方程的斜率 d'。颗粒形状的分形维数 δ 定义为

$$\delta = 1 - d' \tag{2-35}$$

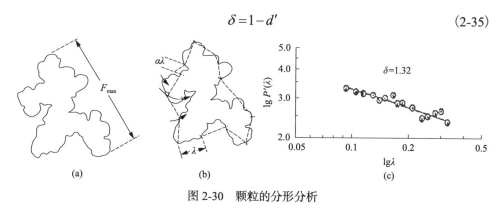

图 2-30　颗粒的分形分析

分形维数一般在 $1 \sim 2$，该值越接近于 1 则意味着颗粒越接近于细长形的"线"形颗粒，该值越接近于 2 则意味着颗粒表现为更复杂、更不规则的二维结构。

2. 颗粒孔隙结构的分形特征

煤是一种复杂多孔的物质，煤中分形维数可以通过压汞法、吸附法和显微镜法等求得，煤中的孔隙极其复杂，利用门格尔(Menger)海绵的构造思想可以较好地描述煤中的孔隙结构。假设立方体的边长为 L_b，将该立方体分成 m 个相等的小立方体，再按照一定的规则去掉部分小立方体，剩下的小立方体的个数为 N_1 个；以此类推，经过 k' 次操作以后，剩下的立方体的边长 $r_{k'} = R / m^{k'}$，剩下的立方体的总数为 $N_{k'} = N_1^{k'}$。

$$N_{k'} = \left(\frac{L_b}{r_{k'}} \right)^D = \frac{L_b^D}{r_{k'}^{D_b}} = C r_{k'}^{-D} \tag{2-36}$$

$$D = \frac{\lg N_1}{\lg m} \tag{2-37}$$

$$C' = R^D \tag{2-38}$$

式中，D 为孔隙的分形维数；C' 为常数；D_b 为剩余立方体的分形维数。

由式 (2-31) 可得出孔隙的体积：

$$V_{k'} \propto r_{k'}^{3-D} \tag{2-39}$$

$$\frac{\mathrm{d}V_{k'}}{\mathrm{d}r_{k'}} \propto r_{k'}^{2-D} \tag{2-40}$$

式中，$V_{k'}$ 为剩下的立方体的体积。

这样表面分形维数便可以用微孔体积作为微孔半径的函数来确定，微孔体积可以通过压力平均值来测定。

将式 (2-39) 代入式 (2-40) 中，可得

$$\frac{\mathrm{d}V}{\mathrm{d}P} \propto P^{D-4} \tag{2-41}$$

两边取对数可得

$$D = 4 + \frac{\lg\left(\dfrac{\mathrm{d}V}{\mathrm{d}P}\right)}{\lg P} \tag{2-42}$$

分形维数 D 应该满足：$2 \leqslant D \leqslant 3$，当 $D=2$ 时说明煤体表面是光滑的；当 $D=3$ 时说明表面很卷曲以至于对应着体积填充；其他情况 D 无意义。

吸附法也是确定煤中孔隙结构的分形维数所常用的方法，其中分形 Frenkel-Halsey-Hill (FHH) 方法已被证明是表征多孔材料中分形表面的最有效方法，并且被广泛使用。在 FHH 模型中使用 N_2 吸附数据计算分形维数，其值为 2～3 的任何分形维数值，分形维数越接近 3，则意味着煤中孔隙表面的结构就越复杂。

$$\ln\left(\frac{V}{V_m}\right) = \text{Constant} + A_m\left\{\ln\left[\ln\left(\frac{P_0}{P}\right)\right]\right\} \tag{2-43}$$

式中，V 为在平衡压力 P 下吸附的气体分子的体积；V_m 为单层覆盖量；A_m 为幂律指数，取决于分形维数和吸附机理；P_0 为气体饱和压力。

以通过绘制 $\ln V$ 与 $\ln[\ln(P_0/P)]$ 的关系曲线来计算 A_m，则分形维数：

$$D = A_m + 3 \tag{2-44}$$

选取不同矿区、不同变质程度的煤样，其工业分析及镜质组反射率如表 2-7 所示。用 N_2 等温吸附在-196℃进行孔隙结构测试，吸附等温线如图 2-31 所示。以 FHH 模型为基础，计算颗粒孔隙结构的分形维数，如图 2-32 所示。

表 2-7　煤的工业分析及镜质组反射率　　　　　　　　　（单位：%）

煤样	工业分析				镜质组反射率
	FC_{ad}	V_{daf}	A_{ad}	M_{ad}	$R_{o,max}$
河南煤	78.74	12.17	6.52	1.74	2.35
铁法煤	38.29	40.97	25.38	9.76	0.59
内蒙古煤	72.63	14.03	14.04	1.48	2.11
吕梁煤	70.58	23.38	6.85	1.03	1.50
宁夏煤	46.76	33.51	20.10	1.58	1.17
淮北煤	49.93	35.77	28.09	2.16	0.97

注：FC_{ad} 表示固定碳含量；V_{daf} 表示挥发分含量；A_{ad} 表示灰分含量；M_{ad} 表示水分含量。

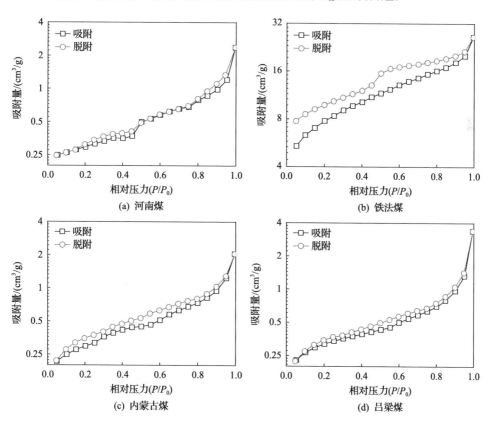

(a) 河南煤　　　　(b) 铁法煤
(c) 内蒙古煤　　　　(d) 吕梁煤

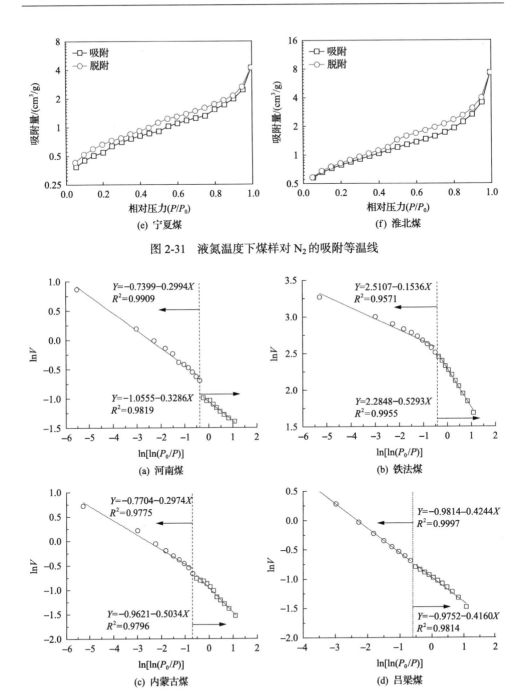

图 2-31 液氮温度下煤样对 N_2 的吸附等温线

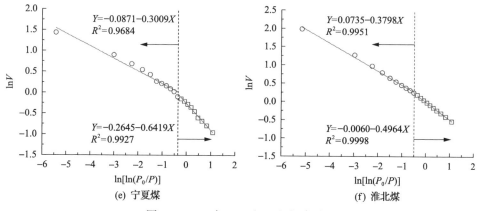

图 2-32　$\ln V$ 与 $\ln[\ln(P_0/P)]$ 拟合关系

结果表明，在 P/P_0 间隔为 0～0.5 和 0.5～1 时有两个不同的线性段。两个片段均显示出良好的线性拟合，表明两个间隔处的分形特性本质上是不同的。因此，分形维数 $D_{n1}(P/P_0: 0～0.5)$ 和 $D_{n2}(P/P_0: 0.5～1)$ 可以从两段数据的线性拟合中估算出来，结果如表 2-8 所示。

表 2-8　分形维数计算结果

煤样	$P/P_0 = 0～0.5$		$P/P_0 = 0.5～1$	
	D_{n1}	R^2	D_{n2}	R^2
河南煤	2.67	0.9819	2.71	0.9909
铁法煤	2.47	0.9955	2.85	0.9571
内蒙古煤	2.58	0.9796	2.70	0.9775
吕梁煤	2.49	0.9814	2.58	0.9997
宁夏煤	2.36	09927	2.69	0.9684
淮北煤	2.51	0.9998	2.62	0.9951

分形维数 D_{n1} 和 D_{n2} 分别代表孔隙表面分形和孔隙结构分形，它们分别由范德瓦耳斯力和毛细凝聚作用支配。分形维数 D_{n1} 越高，表明煤的表面越不规则，为气体的吸附提供越多的空间。分形维数 D_{n2} 越高，表明孔隙结构的异质性越高，液/气表面张力越高。因此，孔隙表面分形维数 D_{n1} 和孔隙结构分形维数 D_{n2} 可用于量化给定煤样品的整体分形特征。从表 2-8 中可以看出，D_{n1} 的范围从 2.36 到 2.67，D_{n2} 的范围从 2.58 到 2.85。先前的研究表明，分形维数 (D) 对包含不同分形结构特征的煤类型敏感。因此，可以认为甲烷的吸附能力与 D 值密切相关。较大的 D 值可能表明甲烷具有更高的吸附容量。

图 2-33 显示，分形维数 $(D_{n1}$ 和 $D_{n2})$ 与镜质组反射率 $(R_{o,max})$ 之间存在 U 形相关性。在 $R_{o,max}$ 为 1.2%～1.5% 处，分形维数达到其最小值。通常，较高的分形维

数表示复杂的孔隙结构和较大的表面积，而且富含镁质物质的高品位煤炭将导致煤炭拥有更多的内部微孔，但分形维数与白云石镜质组反射率之间没有线性相关性。因此，分形维数不仅受煤孔隙结构的控制，其他因素如煤的成分也可能对分形维数的变化产生很大影响。

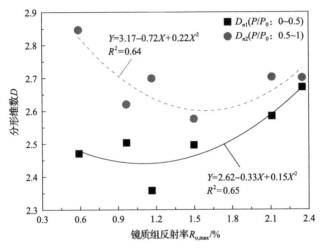

图 2-33　镜质组反射率 $R_{o,max}$ 对分形维数 D 的影响

　　为了说明孔隙结构对不同等级煤分形特征的影响，分形维数与孔隙结构参数之间的所有相关关系均绘制在图 2-34 中。结果表明，D_{n2} 与 Brunauer-Emmett-Teller (BET) 比表面积 S_{BET} 存在轻微的正相关趋势[图 2-34(a)]，D_{n2} 与 Barret-Joyner-Halenda(BJH) 比孔容积 V_{BJH} 存在正相关关系[图 2-34(b)]，D_{n2} 与平均孔径 D_{pore} 存在负相关关系[图 2-34(c)]。有趣的是，D_{n1} 与孔隙结构参数之间的相关性较弱。结果表明，孔隙结构的复杂性是影响比表面积大小和孔隙体积的关键因素。另外，

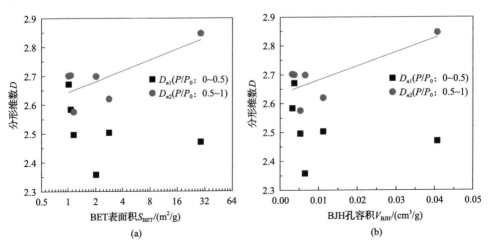

(a)　　　　　　　　　　　　(b)

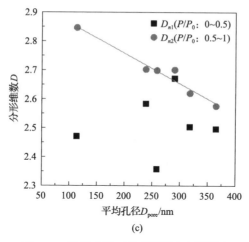

图 2-34　孔隙参数对分形维数(D)的影响

D_{n2} 与平均孔径 D_{pore} 之间明显的线性相关性表明，D_{n2} 可能最能代表孔隙结构的分形维数，因为它对平均孔径更敏感。较窄的孔径将导致复杂得多的微孔结构，从而导致孔隙表面积和体积显著增加。然而，基于先前的结果，更高的分形维数 D_{n2} 值意味着更高的异质性和更高的液/气表面张力，这可能会降低气体的吸附能力和流量。

从图 2-35(a) 和(b) 可以看出，相对于固定碳含量和挥发分含量，分形维数具有 U 形相关性。这些相关性与镜质组反射率($R_{o,max}$)对分形维数(D_{n1} 和 D_{n2})的影响十分相似，如图 2-35 所示。D 值与固定碳含量 FC_{ad} 和挥发分含量 V_{daf} 的关系证明，煤化作用使较低等级的煤的表面和孔隙网络相对较光滑且规则，而较高等级的煤则更粗糙和更复杂。分形维数 D_{n2} 与灰分含量 A_{ad} 之间的相关性表明，矿物对煤微结构的复杂性具有积极影响。但是，灰分含量 A_{ad} 对 D_{n1} 有明显的负面影响。

该结果表明，矿物在基体表面或孔隙中的出现可大大降低煤样品比表面积和孔隙体积的粗糙度。因此，矿物填充或部分矿物填充的微孔对于气体吸附能力是不利的，因为它们减小了孔隙体积和内表面积。实际上，增加的复杂孔隙网络(由

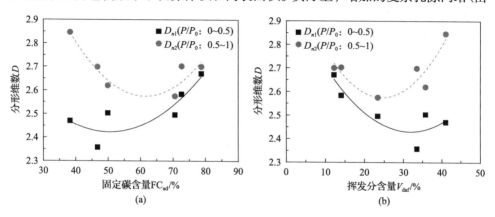

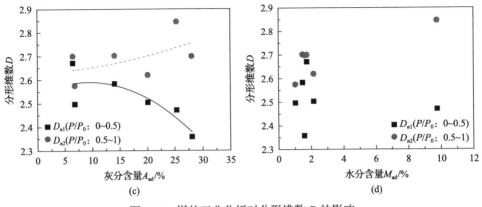

图 2-35　煤的工业分析对分形维数 D 的影响

增加的 D_{n2} 证实)也表明，矿物填充物可能在某种程度上改变有效的气体内部输送路径。此外，水分对分形维数的影响没有明显的规律。

3. 颗粒粒度分布的分形特征

煤尘的粒度分布决定了粉体的理化特性，是煤尘特性表述的一个重要指标。传统粒度分布模型(如正态分布、对数正态分布及 Rosin-Rammler 分布等)均是建立在连续分布的基础上，而实际上粉体的粒度分布均是离散的[13]。郁可和郑中山[14]通过研究粉体的粒度分布，发现粉体的粒度分布具有较好的自相似性，即具有典型的分形结构特征，其粒度分布的分形维数满足以下关系式：

$$Y_{w}(d_{p}) \propto d_{p}^{3-D} \tag{2-45}$$

式中，d_{p} 为颗粒直径；$Y_{w}(d_{p})$ 为小于 d_{p} 的粒子总质量与颗粒体系粒子总质量之比；D 为分形维数。

若在双对数坐标系下 $Y_{w}(d_{p})$ 与 d_{p} 呈直线关系，则表示粉体粒度分布具有分形结构，设拟合直线斜率为 $k_{斜}$，则有 $D = 3 - k_{斜}$。

对煤矿井下破碎所产生的煤尘进行筛分，结果如图 2-36 所示。井下破碎煤尘微米级煤尘基本呈现单峰结构分布，受煤质的影响部分呈现多峰分布的特征，如图 2-36 所示。粒度分布的分形维数与中位粒径 D_{50} 的关系如图 2-37 所示。由图 2-37 可知，粒度分布的分形维数与其中位粒径表现出较好的线性关系，中位粒径越小，分形维数越大，即粉体颗粒的分布越集中。由于粉体的颗粒粒度分布特征反映了粉体的成分与物理性质，其分形维数在一定程度上也与粉体的物质特性有关，进而也体现了颗粒表面相关特性的差异。

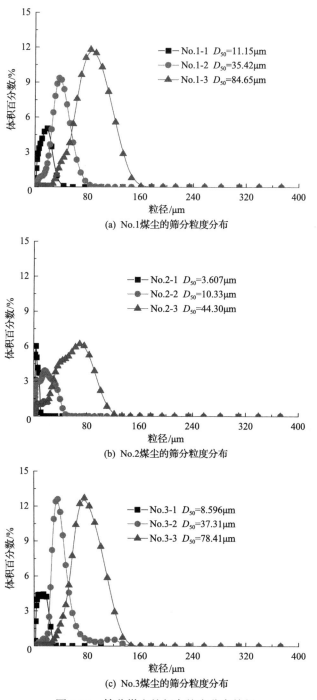

(a) No.1煤尘的筛分粒度分布

(b) No.2煤尘的筛分粒度分布

(c) No.3煤尘的筛分粒度分布

图 2-36　筛分煤尘的频率粒度分布特征

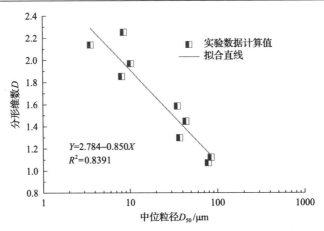

图 2-37　煤尘粒度分布的分形维数与中位粒径 D_{50} 的关系

2.4　煤尘荷电特性

2.4.1　煤尘比电阻及其测试方法

1. 比电阻定义

煤尘的电性质对于除尘具有重要意义，如目前的电除尘技术即利用煤尘的电特性来捕集煤尘。但煤尘的自然电荷由于具有两种极性，且荷电量也较低，为了达到捕尘的目的，需利用外加条件使煤尘具有较高的电荷。煤尘的导电性通常用电阻 ρ 表示：

$$\rho' = \frac{V'}{j\delta'} \tag{2-46}$$

式中，ρ' 为比电阻，$\Omega\cdot m$；V' 为通过煤尘层的电压，V；j 为通过煤尘层的电流密度，A/cm；δ' 为煤尘层厚度，cm。

比电阻是评定煤尘导电性的重要指标，一般在 $104\sim1011\Omega\cdot m$，比较适于静电除尘[14]设计的参考指标。

2. 比电阻测定方法

1)平板(圆盘)电极法

测定仪下部设有一金属盛灰圆盘，被测煤尘放于盛灰圆盘内，盛灰圆盘下接高压电源负极，煤尘层的上表面设置可上下移动的圆盘式正电极，圆盘上设有一导杆，可使其上下移动，导杆上端接电流表。该测定部件置于调节箱内，可以调节温度和湿度。在测定煤尘比电阻前，将上圆盘降落在煤尘层上，并将调节箱调整到所需温度和湿度，测试时根据高压供电装置的电压和电流值以及圆盘面积与煤尘层厚度即可计算出煤尘的比电阻[15]。

2) 探针法

将测定装置安装在可调节温度的电炉内 (温度可达 300～500℃)，针尖电极接高压电源负极。煤尘从电炉上方装入，并在平板电极上形成一定厚度的煤尘层，在煤尘层内设置一横向探针，为消除边缘效应加装屏蔽环，平板电极 (主电极) 下端通过毫安表接地，针尖电极与平板电极之间产生电晕放电。通过测出探针与平板电极之间的电位以及主电极通过的电流和煤尘层厚度及面积就可以计算出煤尘的比电阻。

3) 电晕法

该测定装置采用封闭循环系统，能使气体和悬浮烟尘在系统中循环，其中的测试主件是点-板式测定仪，电晕放电使煤尘沉积，再测出煤尘的比电阻。为了模拟电除尘现场条件，还设有翼片形电热器和气体增湿水槽。如需进行化学调质，可将所采用溶液或气体加入该系统。点-板电极置于电热恒温箱内 (温度 300～700℃可调) 构成比电阻测定仪。施加高电压约 20kV，测定其电流就可计算出煤尘的比电阻。

4) 同心圆筒电极法

该测定仪由圆筒电极和圆柱电极构成，煤尘充填在两电极之间，施加高电压时测出电压值和电流值，然后计算出煤尘的比电阻。

5) 梳式电极法

该仪器为实验室和现场两用，是将电极做成梳 (齿) 状，固定在两根绝缘套管的端部，在梳式电极上部装刀形电极，梳式电极接高压电源负极，刀形电极接高压电源正极 (接地)，整个仪器置于加热测定箱内。梳式电极法是利用电除尘原理捕集煤尘，使煤尘逐渐填满梳齿缝隙。断开高压电源后，用电阻计测定两梳齿电极之间煤尘的电阻值，进一步得出测定时气体温度和湿度下的煤尘的比电阻。

2.4.2　煤尘荷电特性的影响因素

悬浮于空气中的尘粒通常带有电荷，使煤尘带电的原因有很多，如粒子间的撞击、天然辐射、物料破碎时的摩擦、电晕放电等，且煤尘的正电荷与负电荷两部分几乎相等，因而悬浮于空气中的粉尘整体呈中性[16]。粉尘荷电量的大小取决于物料的化学成分和与其接触的物质，如高温可使带电量增加，高湿则可减少带电量。经测定，悬浮于空气中的尘粒有 95%左右带正电荷或者负电荷，有 5%左右的尘粒不带电。

　　煤矿采掘工作面产生的新鲜尘粒较回风巷中的尘粒更易带电,通常在干燥空气中,粉尘表面的最大荷电量约为 $2.7×10^{-9}C/cm^2$,而粉尘由于自燃产生的荷电量仅为最大荷电量的很小一部分。异性电荷尘粒的相互吸引、黏着、凝结,可使粉尘颗粒的尺寸增大而加速其沉降。同性电荷尘粒由于排斥作用,将增加其在空气中悬浮的相对稳定性。研究结果表明,呼吸性粉尘($8μm$ 以下)一般带负电荷,大颗粒煤尘则带正电荷或呈中性。一方面,我们可利用粉尘的荷电特性研制电除尘设备;另一方面,带电尘粒吸入肺组织,更易于沉积于支气管、肺气管中,增加对人体的危害。

　　影响煤尘荷电特性的因素包括以下几个方面。

　　1)温度

　　温度升高可使煤尘带电量增加,温度降低可使煤尘带电量减少。

　　2)湿度

　　干燥环境可使煤尘带电量增加,高湿环境可使煤尘带电量减少。

　　3)pH

　　一般而言,非金属粉尘与酸性氧化物(如二氧化硅、三氧化二铝)常常带正电荷,金属粉尘和碱性氧化物则带负电荷。

　　4)摩擦与撞击

　　煤尘粒子之间的摩擦次数增多、撞击力度加大,会使煤尘带电量增加。

2.5　煤尘密度与导热性

2.5.1　密度表示及测试方法

1. 密度及其定义

　　颗粒密度的定义为其总质量与总体积的比值。密度是确定粉体散装物料相关特性的重要参数。基于密度的定义,由于颗粒内部即颗粒间通常存在孔隙裂隙,根据粉体物料总体积测试方法的差异,其密度可分为:真密度、假密度、堆积密度。

　　1)真密度

　　颗粒的真密度为颗粒的总质量除以扣除包括封闭孔在内的所有孔隙体积后所得的颗粒体积,也是制备颗粒物的原始固体材料的密度。对于有机或无机的纯化学品物质,物理/化学参考书中所引用的密度数据是其真密度。

2) 假密度

颗粒的假密度(表观密度)定义为颗粒的总质量除以扣除其开放孔体积后所得的颗粒体积，其多采用气体或液体置换的方法进行测量。

3) 堆积密度

颗粒的堆积密度是指颗粒的总质量除以其包括开放和封闭孔体积在内的颗粒的总体积。

颗粒密度也可以无量纲形式表示，如相对密度或比重，其仅是颗粒密度与水密度的比率。颗粒的质量可以较容易地进行准确测定，然而颗粒的不规则外形、内部的孔隙等因素使得其体积的确定较为困难，故上述三个密度的定义需准确辨别、避免混淆。

2. 密度的测量

1) 液体比重瓶

基于所用比重瓶体积的大小，液体比重瓶可用于确定不同粗细粒度材料的颗粒密度[17]。对于细粉颗粒，通常所用比重瓶体积为 50mL，而粗颗粒材料则需要更大体积的比重瓶。

图 2-38 描述了采用液体比重瓶测量颗粒密度的过程示意图。测量所用液体必须是与颗粒不溶解、不反应、不渗透进入颗粒的特殊溶剂。因此，颗粒密度 ρ_s 则是干粉的净重除以干粉的净体积(由瓶的体积减去添加液体的体积)，即

$$\rho_s = \frac{(m_s - m_0)\rho}{(m_1 - m_0) - (m_{sl} - m_s)} \tag{2-47}$$

式中，m_s 为装有粉末的瓶子的重量；m_0 为空瓶子的重量；ρ 为液体密度；m_1 为填充有液体的瓶子的重量；m_{sl} 为装满固体和液体的瓶子的重量。

在测量中，吸附在颗粒表面上的气泡和被颗粒吸收的液体是导致粉体被测密度产生误差的主要来源。因此，应选择低表面张力的液体以避免气体在颗粒表面的吸附，同时可进行加热以消除液体及颗粒粉末中气体的存在。

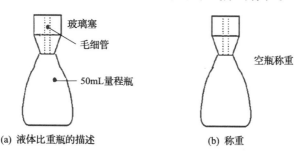

玻璃塞

毛细管

50mL量程瓶

空瓶称重

(a) 液体比重瓶的描述　　　　(b) 称重

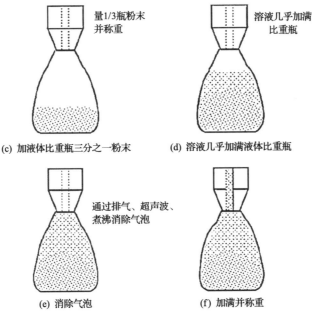

图 2-38　采用液体比重瓶测量颗粒密度的过程示意图

对于密度较大、形状不规则的粉末固体，其用于体积和密度测量的顶部装载称重测试平台示意图如图 2-39 所示，采用足够大的烧杯来装载被测粉末固体，同时充入液体并保证固体物体完全浸没，记录烧杯的总重量，并通过式 (2-48) 计算出固体的体积 V_s：

$$V_s = \frac{m_{LCS} - m_{LC}}{\rho_L} \tag{2-48}$$

式中，m_{LCS} 为装有液体和固体的容器总重量；m_{LC} 为装有液体的容器质量；ρ_L 为液体的密度。

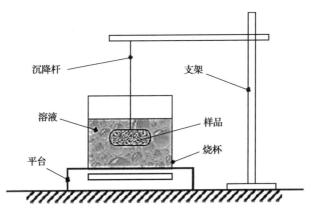

图 2-39　用于非规则形状物体密度测定的顶部加载平台

2)气体比重瓶

该测试方法通过气体的置换来测量粉末颗粒的密度。该测量仪器由两个带有活塞的容器 A 和 B 组成，如图 2-40 所示。其中，容器 A 保持中空并用作参考容器，当容器 B 也为中空时，两容器具有相同的气体体积，在测试开始及结束时保证两个容器的气体压力相等，其压差可通过差压传感器测量。

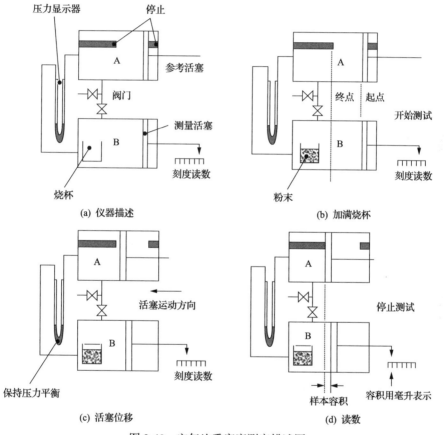

图 2-40　空气比重密度测定描述图

测量时将粉末样品放入容器 B，将容器 A 的活塞向前推进使其达到新的压力，同时容器 B 的活塞也向前移动以达到与容器 A 相同的压力。由于被测样品占据容器 B 中的额外体积，容器 B 活塞的推进距离与容器 A 活塞的推进距离显然不同，两活塞推进距离之差则与被测样品所占的体积成比例。因此，对于被测颗粒，如果其不含有封闭孔，该方法可测量颗粒的真密度，如果颗粒内存在封闭孔，则可测量其假密度。

当然，某些自动测量的气体比重瓶(图 2-41)往往采用不同大小的样品仓或通过在样品仓内充入惰性气体来测量颗粒的假密度，其测量精度与被测样品在样品仓内所占据的比例相关。

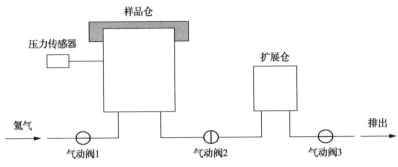

图 2-41　固定样本尺寸的自动测比重的原理图

2.5.2　煤尘导热性及测试方法

导热系数是表征物质热传导性质的物理量，材料结构的变化与所含杂质的不同对导热系数值都有明显的影响。导热系数测定方法可分为两大类[18]：稳态法和瞬态法。其中，瞬态法具有实验时间短、测定速度快、准确且一般无须测量试件的导热量的特征。煤尘可以采用球体法来测试，实验仪器为球壁导热仪。

球体法测量煤尘的导热系数是以同心球壁稳定导热规律为基础。在球坐标中，考虑到温度仅随半径 r' 而变，故可看作是一维稳定温度场导热。

实验时，在直径为 d_1、d_2 的两个同心圆球的球壳之间均匀地填充煤尘，在内球中则装有球形电炉加热器。当加热时间足够长时，球壁导热仪将达到热稳定状态，内外壁面温度分别恒为 t_1、t_2。根据这种状态可以推导出导热系数的计算公式。球壁导热仪装置如图 2-42 所示。

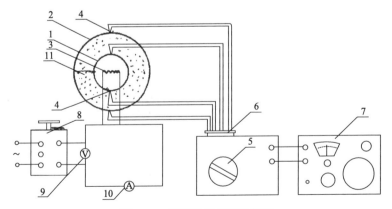

图 2-42　球壁导热仪实验装置

1-内球壳；2-外球壳；3-球形电炉加热器；4-热电偶热端；5-转换开关；6-热电偶冷端；
7-电位差计；8-调压器；9-电压表；10-电流表；11-绝热材料

1)球壁导热仪

主要部件是两个铜制球心球壳——1、2 球壳之间均匀填充被测隔热材料,内球壳中装有电热丝绕成的球形电炉加热器 3。

2)热电偶恒温系统

铜-康铜热电偶两只(测外球壳壁温度)、镍铬-镍铝热电偶两只(测内球壳壁温度),均焊接在壳壁上通过转换开关将热电偶信号传递到电位差计,由电位差计监测出内外壁温度。

3)电加热系统

外界电源通过稳压器后输出稳压电源,经调压器供给球形电炉加热器一个恒定的功率。用电流表和电压表分别测量通过球形电炉加热器的电流和电压。

煤尘导热性的测试步骤如下:

(1)将被测绝热材料放置在烘箱里干燥,然后均匀置于球壳的球阀之中。

(2)按图 2-42 安装仪器仪表并连接导线,注意确保球体严格同心。检查无误后通电,使仪器温度达到稳定状态(3~4h)。

(3)用温度计测出热电偶冷端的温度。

(4)每隔 5~10min 测定一组温度数据(内上、内下、外上、外下)。读数应保持各相应点的温度不随时间变化(实验中以电位差计显示变化小于 0.02mV 为准),温度达到稳定状态时再记录,共测试 3 组,取其平均值。

(5)测试并绘制绝热材料的导热系数和温度之间的关系,关闭电源,结束实验。

2.6 煤尘的空气动力学特性

2.6.1 粉尘运移描述方法

气体作用下的粉尘运动是由气体和粉尘颗粒所组成的典型的气固两相流动,目前描述两相流动的方法主要有拉格朗日法[19]和欧拉法[20]两种。拉格朗日法是研究某一颗粒在不同时刻的运动状态,而欧拉法主要是采用固定的坐标系研究某一时刻所有的颗粒物的运动参数,如风速、压力、粉尘速度和粉尘浓度分布等[21]。

粉尘颗粒在气体中的运动虽然可简单看作是由随气流一起的水平运动和在重力作用下的沉降所形成的复合运动,但其实际运动状态很复杂。图 2-43 是粉尘粒子在湍流气体中的流动状态的示意图,描述了在重力场中不同粒径粉尘颗粒(如粗粉尘、细粉尘和亚微米粉尘)的运动状态。粗粉尘的运动状态取决于时均速度分布和脉动速度,其轨迹以直线或抛物线的形式落到地面上,而细粉尘则不一定落在地面上,部分粒径适中的细粉尘会表现出较好的随流运动特性[22]。

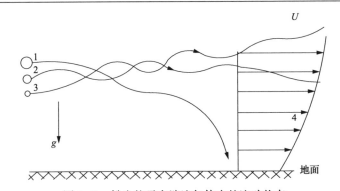

图 2-43　粉尘粒子在湍流气体中的流动状态

1-粗粉尘；2-细粉尘；3-亚微米粉尘；4-湍流状态的速度分布；U-气体的主流速度

2.6.2　冲击波作用下沉积煤尘层的卷扬特性

煤矿井下的爆炸灾害通常均伴随有煤尘的参与，爆炸冲击波扬尘是一个非常复杂的过程，但对煤尘爆炸致灾机理和致灾过程的研究十分重要。

在实际生产中，对于某些固体加工场所，特别是在煤炭生产和加工过程中，煤尘的产生总是不可避免的，而且粉尘很容易被瓦斯突出或瓦斯爆炸等所产生的冲击波所挟带。因此，当爆炸冲击波传播至粉尘沉积区域时，被卷扬而形成的空气和煤尘的混合物则有可能被燃烧波甚至激波所点燃。当然，粉尘的卷扬和引燃过程与冲击波的强度有关。非直管道内气固两相流的流态发展主要受激波诱导湍流的影响，对波前的流动结构不太敏感[23]。因此，研究多相混合介质中激波传播后粉尘的非定常卷扬过程，对于深入了解粉尘爆炸传播机理具有重要意义[24,25]。

冲击波对粉尘的卷扬是一个复杂的过程[26,27]，且很难在工业设备中进行大规模的冲击波扬尘试验。因此，计算流体力学(CFD)模拟则成为研究冲击波扬尘的一种可行的办法。通常用于模拟扬尘过程的气固两相流动包括欧拉法和拉格朗日法[28]。在欧拉法中，气固两相均被视为单独的流体，通过一些相间作用力(如阻力和热交换)实现其相互耦合。采用欧拉法和拉格朗日法两种数值模型研究激波对煤尘粒子的夹带，结果表明粒子碰撞和恢复系数对该过程的影响十分显著[29-31]，同时通道的形状对粒子的运动状态也有很大的影响[32]。

在拉格朗日法中，与 Magnus 和 Saffman 的力相比，Zydak 和 Klemens[33]指出粒子碰撞对粉尘提升过程有非常显著的影响。对于壁面粗糙度对粉尘运移的影响，不同的壁面粗糙度使得颗粒的垂直入射角度及碰撞过程中的能量损失有所不同[34]。Ilea 等[35]采用拉格朗日法发现，对于颗粒群的模拟，粒子间碰撞及粒子与壁面的碰撞需要在模型中予以重点考虑。与由单分散粒子组成的粉尘层相比，由多分散粒子组成的粉尘层在激波作用后的上升速度要快得多[36]。

对于初始扬尘过程，虽然近年来进行了大量的研究，但是对于粉尘云的发生机理并没有充分揭示，本节采用欧拉-欧拉法对这些过程进行了数值研究，考虑了通道中竖向障碍物存在对除尘过程的影响，为揭示冲击波扬尘的机理提供了参考。

1. 数学模型

在一个矩形通道的下壁面铺设一薄层沉积粉尘，在通道的左侧设置有高压区（图 2-44），采用破膜法来产生冲击波并形成冲击波扬尘的过程。

图 2-44 物理模型方案

模拟方法采用欧拉-欧拉法，其中气流视为第一流体，粉尘云视为第二流体，其具有与流体相似的参数如浓度（流体密度的当量）、速度等，因此描述固相流动行为的数学模型与气体相类似。

气相数学模型（对于二维情况）：

$$\frac{\partial \rho_g}{\partial t} + \frac{\partial \rho_g u_g}{\partial x} + \frac{\partial \rho_g v_g}{\partial y} = 0 \tag{2-49}$$

$$\frac{\partial \rho_g u_g}{\partial t} + \frac{\partial \rho_g u_g^2 + p}{\partial x} + \frac{\partial \rho_g u_g v_g}{\partial y} = \frac{\partial \tau_{xx}}{\partial x} + \frac{\partial \tau_{xy}}{\partial y} - f_x \tag{2-50}$$

$$\frac{\partial \rho_g v_g}{\partial t} + \frac{\partial \rho_g u_g v_g}{\partial x} + \frac{\partial \rho_g v_g^2 + p}{\partial y} = \frac{\partial \tau_{yx}}{\partial x} + \frac{\partial \tau_{yy}}{\partial y} - f_y \tag{2-51}$$

$$\frac{\partial E_g}{\partial t} + \frac{\partial u_g(E_g + p)}{\partial x} + \frac{\partial v_g(E_g + p)}{\partial y}$$
$$= \frac{\partial}{\partial x}(u_g \tau_{xx} + v_g \tau_{xy}) + \frac{\partial}{\partial y}(u_g \tau_{yx} + v_g \tau_{yy}) + f_x(u_g - u_p) + f_y(v_g - v_p) - Q' \tag{2-52}$$

$$\frac{p}{\rho_g} = R \cdot T_g \tag{2-53}$$

式中，ρ_g 为气相密度；u_g 为气相 x 方向的速度；v_g 为气相 y 方向的速度；τ_{xx} 为 x 平面内 x 方向的剪应力；τ_{xy} 为 x 平面内 y 方向的剪应力；f_x 为 x 方向的合力；f_y 为 y 方向的合力；τ_{yx} 为 y 平面内 x 方向的剪应力；τ_{yy} 为 y 平面内 y 方向的剪

应力；p 为气相压力；u_p 为固相 y 方向的速度；v_p 为固相 x 方向的速度；Q' 为热量；R 为气体常数；T_g 为气相温度。

气相的总能量 E_g 为

$$E_g = \rho_g \times \frac{u_g^2 + v_g^2}{2} + T_g \cdot \rho_g \cdot c_v \tag{2-54}$$

式中，c_v 为气体的定容比热。

上述方程中，应力张量与流体速度的关系如下：

$$\tau_{xx} = 2\mu \frac{\partial u_g}{\partial x} - \frac{2}{3}\mu \left(\frac{\partial u_g}{\partial x} + \frac{\partial v_g}{\partial y} \right) \tag{2-55}$$

$$\tau_{xy} = \tau_{yx} = \mu \left(\frac{\partial u_g}{\partial y} + \frac{\partial v_g}{\partial x} \right) \tag{2-56}$$

$$\tau_{yy} = 2\mu \frac{\partial v_g}{\partial y} - \frac{2}{3}\mu \left(\frac{\partial u_g}{\partial x} + \frac{\partial v_g}{\partial y} \right) \tag{2-57}$$

式中，μ 为气体动力学黏度。

欧拉-欧拉法中固相的数学模型与气相模型相似，不同之处在于缺少压力和黏性，因此式(2-49)～式(2-52)可以改写为(对于二维情况)：

$$\frac{\partial \rho_p}{\partial t} + \frac{\partial \rho_p u_p}{\partial x} + \frac{\partial \rho_p v_p}{\partial y} = 0 \tag{2-58}$$

$$\frac{\partial \rho_p u_p}{\partial t} + \frac{\partial \rho_p u_p^2}{\partial x} + \frac{\partial \rho_p u_p v_p}{\partial y} = f_x \tag{2-59}$$

$$\frac{\partial \rho_p v_p}{\partial t} + \frac{\partial \rho_p u_p v_p}{\partial x} + \frac{\partial \rho_p v_p^2}{\partial y} = f_y \tag{2-60}$$

$$\frac{\partial E_p}{\partial t} + \frac{\partial E_p u_p}{\partial x} + \frac{\partial E_p v_p}{\partial y} = -f_x(u_g - u_p) + f_y(v_g - v_p) + Q' \tag{2-61}$$

固相总能量 E_p：

$$E_p = \rho_p \times \frac{u_p^2 + v_p^2}{2} + T_p \cdot \rho_p \cdot c_s \tag{2-62}$$

气相与固相间的相互作用为

$$\vec{f} = \vec{f}_{drag} = n_s \frac{\pi d^2}{8} C_D \rho_g \left| \vec{u}_g - \vec{u}_p \right| (\vec{u}_g - \vec{u}_p) \tag{2-63}$$

式中，$\vec{f}_{\text{drag}}$ 为曳力；$\vec{f}$ 为阻力 $\vec{u}_{\text{g}}$、$\vec{u}_{\text{p}}$ 分别为气相和固相的速度矢量；d 为最大颗粒的直径；n_{s} 为粒子数密度。

由于曳力系数 C_{D} 是雷诺数 Re 的函数，在气固两相流中，雷诺数 Re 的定义为

$$Re = \frac{\rho_{\text{g}} d \left| \vec{u}_{\text{g}} - \vec{u}_{\text{p}} \right|}{\mu} \tag{2-64}$$

对于稠密气固两相混合物，曳力系数 C_{D} 的经验公式可表示为[28]

$$C_{\text{D}} = \frac{24}{Re} \left(8.33 \frac{\alpha}{1-\alpha} + 0.0972 Re \right) \tag{2-65}$$

式中，α 为固相体积分数。

由于相间的温度差异，考虑相间的热交换，并假设只有对流传热机制，不考虑其他相互作用，因此：

$$Q = n\pi d \lambda_{\text{d}} Nu (T_{\text{g}} - T_{\text{p}}) \tag{2-66}$$

$$Nu = 2 + 0.6 \sqrt[Pr^{1/3}]{Re} \tag{2-67}$$

式中，λ_{d} 为导热系数；Nu 为努塞特数；Pr 为普朗特数。

2. 结果与讨论

本物理模型如图 2-45 所示，模型数据如表 2-9 所示，初始冲击波的形成采用高压区域破膜法来获得，水平光滑通道底层铺设粒径为 15μm、厚度为 1mm 的沉积粉尘层。

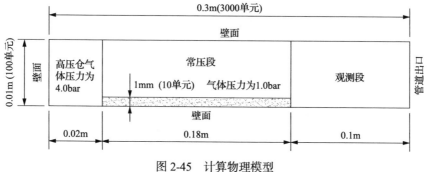

图 2-45 计算物理模型

1bar=10⁵Pa

表 2-9　计算所用数据

参数	数值
管道长度/m	0.3
管道高度/m	0.01
单元数	3000 × 100
粉尘层厚度/mm	1
颗粒直径/μm	15
粒子密度/(kg/m³)	1000
高压气体压力/bar	4.0

　　气相冲击波的演化发展过程如图 2-46 所示，从图中可以看出，冲击波与粉尘层的相互作用将诱发反射压力波的生成，使得粉尘层前端气体流速显著降低，在冲击波过后的湍流作用下粉尘发生卷扬，该结果与 Suzuki 等[37]的试验结果相一致。

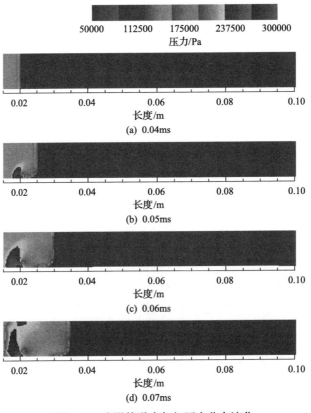

图 2-46　光滑管道内气相压力分布演化

图 2-47 展示了光滑管道内不同时刻粉尘云浓度分布的演化规律，从图中可以看出，冲击波作用下粉尘云的形状呈楔形，而后随湍流气体的流动而向后运移。结合图 2-46，可以推断出气流对沉积粉尘层的夹带过程是冲击波与沉积粉尘层前缘相互作用的结果。在冲击波的作用下，沉积层前缘的粒子开始沿气流运动并被压缩。反射的压力波则诱发了气体的湍流和垂直速度分量。因此，在气流的作用下，粒子被向上卷扬，导致粉尘云的上升及向后传播，使得沉积粉尘层前缘粒子的传输模式呈现为"波浪"形传播，其局部放大如图 2-48 所示。

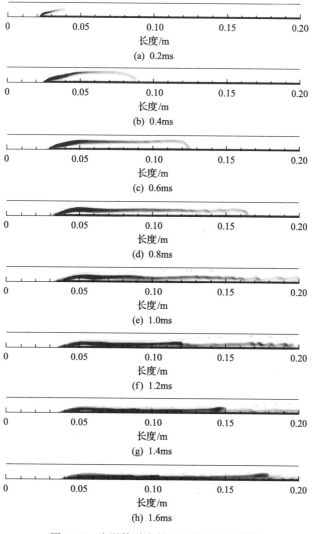

图 2-47　光滑管道内粉尘云浓度分布演化

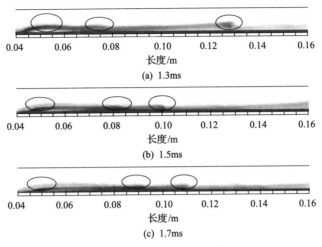

图 2-48　光滑管道内粉尘云的传播过程

　　通过上述分析可知,冲击波对沉积粉尘层的作用主要取决于气流的湍流影响,而通常管道的壁面并非绝对光滑,管道粗糙度及障碍物的存在势必诱发强的气体湍流。为了对比管道存在障碍物的情况下,气流对沉积粉尘层的卷扬作用,本节分析了不同尺度垂直障碍物对气体流动及扬尘过程的影响,结果如图 2-49 所示。与光滑管道相比,垂直障碍物的存在对冲击波的传播存在显著影响,诱发了更强的气体湍流,管道障碍物堵塞比越大(障碍物高度与管道高度之比),气流扰动越显著,从而使得气流对粉尘层的提升过程和传播方式也表现出明显差异。图 2-50 和图 2-51 显示了在垂直障碍物管道中传播的粉尘云过程,在有垂直障碍物的管道中粒子提升和云传播呈现出清晰的"波浪"模式,堵塞比越大,其"波浪"分布

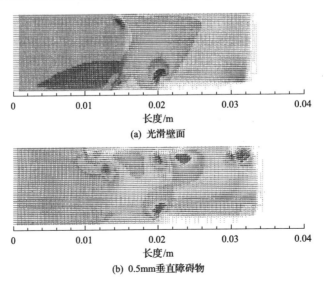

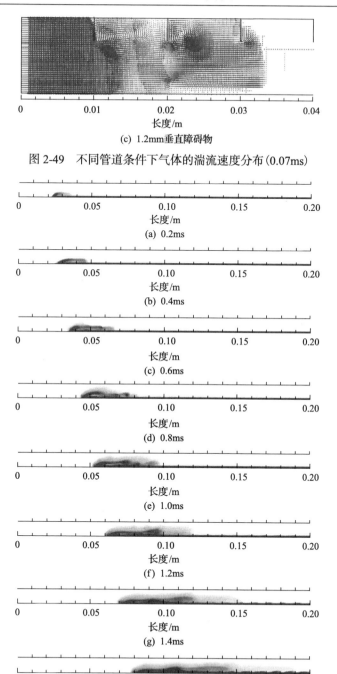

(c) 1.2mm垂直障碍物

图 2-49　不同管道条件下气体的湍流速度分布(0.07ms)

(a) 0.2ms

(b) 0.4ms

(c) 0.6ms

(d) 0.8ms

(e) 1.0ms

(f) 1.2ms

(g) 1.4ms

(h) 1.6ms

图 2-50　0.5mm 垂直障碍物对粉尘云传输的影响(障碍物间距 10mm)

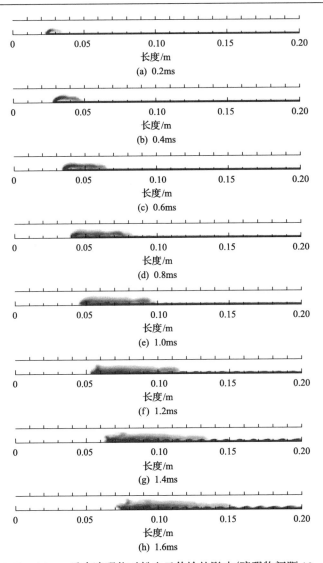

图 2-51　1.2mm 垂直障碍物对粉尘云传输的影响(障碍物间距 10mm)

越密。此外，有垂直障碍物存在时，其对气流湍动程度的增加使得所形成的粉尘云的高度也较光滑管道时明显增大。

　　因此，冲击波对粉尘的卷扬作用与冲击波的传播过程及湍流程度紧密相关，障碍物的存在将极大地诱发强烈的冲击波气流湍流，强化了冲击波的扬尘过程。

2.7　本 章 小 结

本章系统阐述了粉尘浓度监测及样品采集方法，描述了煤尘的物质组成及煤尘颗粒尺度，形状特征的定向、定量测定方法，基于分形理论阐述了煤尘颗粒表面物理结构及粒度分布的分形特征，给出了粉尘分形维数的计算方法，探讨了影响其分形特征的关键影响因素。阐明了煤尘颗粒的荷电特性、密度、导热性、影响因素及其测试仪器与方法，基于数值方法，构建了冲击波作用下气流对沉积粉尘卷扬作用的计算模型，探索了冲击波湍流及障碍物存在对扬尘的影响规律。

参 考 文 献

[1] 杨胜强. 粉尘防治理论及技术[M]. 徐州: 中国矿业大学出版社, 2007.

[2] 石林雄. 粉尘浓度的压电晶体差频测量法[J]. 农机质量与监督, 1995, (3): 17-19.

[3] 朱一川, 张晶, 周文刚, 等. 粉尘监测方法的相关标准及光散射式快速测尘仪器最新进展[C]. 中国职业安全健康协会 2007 年学术年会, 杭州, 2007.

[4] 赵彤宇. 用 β 射线吸收法测尘[J]. 煤矿安全, 2002, 33(10): 31-32.

[5] 菅洁, 谢建林, 郭勇义. 煤矿井下粉尘浓度与粉尘粒度测定分析[J]. 太原理工大学学报, 2017, 48(4): 592-597.

[6] 宋马俊, 符绍昌. 呼吸性粉尘和呼吸性粉尘采样器[J]. 国外医学: 卫生学分册, 1985, (3): 137-140.

[7] 李强, 蒋承林, 翟果红. 我国煤炭行业尘肺病现状分析及防治对策[J]. 中国安全生产科学技术, 2011, 7(4): 148-151.

[8] Żygadło M, Gawdzik J. Modeling the transport of petroleum products by soil filter method[J]. Polish Journal of Environmental Studies, 2010, 19(4): 841-847.

[9] 陆信. 分层筛分法[J]. 矿山机械, 1987, (6): 47-51.

[10] 李远, 刘起展. 砷化物致癌作用的分子机制研究进展[J]. 中华地方病学杂志, 2014, 33(5): 586-590.

[11] 李剑平. 扫描电子显微镜对样品的要求及样品的制备[J]. 分析测试技术与仪器, 2007, 13(1): 74-77.

[12] 程鹏, 高抒, 李徐生. 激光粒度仪测试结果及其与沉降法、筛析法的比较[J]. 沉积学报, 2001, 19(3): 449-455.

[13] 陈仕涛, 王建, 朱正坤, 等. 激光衍射法与比重计沉降法所测粒度参数的对比研究——以海滩泥沙为例[J]. 泥沙研究, 2004, (3): 64-68.

[14] 郁可, 郑中山. 粉体粒度分布的分形特征[J]. 材料科学与工程, 1995, 13(13): 30-34.

[15] 渠亚东. 粉尘比电阻测试方法的研究[J]. 河北工程大学学报(自然科学版), 2005, 22(3): 14-16.

[16] 张国权, 刘玉顺. 粉尘荷电特性的研究[J]. 工业安全与环保, 1981, (5): 15-18.

[17] 倪成锦. 比重瓶法测物质密度[J]. 鞍山师范学院学报, 1991, (3): 51-52.

[18] 闵凯, 刘斌, 温广. 导热系数测量方法与应用分析[J]. 保鲜与加工, 2005, 5(6): 35-38.

[19] 袁竹林, 徐益谦. 用拉格朗日法对气固两相流动的数值模拟[J]. 发电设备, 1997, (6): 27-29.

[20] 彭果. 欧拉法模拟逆流下行床中气固两相流[D]. 北京: 中国科学院大学, 2013.

[21] 张梦雅. 中岭选煤厂粉尘运移规律研究及治理措施优化[D]. 贵阳: 贵州大学, 2017.

[22] 武芳冰. 选煤厂粉尘运动规律与关键控制技术[D]. 阜新: 辽宁工程技术大学, 2010.

[23] Semenova I, Frolov S, Markovc V, et al. Shock-induced dust ignition in curved pipeline with steady flow[J]. Journal of Loss Prevention in the Process Industries, 2007, 20(4-6): 366-374.

[24] Boivin M, Simonin O, Squires D. On the prediction of gas-solid flows with two-way coupling using large eddy simulations[J]. Physics of Fluids, 2000, 12: 2080-2090.

[25] Pascal P, Oesterle B. On the dispersion of discrete particles moving in a turbulent shear flow[J]. International Journal of Multiphase Flows, 2000, 26: 293-325.

[26] Klemens R, Kosinski P, Wolanski P, et al. Numerical study of dust lifting in a channel with vertical obstacles[J]. Journal of Loss Prevention in the Process Industries, 2001, 14: 469-473.

[27] Klemens R, Zydak P, Kaluzny M, et al. Dynamics of dust dispersion from the layer behind the propagating shock wave[J]. Journal of Loss Prevention in the Process Industries, 2006, 19: 200-209.

[28] Crowe C, Sommerfeld M, Tsuji Y. Multiphase Flows With Droplets and Particles[M]. Boca Raton, FL: CRC Press LLC, 1998.

[29] Kosinski P, Hoffmann A C, Klemens R. Dust lifting behind shockwaves: comparison of two modeling techniques[J]. Chemical Engineering Science, 2005, 60: 5219-5230.

[30] Kosinski P, Hoffmann A C. Modelling of dust lifting using the Lagrangian approach[J]. International Journal of Multiphase Flow, 2005, 31: 1097-1115.

[31] Kosinski P, Hoffmann A C. An Eulerian-Lagrangian model for dense particle clouds[J]. Computers & Fluids, 2007, 36: 714-723.

[32] Pawel K. Numerical analysis of shock wave interaction with a cloud of particles in a channel with bends[J]. International Journal of Heat and Fluid Flow, 2007, 28: 1136-1143.

[33] Zydak P, Klemens R. Modelling of dust lifting process behind propagating shock wave[J]. Journal of Loss Prevention in the Process Industries, 2007, 20: 417-426.

[34] Ilea C G, Kosinski P, Hoffmann A C. Simulation of a dust lifting process with rough walls[J]. Chemical Engineering Science, 2008, 63 (15): 3864-3876.

[35] Ilea C G, Kosinski P, Hoffmann A C. Three-dimensional simulation of a dust lifting process with varying parameters[J]. International Journal of Multiphase Flow, 2008, 34: 869-878.

[36] Ilea C G, Kosinski P, Hoffmann A C. The effect of polydispersity on dust lifting behind shock waves[J]. Powder Technology, 2009, 196: 194-201.

[37] Suzuki T, Sakamura Y, Adachi T, et al. Interaction of shock wave with dust layers[C]. Proceedings of the 21st International Symposium on Shock Waves, Great Keppel Island, 1997.

第3章 煤尘理化结构及其吸附特性

煤(尘)是具有很大比表面积的多孔有机岩类,含有数量众多、大小悬殊、形态各异的孔隙结构。煤中的孔隙是指煤粒内可由流体进出或填充的孔洞。在成煤作用初期,远古植物在沼泽、湖泊等有水的环境中分解形成胶体状物质(泥炭),其中即存在大量的孔隙,泥炭转化成煤后即成为煤中的孔隙。在泥炭埋入地下经受变质作用的过程中,也会在煤体内形成孔。本章重点介绍了煤尘的理化结构的测试分析方法及理化结构对煤尘与气体吸附、解吸特性的影响规律,研究结果对于深入认识煤与气体的相间耦合作用特性将具有重要意义。

3.1 煤尘孔隙结构及其测试方法

3.1.1 孔隙分类

目前,对煤中孔隙结构类型的划分主要包括以下三种方法。

1. 按成因分类

基于煤的成岩作用、变质作用及在光学和扫描显微镜下对孔隙特征的观察,煤岩中的孔隙可分为原生孔、变质孔、外生孔和矿物质孔4种基本类型[1]。其中,可观察到的4类孔隙的孔径一般在1000nm以上,这些孔隙的发育特征对煤与气体的吸附作用及气体在孔隙内的储集和运移具有重要影响,但对于孔径多小于100nm的变质孔常难以直接观察。

2. 按孔径结构分类

基于固体孔径(孔隙的平均宽度)范围及其与气体分子的作用效应,煤中的孔隙可划分为大孔(大于1000nm)、中孔(100~1000nm)、过渡孔(10~100nm)和微孔(小于10nm)[2]。通常,煤中大孔内易发生气体层流和紊流渗透,中孔内多发生气体缓慢层流渗透,过渡孔内可发生气体的毛细凝聚(capillary condensation)、物理吸附及扩散,微孔则是发生气体吸附的主要场所。煤的孔径结构分类为研究煤中气体吸附和运移特征提供了重要信息。

3. 按形态分类

依据压汞实验的退汞曲线或液氮吸附回线的形态特征,煤中的孔隙可划分为

Ⅰ类孔(两端开口圆筒形孔及四边开放的平行板状孔)、Ⅱ类孔(一端封闭的圆筒形孔、平行板状孔、楔形孔和锥形孔)、Ⅲ类孔(细颈瓶形孔)[3]。煤孔隙形态特征对气体的高压吸附影响相对较弱,但对气体的低压吸附影响较为显著。

3.1.2　孔隙结构测试原理及方法

截至目前,多孔固体孔隙结构的研究方法主要包括液氮吸附法、压汞法、电子显微镜法[扫描电子显微镜(SEM)和透射电子显微镜(TEM)]和小角度射线散射法[X射线小角散射(SAXS)和小角度中子散射(SANS)]等,其中在低温(77.4K)条件下采用液氮吸附法及压汞法等来测定多孔固体材料的孔隙表面积和孔径的分布特征是当前固体表面结构研究的经典方法之一。

1. 压汞法和液氮吸附法

孔隙结构的测定一般采用压汞法和液氮吸附法,其中压汞法的测量原理是:汞是液态金属,它不仅具有导电性能,而且还具有液体的表面张力,正因为这些特性,在压汞过程中,随着压力的升高,汞被压至样品的孔隙中,所产生的电信号通过传感器输入计算机进行数据处理,模拟出相关图谱,从而计算出孔隙率及比表面积数据。在测定中假设孔隙为圆柱状,孔径为 r,接触角为 θ,吸附压力为 P,汞的表面张力为 γ,孔隙的长度为 l,注入汞的体积变化为 ΔV,孔隙的表面积为 S。

则压力与孔隙面积的关系为

$$P\pi r^2 l = \gamma S / \cos\theta$$
$$S = 2\pi rl \tag{3-1}$$

$$P\pi r^2 l = \gamma 2\pi rl / \cos\theta = P \cdot \Delta V$$

由式(3-1)推出:

$$r = \frac{2\gamma / \cos\theta}{P} \tag{3-2}$$

孔隙的比表面积与将汞注满相应孔隙的所有空间所需压力的关系式为

$$S\gamma / \cos\theta = P \cdot \Delta V \tag{3-3}$$

由式(3-3)推出:

$$S = \frac{P \cdot \Delta V}{\gamma / \cos\theta} \tag{3-4}$$

液氮吸附法测定固体比表面积和孔径分布是根据气体在固体表面的吸附规

律，气体分子与固体表面接触时，由于气体和固体分子之间的相互作用，气体分子会被吸附在固体表面，当气体分子能够克服固体表面的力场时即发生脱附。在某一特定压力下，当吸附速率与脱附速率相等时达到吸附平衡。在平衡状态时，一定的气体压力对应于一定的气体吸附量，随着平衡压力的变化，气体吸附量发生变化。平衡吸附量随压力变化的曲线称为吸附等温线，研究吸附等温线可以获得固体中的孔隙类型、比表面积和孔径分布[4]。

目前被公认的测量固体比表面积的标准化方法是多层吸附理论，即 BET 吸附等温线理论。该理论认为，气体分子在固体表面的吸附是多层吸附，第一层上可能产生第二层吸附，第二层上又可能产生第三层吸附，各层达到各层的吸附平衡，其吸附方程如下：

$$V = \frac{V_m CP}{(P_0 - P)\left[1 + (C-1)\left(\dfrac{P}{P_0}\right)\right]} \tag{3-5}$$

式中，V 为吸附气体的体积；P 为吸附压力；P_0 为最大吸附压力；V_m 为单层覆盖量；C 为常数。

2. 毛细孔分类

许多不同种类的刚性和非刚性孔隙结构与吸附剂可能包含一定范围的不同尺寸和形状的孔隙，其中孔径（如狭缝宽度或圆柱直径）和总孔隙体积为其重要的评价参数。国际纯粹与应用化学联合会（International Union of Pure and Applied Chemistry，IUPAC）对孔径的具体分类如下[5]：

（1）大孔具有超过约 50nm 的孔径；

（2）介孔具有 2～50nm 的孔径；

（3）微孔具有不超过约 2nm 的孔径。

3. 表面积的确定

BET 方法[6]是测定多孔材料（吸附剂、催化剂、颜料、建筑物材料等）孔隙表面积的重要方法。即使在 50 年后，BET 方法仍然是表面科学中常用的方法之一。BET 方程通常以线性形式表示：

$$\frac{P}{n(P_0 - P)} = \frac{1}{nC} + \frac{C-1}{n_m C}\frac{P}{P_0} \tag{3-6}$$

式中，n 为在相对压力 P/P_0 下吸附的量；n_m 为单层容量。根据理论，C 是常数，与第一层的吸附热呈指数关系。在实践中，虽然 C 的价值可以用来表征在 BET 范围内的吸附等温线的形状，但它不提供定量测量吸附热。

已经进行了许多尝试来修改 BET 模型，但是这些修改必然涉及引入附加参数进行评价。通常认为应用双参数方程对模型进行修改较好。

应用 BET 方法计算表面积时需要知道单层气体分子吸附的平均面积 a_m，该方法计算的吸附剂表面积称为 BET 表面积，其计算如式(3-7)所示：

$$S_{BET} = n_m \cdot L \cdot a_m \tag{3-7}$$

式中，S_{BET} 为吸附剂的 BET 比表面积；L 为 Avogadro 常数。S_{BET} 的测定是在假定给定温度恒定不变并且与吸附剂的性质无关的基础上计算得到的。77K 下 $a_m(N_2)$ 的值通常取为 0.162nm（即对应于紧密堆积的单层）。

3.2　煤尘孔隙结构的吸附法测定

3.2.1　吸附等温线的类型

物理吸附等温线解释的第一阶段是确定吸附等温线的类型，并基于吸附剂的性质、吸附过程等来获得被测样品孔隙结构的类型，获得其孔隙结构参数的定量评价。

对于多孔性吸附体系，Brunauer、Deming、Deming 和 Teller 根据大量气体吸附等温线的实验结果，将气体吸附等温线分为五种基本类型，如图 3-1 所示，即 BDDT 分类。五种吸附等温线的类型反映了吸附剂五种不同的表面性质、孔隙分布性质以及吸附质与吸附剂之间相互作用的性质。

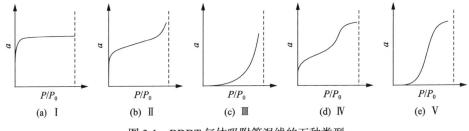

图 3-1　BDDT 气体吸附等温线的五种类型

a-吸附量

第Ⅰ类吸附等温线首先被朗缪尔(Langmuir)称为单分子层吸附类型，因此，又将其称为朗缪尔型。但需指出，除了单分子层吸附表现为第Ⅰ类吸附等温线外，当吸附剂仅有 30Å 以下的微孔时，其吸附等温线也可表现为第Ⅰ类。主要因为在相对压力增加时，发生了多分子层的吸附，同时也产生了毛细凝聚，使得吸附量急剧增加，一旦将所有的微孔填满后，吸附量便不再随着相对压力的增加而增加，呈现出吸附饱和状态。总之，只要有明显的吸附和凝聚饱和现象的出现，吸附等温线即可表现为Ⅰ类。

第Ⅱ类吸附等温线因等温线的形状而称为反 S 形吸附等温线。曲线的前半段上升缓慢，呈向上凸的形状(可由 BET 方程解释)，而后半段发生了急剧上升，并直到接近饱和蒸汽压时也未见出现吸附饱和的现象，其主要原因在于发生了毛细凝聚(可由 Kelvin 方程解释)。呈现第 II 类吸附等温线的吸附剂，其表面上发生了多层吸附，表明其含有 50Å 以上的孔隙，且孔径一直增加到没有尽头。

呈现第 III 类吸附等温线的吸附剂，其表面和孔隙分布情况与第 II 类相同，只是吸附质与吸附剂的相互作用性质与第 II 类有所区别。

发生第 IV 类吸附等温线的吸附剂中大孔的孔径范围有一尽头，即没有某一孔径以上的孔隙，因此在高的相对压力时出现吸附饱和的现象，吸附等温线又平缓起来。

第 V 类吸附等温线称为 S 形吸附等温线。

3.2.2　吸附回线的形态及其分类

由吸附与凝聚理论可知，在各试样进行低温氮气吸附实验时，随着相对压力的增加，便有着相应于 Kelvin 半径的孔隙发生毛细凝聚，而在相对压力逐步降低的脱附过程中，凝聚的吸附质发生解吸蒸发的现象。对于同一个孔隙，发生在吸附与脱附过程中的凝聚与解吸蒸发的相对压力可能不同，于是便形成互不重合的吸附与脱附曲线的分支，即形成所谓的吸附回线，吸附回线的形状则反映了吸附剂中所存在的孔隙结构的情况。

IUPAC 在德·博尔(de Boer)吸附回线分类的基础上推荐了一种新的分类标准，将吸附回线分为 4 类，如图 3-2 所示。H1 和 H4 代表两种极端的类型：前者的吸附、脱附分支在相当宽的吸附量范围内垂直于压力轴而且相互平行；后者的吸附、脱附分支在宽压力范围内是水平的而且相互平行。H2 和 H3 是两种极端类型的中间情况。吸附回线的类型是与一定孔隙结构相联系的，如尺寸和排列都十分均匀的球粒聚集体和压块常常得到 H1 型回线，这样的材料有着较窄的孔径分布；对于 H2 型回线，滞回环较宽大，脱附曲线远比吸附曲线陡峭，这种情况多出现在具有较宽孔径或较多样孔型分布的材料中,某些微粒子体系(如一些二氧化硅凝胶)会产生 H2 型回线；裂缝型孔或板状粒子产生 H3 和 H4 型回线，H4 型回线表示有微孔存在。

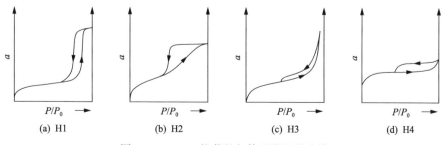

(a) H1　　　　(b) H2　　　　(c) H3　　　　(d) H4

图 3-2　IUPAC 推荐的气体吸附回线分类

3.2.3　孔隙结构及其对吸附回线的影响

煤焦中的孔隙结构十分复杂，形态各异，多为无定形孔，极少有符合某种典型的几何形状的孔隙。一般为了讨论问题方便，多将其理想化为几种典型的几何形状(图 3-3)，以便于分析其对毛细凝聚现象的发生和吸附回线形状的贡献。

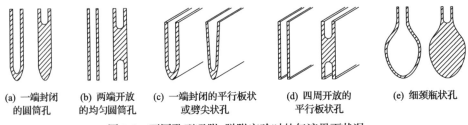

(a) 一端封闭　　(b) 两端开放　　(c) 一端封闭的平行板状　　(d) 四周开放的　　(e) 细颈瓶状孔
的圆筒孔　　　的均匀圆筒孔　　或劈尖状孔　　　　　　平行板状

图 3-3　不同孔型吸附-脱附实验时的气液界面状况

对于一端封闭的圆筒孔[图 3-3(a)]、一端封闭的平行板状或劈尖状孔[图 3-3(c)]，吸附实验过程中无论是吸附时的凝聚还是解吸时的蒸发，吸附质所形成的气液界面都有着相同的曲率半径，毛细凝聚与蒸发所需的相对压力相等。因此，此类孔隙结构吸附等温线的吸附分支与脱附分支相重合，即不产生吸附回线。

而对于图 3-3(b)两端开放的均匀圆筒孔，由于该类孔隙半径较均匀，发生吸附时，当气体的平衡压力上升至依照 Kelvin 方程与孔隙半径相应要求的压力值时发生毛细凝聚，吸附量急剧上升，所有的孔隙迅速充满；而在脱附时孔隙半径较均匀可使得孔隙内的吸附质几乎同时解吸排出。表现出的吸附与脱附曲线在中等相对压力范围内有较大的变化，且两线大致平行，如图 3-2 中的 H1 型。

对于由近距离平行板构成的狭缝[图 3-3(d)]，吸附过程在未达到吸附质的饱和蒸汽压之前无法形成凹液面，故只有接近饱和蒸汽压 P_0 时才发生明显的毛细凝聚，使得吸附量急剧增加；而在脱附时，相对压力只有降低到与狭缝宽度相应的凹液面有效半径所要求的数值时液态吸附质才从狭缝中几乎同时逸出，故脱附曲线也表现为陡直下降，回线类型如图 3-2(c)所示。

对于如图 3-3(e)所示的具有细颈瓶状孔，在形成吸附膜后，底部凹液面的曲率半径小于瓶口处的曲率半径，则首先从孔隙的底部发生吸附质的毛细凝聚，随着相对压力的增加，曲率半径大的腔体逐渐被吸附质，即吸附的气体分子填满，因此其吸附分支是逐步变化的。而在脱附时是从充满液态吸附质的孔口处凹液面开始，只要气体的平衡压力降低到孔口吸附质脱附时的相应数值，则腔体内的吸附质将全部脱附，因此其脱附曲线在中等相对压力处急剧下降，其吸附回线如图 3-2(b)所示。

3.3 煤尘表面化学结构分析

煤尘化学结构主要指煤中有机质的化学大分子结构,由于煤组成的复杂性、多样性、非晶质性和不均匀性,将煤分离成简单的化合物并研究其结构是极其困难的,迄今为止尚未完全阐明煤的化学结构。煤的有机质是由大量相对分子质量不同、分子结构相似但又不完全相同的"相似化合物"组成的混合物。研究表明,煤中有机质可以大体分为两部分:一部分是以芳香结构为主的环状化合物,称为大分子化合物;另一部分是以链状结构为主的化合物,称为低分子化合物。前者是煤的有机质的主体,一般占煤的有机质的90%以上,后者含量较少,主要存在于低煤化程度的煤中。

煤的大分子是由多个结构相似的"基本结构单元"通过桥键连接而成,这种基本结构单元类似于聚合物的单体,分为规则部分和不规则部分,其中规则部分由几个或十几个苯环、脂环、氢化芳香环及杂环(含氮、氧、硫等元素)缩聚而成,称为基本结构单元的核或芳香核,不规则部分则是连接在核周围的烷基侧链和各种官能团,桥键则是连接相邻基本结构单元的原子或原子团。随着煤化程度的提高,构成核的环数不断增多,连接在核周围的侧链和官能团数量则不断变短和减少。

3.3.1 煤尘表面结构的红外分析

1. 表面官能团的红外测定方法

测定固体材料表面官能团的方法有很多种。例如,核磁共振(NMR)技术能够得到固体表面官能团、脂肪和芳香结构、芳香度等参数;X 光电子能谱(XPS)技术能够得到原子的价态、杂原子的组成以及官能团的含量;红外光谱(IR)技术能够得到芳香结构和官能团等参数。其中,傅里叶变换红外光谱技术被广泛用于煤结构参数的测定,该技术已经成为测定煤中大分子结构和表面官能团的最常用方法。

傅里叶变换红外光谱试验采用德国 Bruker 公司生产的 VERTEX-80v 型傅里叶红外变换光谱仪进行,如图 3-4 所示。试验采用 KBr 压片透射法进行,首先对煤样进行脱灰、脱矿物质处理,其次在 105℃下烘干 20h。试验采用的样品压片采用高纯度的 KBr,将处理过的煤样与 KBr 按照一定比例混合后,充分研磨至 200 目,进行压片。在试验前进行空白校正,试验得到的光谱范围为 400～4000cm^{-1}。

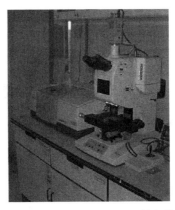

图 3-4　VERTEX-80v 型傅里叶红外变换光谱仪

2. 煤样的红外光谱图定性分析

前人通过红外光谱的研究，发现红外光谱的差异反映了煤结构的不同，并总结出了红外光谱吸收峰与煤表面官能团的对应关系，如表 3-1 所示。通过红外光谱试验，可以得到从低阶到中高阶六种煤的红外光谱，如图 3-5 所示。

表 3-1　煤的红外光谱吸收峰的归属　　　　　　　　　（单位：cm^{-1}）

波数	官能团归属
3359～3419	—OH 伸缩振动
3035～3080	芳香 CH 伸缩振动
2955～2975	脂肪族 CH_3 不对称伸缩振动
2919～2925	脂肪族 CH_2 不对称伸缩振动
2900	脂肪族 CH 伸缩振动
2863	脂肪族 CH_3 对称伸缩振动
2848	脂肪族 CH_2 对称伸缩振动
1730～1745	脂肪族（脂，酸，酮，醛）（C＝O）
1695～1721	芳香族（羰基/羧基）（C＝O）
1585～1615	芳香（C＝C）
1450～1500	$(C＝C)_{ar}$ 伸缩
1450～1460	脂肪链（CH_3、CH_2）
1380	对称变形—CH_2—（弯曲）
1000～1300	苯氧变形 C—O—C（拉伸）
700～900	芳香键$(C—H)_{ar}$ 面外弯曲
860～880	芳香核(CH)，相邻 1 个 H 弯曲变形
849	芳香核(CH)，相邻 2 个 H 弯曲变形
730～776	芳香核(CH)，3～4 个相邻 H 弯曲变形
720～730	烷烃侧环$[(CH_2)_n, n>4]$

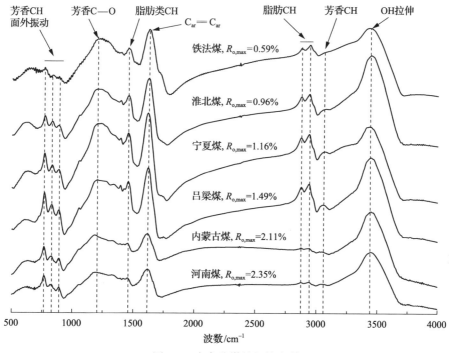

图 3-5　中高阶煤的红外光谱

从图 3-5 可以看出，所有煤样红外光谱特征峰出现的位置相似，但是峰的强度差异较大。根据不同的特征峰，将谱图分为 8 个主要区域，讨论如下。

(1)3600~3650cm^{-1}：此区段主要为游离—OH 的伸缩振动，峰的强度较低且峰形比较尖锐，特征吸收峰的位置在 3620cm^{-1} 左右。低阶煤的图谱中此区段峰的强度相对较大，而中高阶煤的图谱中此区段峰的强度相对较小。

(2)3200~3600cm^{-1}：此区段主要为煤中酚羟基(Ar—OH)或氨基(—NH)的吸收带，特征吸收峰在 3420cm^{-1} 左右，峰的强度和宽度较大，属于强吸收峰。该峰在低阶煤中的强度明显高于中高阶煤，说明低阶煤中的酚羟基含量相对较高，且随着变质程度的增加，酚羟基或者氨基含量减少。

(3)3000~3200cm^{-1}：此区段主要为芳烃的伸缩振动，特征吸收峰在 3020cm^{-1} 左右，峰的强度不大。在中高阶煤中，该吸收峰比较明显，低阶煤中的吸收峰不明显，说明低阶煤中煤的缩合及芳环取代程度较低。

(4)2800~3000cm^{-1}：此区段主要为脂肪烃的伸缩振动区域，这一吸收带存在两个特征吸收峰 2920cm^{-1} 和 2850cm^{-1}，分别代表烷烃—C—H 的不对称和对称伸缩振动。低阶煤在该区域的吸收峰强度较大，说明煤中脂肪烃的含量较高，而中高阶煤的吸收峰较弱，说明中高阶煤中，脂肪烃含量有所下降。

(5)1600cm^{-1} 附近：此区段主要为芳烃和多环芳香层的 C═C 骨架振动和伸

缩振动，吸收峰形强度较大但峰形较窄，此峰形强度的大小反映了煤的芳构化程度。各煤样在该区域内的吸收峰强度均较大，具体芳构化程度的大小需要进行定量计算。

(6)1350~1450cm^{-1}：此区段主要为烷烃的不对称和对称变形振动，特征吸收峰在1440cm^{-1}和1370cm^{-1}。低阶煤中该区域的峰形强度较大，随着变质程度的增加，峰的强度逐渐减小。

(7)1000~1200cm^{-1}：此区段主要为C—O的伸缩振动，该区域的特征吸收峰较复杂，主要有酚、醇、醚、酯的C—O键，具体的变化规律还需要进一步定量分析。

(8)700~900cm^{-1}：此区段主要为多种取代芳烃的面外弯曲振动，该区域的特征吸收峰为870cm^{-1}、815cm^{-1}和750cm^{-1}，分别反映不同位置的取代芳烃。低阶煤中该区域的峰强度相对较低，说明低阶煤中芳烃含量相对较低。

煤的化学结构复杂，官能团的种类繁多，且每种官能团对红外光谱有贡献，因此，不同官能团或相似官能团的红外光谱吸收峰容易发生叠加，难以直接确定某一官能团的吸收峰强度，需要借助软件对谱图进行分峰和拟合，从而分离得到各官能团吸收峰的强度，研究不同官能团的演化规律及其对煤反应性的影响。

针对红外光谱的特征，分别对以下波数范围内的谱图进行分峰拟合：3000~3650cm^{-1}、2700~3000cm^{-1}、1000~1800cm^{-1}和700~900cm^{-1}，分别对应煤中羟基、脂肪烃、含氧官能团和芳香结构的变化规律。在定量分析之前，首先对煤样进行了元素分析，结果见表2-7。

3.3.2 红外光谱谱峰的拟合及光谱参数计算

采用数据处理程序(Origin 8.5)，通过曲线拟合法分析选定的FTIR谱带区域。频谱分析首先对所选区域的光谱进行基线线性化处理，即通过基线调整获得区域两端强度趋于零的谱图，从而消除了去卷积光谱中可能存在的伪光谱。频段的位置和数量则根据频谱的二阶导数确定(图3-6，图3-7)。由于拟合前不知道光谱的形状函数，初始函数设为高斯函数，并允许其在迭代过程中发生自适应变化，通过最小二乘迭代程序将参数拟合到与实验曲线相一致的包络线上，从而获得所有拟合峰的峰位、峰高、半峰宽等参数。

本节为进一步获得不同等级煤的详细结构演化特征，通过曲线拟合法在特征区域研究了不同变质程度煤的FTIR光谱，其特征吸收峰主要集中在3000~3100cm^{-1}、2800~3000cm^{-1}、2940~3000cm^{-1}、2900~2940cm^{-1}、1650~1800cm^{-1}和700~900cm^{-1}波段，其中3000~3100cm^{-1}的吸收带是芳香族CH的拉伸振动，2800~3000cm^{-1}波段为脂肪族物质的吸收，2940~3000cm^{-1}波段为吸收脂肪族CH$_3$不对称拉伸振动，而2900~2940cm^{-1}波段是吸收脂肪族CH$_2$不对称拉伸振动，

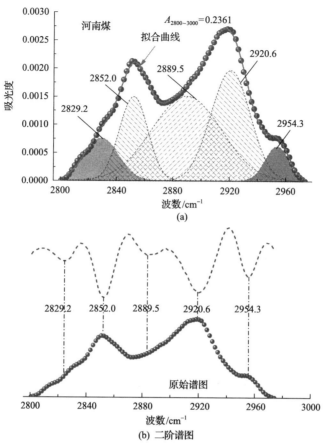

(a)

(b) 二阶谱图

图 3-6 2800～3000cm^{-1} 波段红外光谱的分峰拟合

$A_{2800-3000}$-2800～3000cm^{-1} 波数范围内吸收峰的面积

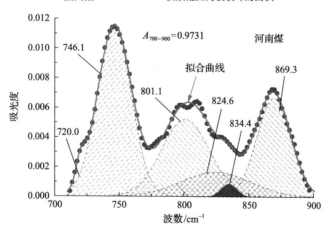

图 3-7 700～900cm^{-1} 波段红外光谱的分峰拟合

$A_{700-900}$-700～900cm^{-1} 波数范围内吸收峰的面积

$1650\sim1800\text{cm}^{-1}$ 波段是由芳香族 C=O(羰基/羧基)振动引起的，$700\sim900\text{cm}^{-1}$ 波段则为芳香族 CH 的面外变形。

基于 FTIR 光谱拟合数据，本节定义了以下参数用以评估不同煤的化学特性，包括：芳香度(aromaticity，AR)、芳环缩合度(degree of condensation，DOC)、链长(chain length，CL)、"A" 和 "C" 因子[7]。

基于煤的 FTIR 光谱，芳香族 CH 基团的拉伸带出现在 $3000\sim3100\text{cm}^{-1}$，芳香族 CH 的面外形变带在 $700\sim900\text{cm}^{-1}$。脂肪族 CH 基团的拉伸带在 $2800\sim3000\text{cm}^{-1}$。因此，这些区域中的积分区域已用于计算不同煤样品的芳香族至脂肪族官能团的芳香度(AR1 和 AR2)。

缩合度(CH_{ar}/C=C)用于评估芳环的取代度和环的大小。

亚甲基与甲基的比率(CH_2/CH_3)用于估算煤中脂肪族链的长度，该比率反映它们是直链结构还是支链结构。

通过脂肪族峰相对于芳香族峰的强度计算出 "A" 因子，其中 "A" 因子= $\text{Area}_{2800\sim3000}/(\text{Area}_{2800\sim3000}+\text{Area}_{1600})$，它表示脂肪族基团相对强度的变化。

羧基(C=O)与芳香族 C=C 的比率（"C" 因子）被定义为评估有机物成熟度的合适指标，该指标表明脂肪族基团被氧化消耗，上述指数的计算如表 3-2 所示。

表 3-2　半定量评价指数及其计算方法　　　　　　　(单位：cm⁻¹)

评价指数	计算方法	FTIR 波段
芳香度 1(AR1)	CH_{ar} 伸缩振动/CH_{al} 伸缩振动	$(3000\sim3100)/(2800\sim3000)$
芳香度 2(AR2)	CH_{ar} 面外变形/CH_{al} 伸缩振动	$(700\sim900)/(2800\sim3000)$
缩合度 1(DOC1)	CH_{ar} 伸缩振动/C=C 伸缩振动	$(3000\sim3100)/1600$
缩合度 2(DOC2)	CH_{ar} 面外变形/C=C 伸缩振动	$(700\sim900)/1600$
脂肪链长度(CL)	CH_2/CH_3	$(2900\sim2940)/(2940\sim3000)$
"A" 因子	CH_{al} 伸缩振动/(CH_{al} 伸缩振动+C=C)	$(2800\sim3000)/[(2800\sim3000)+1600]$
"C" 因子	C=O/(C=O + C=C)	$(1650\sim1800)/[(1650\sim1800)+1600]$

对不同煤样红外半定量分析的结果如图 3-8 所示。由图 3-8 可知，所选特征区域的光谱吸收强度与煤的变质程度紧密有关。随着煤化程度的增加，煤的芳香度增加而脂肪族氢的含量显著降低。

对于煤的 FTIR 光谱，波数在 $700\sim900\text{cm}^{-1}$ 的谱带主要是由不同芳香结构的芳香氢及芳环结构上的邻近氢的伸缩振动和面外弯曲所引起的，该结构可用于煤的芳香取代和缩核程度的描述，煤中芳香族氢的含量随着煤化程度的增加而逐渐增加。因此，高取代的芳环多见于低阶煤的芳香结构，而高阶煤中的芳香结构多为缩核的芳环。因此，随着煤化程度的增加，其芳香度也将增加。波数在 $2800\sim3000\text{cm}^{-1}$ 的谱峰归属于脂肪族 CH 基团(CH_3、CH_2 和 CH)。随着煤中氧含量的逐步增加，除了氧和羟基之外，脂肪族 CH 基团的含量将大大减少。

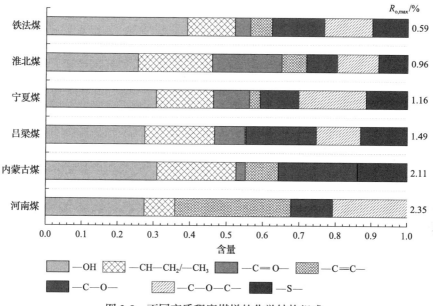

图 3-8　不同变质程度煤样的化学结构组成

　　由 FTIR 光谱获得的半定量指数可用于评估煤的变质程度，从图 3-9(a)中可以看出，芳香度 AR1 和 AR2 与镜质组反射率 $R_{o,max}$ 之间存在良好的线性相关性，表明芳烃与脂肪族基团的比例随煤级的增加而逐渐增加。随着煤级的提高，碳化过程不仅涉及镜质体中碳的绝对比例增加，而且还涉及其化学结构中的芳香度显著增加。因此，样品的芳烃随镜质组反射率的增加而增加[8]。相应地，具有高镜质组反射率的样品包含有更多的芳香族结构和更长的饱和芳香族烃侧链，并且这些随着煤样最高 $R_{o,max}$ 的增加而增加。

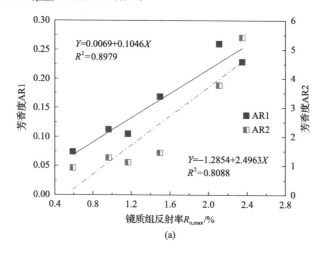

(a)

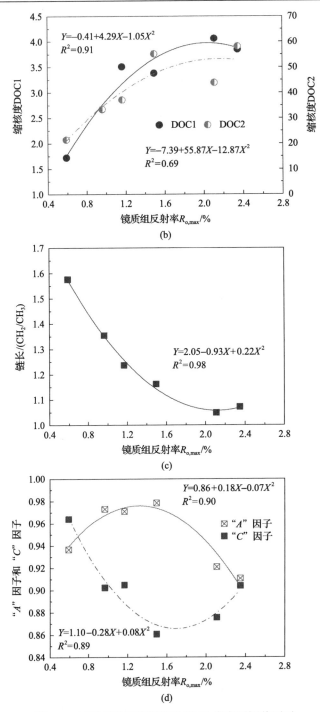

图 3-9　不同变质程度煤样的 FTIR 半定量评价因子

对于镜质组反射率 $R_{o,max}$ 从 0.59%增加到 2.35%的煤样，其缩合度 DOC1 和 DOC2 随镜质组反射率呈现为单调增加的趋势[图 3-9(b)]，意味着高煤级中每个簇的芳环数常为 2 或 3，芳环缩合与煤级之间的相关性与已有的研究结果相一致[9,10]。

研究煤的 $2800\sim3000cm^{-1}$ 波数的脂肪族 CH 伸缩振动带可用于评估脂肪族侧基的链长和支化度。CH_2 和 CH_3 的相对含量或 CH_2/CH_3 可以反映煤中脂肪族链的长度或支化度的状况。通常，CH_2/CH_3 应随着脂肪族链的长度或分支数而变化。如果脂肪族链短或具有更多支链，CH_2/CH_3 则较低。从图 3-9(c)中可以看出，链长（CL：CH_2/CH_3）与镜质组反射率呈负相关，表明低阶煤结构中存在最长和分支最少的脂肪族侧链。因此，随着煤化程度的增加，低级煤中芳香族亚甲基结构向芳环的转化可能会导致烷基链和亚甲基逐步损失[11,12]。

图 3-9(d)描述了"A"因子和"C"因子与镜质组反射率 $R_{o,max}$ 之间的相关性，从中可以看出，吕梁煤中的"A"因子达到峰值（$R_{o,max}$ 为 1.49%），而较高级煤中的"A"因子随后下降。相比之下，"C"因子显示了从铁法煤（$R_{o,max}$ 为 0.59%）到河南煤（$R_{o,max}$ 为 2.35%）的鞍形变化趋势。因此，吕梁煤具有最高的"A"因子和最低的"C"因子，意味着该煤种具有最大的烃生成潜力和最低的 $C=O/(C=O+C=C)$ [13]。

3.4　煤尘对气体的吸附作用特性

3.4.1　煤尘对常压甲烷的吸附

1. 煤尘试样

将所有待测样品先进行 200 目标准筛破碎筛分，吸附测试前将煤样在氮气流（2mL/min）、约 60℃环境下进行 24h 干燥以去除水分。按照《煤的镜质体反射率显微镜测定方法》（GB/T 6948—2008）中的油浸偏光法，用显微分光光度计（ZEISS Imager M1m）测定了煤样品的最大镜质组反射率。

采用激光衍射粒度分析仪（Mastersizer 2000，Malvern）测量所有样品的粒径，并采用 D_{10}、D_{50}、D_{90} 进行表征，结果如图 3-10 所示。所有样品的中位粒径范围为 28.16~46.65μm，适用于模拟地下煤炭开采过程中所产生的煤尘。通过扫描电子显微镜（Quanta TM 250，FEI）证实了颗粒表面的形态特征（图 3-11）。从图 3-11 中可以看出，河南煤裂缝较大，内蒙古煤较光滑，淮北煤层理结构明显，铁法煤、吕梁煤和宁夏煤的宏观结构在表面上非常相似。采用 ASAP2020M 分析仪在 77K 下通过液氮吸附法分析了煤颗粒的多孔结构。通过对吸附和解吸曲线的分析，获得了各被测煤样的 BET 比表面积、孔隙体积和孔径等孔隙结构参数。

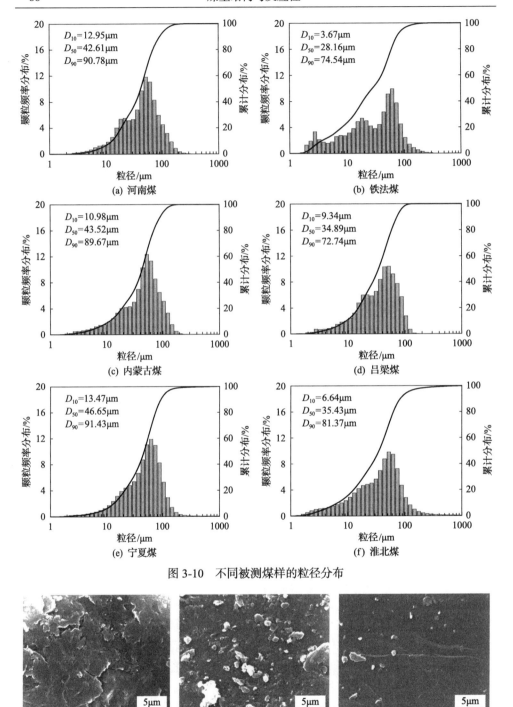

图 3-10　不同被测煤样的粒径分布

(d) 吕梁煤　　　　　　(e) 宁夏煤　　　　　　(f) 淮北煤

图 3-11　不同被测煤样表面 SEM 图像

　　煤具有复杂的孔隙结构,煤的宏观和等级对孔径分布有重要影响[14]。孔径分布的变化,尤其是微孔会导致气体吸附行为产生巨大差异。大多数研究报告称,富含镜质体的煤总是具有更多的微孔并具有更强的吸附能力[15]。对于表面上的气体吸附,最重要的特性之一是与气体吸附有关的活性位,其与比表面积呈比例。在目前的研究工作中,已应用温度为 77K 的液氮吸附技术来分析和确定煤的多孔性,包括比孔容积和孔隙比表面积,如图 3-12 所示。从图 3-12 中可以看出,煤的所有孔隙表面积分布和体积分布均呈现双峰分布,而河南煤的孔隙表面积和体积均呈现三峰分布。富含玻璃铁矿的成分,较低的灰分和水分含量可能是河南煤具有更大的特征孔径和更强的甲烷吸附能力的原因。对于微孔,相对孔壁的力场足够近,以至于它们会重叠并显著影响吸附行为,从而影响被吸附物的堆积和密度。因此,变化的孔径之间的一个普遍趋势是,较小的孔径易于在较低压力下达到较高的吸附密度,而较大的孔径则比较小的孔径具有相对较低的吸附密度[16]。

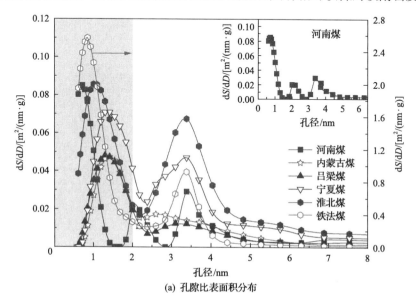

(a) 孔隙比表面积分布

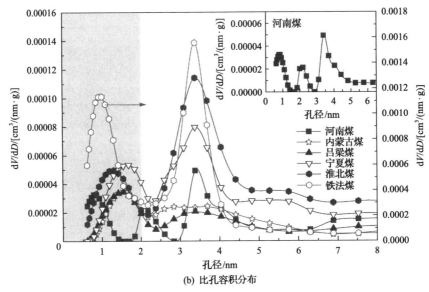

(b) 比孔容积分布

图 3-12　不同煤样的孔隙结构参数

dS/dD-比表面积；dV/dD-比孔容积

2. 吸附等温线及吸附常数

在 298K 和最高 1atm[①]平衡压力下，甲烷在煤表面的吸附等温线如图 3-13 所示，从图中可以看出，所有的吸附等温线均可归为 I 型。其中，河南煤对甲烷的吸附量最高，平衡吸附量为 4.07cm³/g，内蒙古煤和吕梁煤对甲烷的吸附行为较为

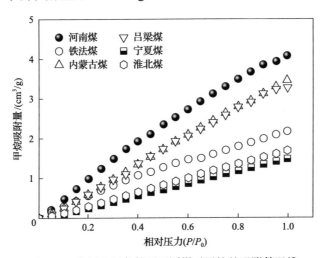

图 3-13　常压室温条件下不同煤对甲烷的吸附等温线

_____

① 1atm=1.01325×10⁵Pa。

相似,其平衡吸附量分别为 3.45cm^3/g 和 3.27cm^3/g。对于铁法煤,其平衡吸附量为 2.17cm^3/g。然而淮北煤和宁夏煤的吸附量均较低,平衡吸附量分别为 1.69cm^3/g 和 1.47cm^3/g。

根据吸附等温线,采用朗缪尔吸附平衡模型对实验数据进行了拟合,结果如表 3-3 所示。从结果可以看出,所有结果的拟合相关性均高于 0.97,表明朗缪尔吸附平衡模型适合模拟甲烷在常压条件下的吸附过程。因此,在 1 个标准大气压、25℃环境条件下,甲烷在煤层表面的吸附属于单分子层吸附。

表 3-3   常压条件下不同煤样对甲烷的朗缪尔吸附常数

样品	$V_L/(cm^3/g)$	$P_L(P/P_0)$	R^2
河南煤	29.56	2.83	0.9851
铁法煤	19.43	4.03	0.9927
内蒙古煤	14.29	3.02	0.9872
吕梁煤	13.96	3.65	0.9755
宁夏煤	9.64	12.27	0.9899
淮北煤	18.27	10.32	0.9915

朗缪尔吸附压力 P_L 与甲烷气体在固体表面上的亲和力有关,即较小的朗缪尔吸附压力 P_L 意味着气体与吸附剂的亲和力更强[17,18]。从表 3-4 中可以看出,对于所选煤样,其朗缪尔吸附体积 V_L 从宁夏煤中的 9.64cm^3/g 升高至河南煤中的 29.56cm^3/g,变化范围较大。由于其较小的朗缪尔吸附压力(P_L),河南煤表现出较强的对甲烷的亲和能力,在低压范围内呈现较高的吸附能力。

3.4.2 煤尘对高压甲烷的吸附

按照《煤的甲烷吸附量测定方法(高压容量法)》(MT/T 752—1997)规定的煤对甲烷的吸附能力的测试方法,采用美国 Quantachrome Corporation 生产的"iSorb HP1"高压静态体积吸附设备进行高压甲烷吸附等温线测试。每次测量的被测样品为 2~5g(基于样品的吸附量)、粒度大小为 60~80 目的煤颗粒样品,甲烷吸附实验的平衡压力范围为 0~6.0MPa,测试的温度条件分别为 35℃、45℃和 55℃。

在不同温度(35℃、45℃和 55℃)及 0~6.0MPa 平衡压力下进行了高压甲烷吸附实验,测试结果如图 3-14 所示。从试验结果可知,煤对甲烷的吸附能力受温度的影响很大,其主要归因于气体吸附的放热效应对煤内表面吸附能力的影响。在整个实验压力范围内,35℃和 45℃的吸附等温线是单调增加的,而河南煤、铁法煤和淮北煤的 55℃等温线在高压下表现出饱和行为。在当前所有的实验压力范围内,煤对甲烷在低温条件下的吸附能力始终高于高温条件下的吸附能力。

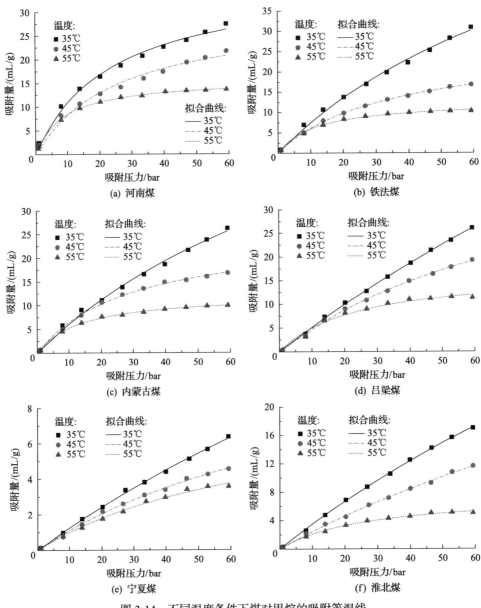

图 3-14　不同温度条件下煤对甲烷的吸附等温线

已有的研究表明,甲烷吸附等温线可以用 Langmuir 模型、Dubinin-Asthakov (D-A)模型、Dubinin-Radushkevich(D-R)模型及 BET 模型进行描述[19]。本节采用了 Langmuir 模型[式(3-8)]和 D-R 模型[式(3-9)]分别拟合了不同温度下的甲烷吸附数据。

$$V = \frac{V_L \cdot P}{P_L + P} = \frac{V_L \cdot \dfrac{1}{P_L} \cdot P}{1 + \dfrac{1}{P_L} \cdot P} \tag{3-8}$$

$$V = V_0 \exp\left\{ -D\left[\ln\left(\frac{P_s}{P} \right) \right]^2 \right\} \tag{3-9}$$

式中，V 为吸附气体的体积，mL/g；V_L 为朗缪尔吸附体积，mL/g；P_L 为朗缪尔吸附压力，bar；P 为吸附平衡压力，bar；P_s 为吸附气体的饱和蒸汽压，bar；V_0 为煤的表面吸附容积，mL/g；D 为常数。拟合所得朗缪尔吸附压力 P_L 和朗缪尔吸附体积 V_L 如表 3-4 所示。

表 3-4　高压条件下不同煤样的朗缪尔吸附常数

样品	温度/℃	V_L/(mL/g)	P_L/bar	R^2
河南煤	35	149.97	0.89	0.99
	45	49.23	2.00	0.98
	55	15.82	2.93	0.99
铁法煤	35	79.95	2.38	0.99
	45	32.57	9.85	0.99
	55	12.65	28.25	0.99
内蒙古煤	35	76.16	1.36	0.98
	45	51.02	8.52	0.99
	55	16.86	11.71	0.99
吕梁煤	35	81.95	1.11	0.99
	45	23.58	3.85	0.99
	55	12.26	10.00	0.98
宁夏煤	35	33.89	7.59	0.99
	45	12.85	19.23	0.99
	55	8.57	26.11	0.99
淮北煤	35	37.06	2.68	0.99
	45	25.41	4.97	0.99
	55	7.66	22.42	0.99

吸附等温线拟合的相关系数 R^2 和平均相对误差 $\Delta\delta$ 的定义为

$$\Delta\delta = \frac{\sum \left| V_{mod} - V_{exp} \right| / V_{exp}}{N} \times 100\% \tag{3-10}$$

式中，V_{exp} 和 V_{mod} 分别为由实验和模型拟合所获得的吸附气体的体积；N 为吸附等温线数据点的数量。

由图 3-15 可知，Langmuir 模型可以很好地描述甲烷的吸附等温线及不同温度下的整个吸附过程，拟合结果具有较好的相关性（R^2 值始终大于 0.9），平均相对误差 $\Delta\delta$ 约为 5%。相反，尽管 D-R 模型的拟合相关系数 R^2 值也大于 0.9，但其平均相对误差 $\Delta\delta$ 约为 10%，其主要因为低压条件（1bar）下的拟合误差较大。由此可知，在本实验的温压条件下，Langmuir 模型更适合煤样对甲烷吸附等温线的拟合。

从理论上讲，表面吸附容积 V_0 代表无穷大压力下煤尘对甲烷的最大气体吸附能力，而 Langmuir 吸附压力 P_L（对应于吸附量为 V_L 一半时的吸附压力）则决定着气体吸附等温线的曲率形状。从 Langmuir 拟合结果可以看出，甲烷吸附等温线在 6MPa 以下的实验压力范围内表现出较好的 Langmuir 吸附行为。

在一定温度下，气体的吸附能力与吸附平衡压力成正比，这就是亨利定律[20]：

$$V = K' \cdot P \tag{3-11}$$

式中，V 和 P 之间的关系由拟合方程获得，当 V 较小时，其高阶项可以忽略不计，由此可得式（3-12）：

$$\ln\left(\frac{P}{V}\right) = -A_0 - A_1 V \tag{3-12}$$

式中，A_1 为第二位力系数。

根据亨利定律，第一位力系数 A_0 与亨利常数 K' 有关。因此，可以通过式（3-13）计算亨利常数：

$$K' = \exp A_0 \tag{3-13}$$

可以看出，即使在相同的温度条件下，不同等级的样品之间的 Langmuir 吸附压力 P_L 和表面吸附容积 V_0 也存在很大差异。对于 35℃下的甲烷吸附，表面吸附容积 V_0 为 7.01~32.73mL/g。Langmuir 吸附压力 P_L 在 2.43~28.25bar。上述结果表明，镜质体含量较高的煤具有丰富的微孔结构，从而使得煤样表现出相对较大的甲烷吸附能力和相应较低的 Langmuir 吸附压力。

3.4.3　煤尘对甲烷吸附的影响因素分析

1. 物质组成的影响

从前述研究结果可知，在实验压力范围内所有样品吸附等温线的形状明显不同，其煤质工业分析对朗缪尔吸附常数的影响如图 3-15 所示。

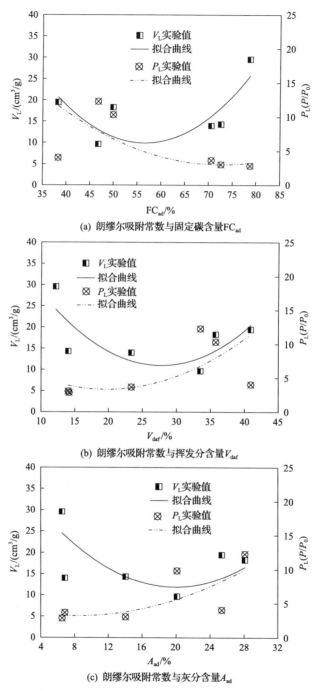

(a) 朗缪尔吸附常数与固定碳含量FC_{ad}

(b) 朗缪尔吸附常数与挥发分含量V_{daf}

(c) 朗缪尔吸附常数与灰分含量A_{ad}

图 3-15　煤质工业分析组成对甲烷吸附常数的影响

从图 3-15 可以看出，朗缪尔吸附体积 V_L 和朗缪尔吸附压力 P_L 与煤质成分呈现出显著的非线性相关性，其与 Bhowmik 和 Dutta[21] 的研究结果相符。随着固定碳含量的增加以及挥发分含量和灰分含量的减少，Langmuir 吸附压力 P_L 相应降低，表明高变质程度煤对甲烷具有更快的吸附速率和更高的亲和力。当然，除固定碳含量和挥发分含量以外，煤对甲烷的吸附能力还受到其他因素的影响，如煤的理化结构。但由图 3-15 可知，灰分对所有煤对甲烷的吸附都表现出负面影响。随着灰分含量的增加，朗缪尔吸附体积 V_L 先减小后增大，朗缪尔吸附压力 P_L 相应增大，其意味着甲烷与煤表面的亲和力降低。对于所选定的六个煤样，灰分含量增加 1%，甲烷的吸附能力平均降低 $1.46cm^3/g$，该结果与 Laxminarayana 和 Crosdale[22]、Gurdal 和 Yalcin[23] 的结果非常吻合。由此可以推断，甲烷易于吸附在煤的有机表面而不是无机表面上。

通常，煤的变质程度可由镜质组反射率或挥发物产量 VM 来进行评价，因此本节通过测定煤的镜质组反射率 $R_{o,max}$ 来描述所选样品的煤级，其范围为 0.59%～2.35%。煤级与朗缪尔吸附常数之间的关系如图 3-16 所示。从图 3-16 可知，随着镜质组反射率 $R_{o,max}$ 的增加，朗缪尔吸附体积 V_L 呈现出先减小后增加的趋势。镜质组反射率 $R_{o,max}$ 高于 1.2% 时，随着镜质组反射率的增加，朗缪尔吸附压力 P_L 呈下降趋势，其表明甲烷在高变质程度煤上显示出更快的吸附速率和更强的亲和力。该结果与 Prinz 等[24]、Day 等[25] 与 Gurdal 和 Yalcin[26] 的结果基本一致。

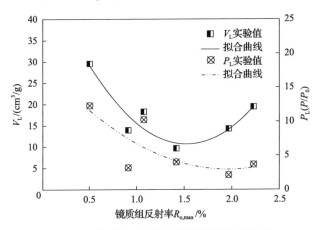

图 3-16 镜质组反射率对煤吸附常数的影响

2. 孔隙结构的影响

朗缪尔吸附常数(V_L 和 P_L)与孔隙参数(S_{BET} 和 V_{BJH})间的关系如图 3-17 所示，从结果可知，朗缪尔吸附常数(V_L 和 P_L)与孔隙表面大致呈正相关关系。但河南煤较为特殊，其 BET 比表面积 S_{BET} 和 BJH 比孔容积 V_{BJH} 相对较小，但却具有较高的甲烷吸附能力，因此对于河南煤而言，微孔可能不是影响其甲烷吸附的关键控制因素[27,28]。

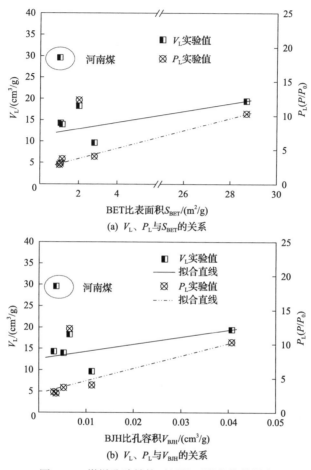

(a) V_L、P_L 与 S_{BET} 的关系

(b) V_L、P_L 与 V_{BJH} 的关系

图 3-17　煤样孔隙结构对甲烷吸附常数的影响

3. 化学结构的影响

煤是一种结构复杂的非均质有机物富集的沉积岩，主要由降解的植物经历不同程度的煤化作用而成。因此，煤的等级可以由其宏观组成来描述，并且对甲烷的吸附行为有显著的影响。煤岩组成与甲烷吸附能力间的复杂关系可能与煤岩中的有机物含量有关，因此有机物含量是煤中甲烷储存能力的关键组成部分[29]。在煤化过程中，煤中由多环芳香族化合物组成的有机结构会随着低芳烃向高芳烃的增加而不断变化[30]。本节基于 FTIR 试验，煤的芳香度(AR1 和 AR2)对朗缪尔吸附常数及 D-R 模型吸附参数的影响规律如图 3-18 所示。从图 3-18 中可以看出，朗缪尔吸附体积

(V_L)和芳香度(AR1 和 AR2)之间呈现出线性变化关系,而朗缪尔吸附压力 P_L 和芳香度(AR1 和 AR2)之间表现为负线性相关性。在低温条件下,芳香度对拟合参数的影响比在高温条件下的影响更为显著。前述研究也表明,朗缪尔吸附体积 V_L 随着镜质组反射率 $R_{o,max}$ 呈线性增加,而低阶煤中的朗缪尔吸附压力 P_L 相对较高。通常,与煤级相对应的镜质组反射率多被用于评价煤岩有机物的煤化程度的标志。

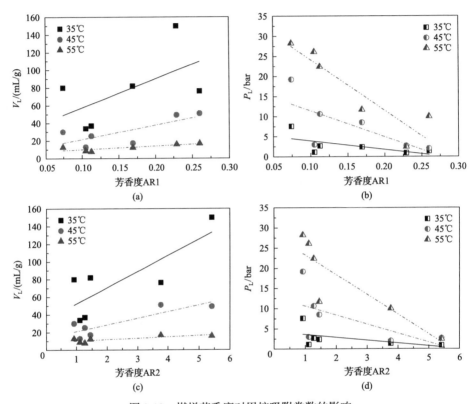

图 3-18　煤样芳香度对甲烷吸附常数的影响

对于高变质程度煤,煤中的有机碳富含具有大量吸附部位的芳香族化合物组分,其较强的吸附亲和力可归因于其较大的比表面积而导致的表面疏水性。已有研究表明[31],煤对甲烷的吸附能力与煤表面结构的吸附势和表面自由能密切相关。随着煤化程度的增加,煤表面的极性成分比例降低,吸附能力提高[32]。而且,煤表面的芳环结构也可促进 p-p 电子与含 p 电子的吸附质的堆积/偶联,从而增强其吸附能力[33]。但随着温度的升高,在每个平衡压力下累积的表面自由能将显著降低[34],煤的表面亲和力和对甲烷的吸附能力将显著减弱,如图 3-19 和图 3-20 所示。随着煤样缩合度 DOC1 和 DOC2 的增加,甲烷在煤上的最大吸附量(即朗缪尔吸附体积 V_L)呈上升趋势,而朗缪尔吸附压力 P_L 逐渐降低。链长 CH$_2$/CH$_3$ 对甲烷吸附常数的影响显示,较长的支链或缺少分支的链结构不适于甲烷吸附。因此随着脂肪族链的长度 CH_2/CH_3 的增加，朗缪尔吸附体积 V_L 和朗缪尔吸附压力 P_L 分别降低和增加。至于"A"和"C"因子对甲烷吸附的影响，对于所选取的六种煤样而言，似乎没有明显的变化规律(图 3-21)。

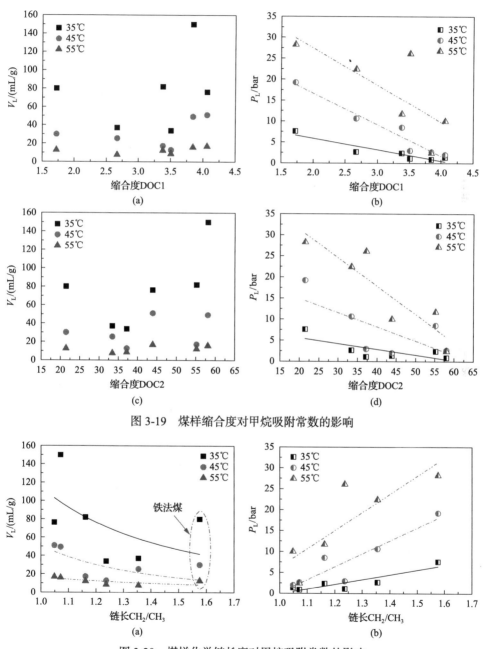

图 3-19　煤样缩合度对甲烷吸附常数的影响

图 3-20　煤样化学链长度对甲烷吸附常数的影响

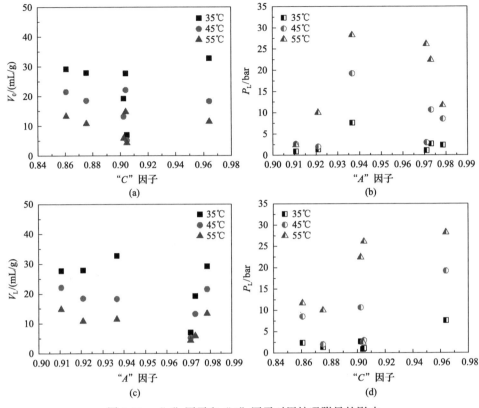

图 3-21　"A"因子和"C"因子对甲烷吸附量的影响

3.5　本 章 小 结

　　本章系统讲述了煤尘孔隙结构的分类及液氮吸附、压汞等详细测定方法与孔隙结构计算模型,系统分析了基于傅里叶红外光谱测定煤尘表面化学结构的方法、红外谱图的解析、分峰拟合及基于光谱参数的半定量分析方法。采用等温吸附法确定典型煤尘试样在常压室温及不同温度的高压条件下对甲烷气体的吸附特性,基于吸附模型确定了不同条件下煤岩吸附甲烷的评价参数,获得了煤尘物质组成、煤化程度、孔隙结构、表面化学结构等对甲烷亲和能力及吸附容量的影响规律,研究结果对于深入探索和揭示煤尘结构及其对甲烷气体的吸附控制机制提供了基础。

参 考 文 献

[1] 张慧. 煤孔隙的成因类型及其研究[J]. 煤炭学报, 2001, 26(1): 40-44.

[2] B.B.霍多特. 煤与瓦斯突出[M]. 宋士钊, 王佑安, 译. 北京: 中国工业出版社, 1966.

[3] 陈萍, 唐修义. 低温氮吸附法与煤中微孔隙特征的研究[J]. 煤炭学报, 2001, 26(5): 552-556.

[4] 李子文, 林柏泉, 郝志勇, 等. 煤体多孔介质孔隙度的分形特征研究[J]. 采矿与安全工程学报, 2013, (3): 437-442.

[5] 近藤精一, 石川达雄, 安部郁夫. 吸附科学: 第二版[M]. 李国希, 译. 北京: 化学工业出版社, 2006.

[6] 彭人勇, 周萍华, 王廷吉, 等. BET 氮气吸附法测粉体比表面积误差探讨[J]. 非金属矿, 2001, 24(1): 7-8.

[7] Zheng Y N, Li Q Z, Yuan D S, et al. Chemical structure of coal surface and its effects on methane adsorption under different temperature conditions[J]. Adsorption, 2018, 24: 613-628.

[8] Li W, Zhu Y M, Chen S B, et al. Research on the structural characteristics of vitrinite in different coal ranks[J]. Fuel, 2013, 107: 647-652.

[9] Painter P C, Snyder R W, Starsinic M, et al. Concerning the application of FTIR to the study of coal: A critical assessment of band assignments and the application of spectral analysis programs[J]. Applied Spectroscopy, 1981, 35(5): 475-485.

[10] Iglesias M J, Jiménez A, Laggoun-Défarge F, et al. FTIR study of pure vitrains and associated coals[J]. Energy & Fuels, 1995, 9: 458-466.

[11] Oluwadayo H, Tobias F F. Stephen, structural characterization of Nigerian coals by X-ray diffraction, Raman and FTIR spectroscopy[J]. Energy, 2010, 35: 5347-5353.

[12] Mastalerz M, Bustin R M. Application of reflectance micro-Fourier transform infrared analysis to the study of coal macerals: An example from the late jurassic to early cretaceous coals of the Mist Mountain Formation, British Columbia, Canada[J]. International Journal of Coal Geology, 1996, 32(1-4): 55-67.

[13] Li Q Z, Lin B Q, Wang K, et al. Surface properties of pulverized coal and its effects on coal mine methane adsorption behaviors under ambient conditions[J]. Powder Technology, 2015, 270: 278-286.

[14] Mastalerz M, Drobniak A, Rupp J. Meso-and micropore characteristics of coal lithotypes: implications for CO_2 adsorption[J]. Energy & Fuels, 2008, 22: 4049-4061.

[15] Dutta P, Bhowmik S, Das S. Methane and carbon dioxide sorption on a set of coals from India[J]. International Journal of Coal Geology, 2011, 85: 289-299.

[16] Mosher K, He J J, Liu Y Y, et al. Molecular simulation of methane adsorption in micro-and mesoporous carbons with applications to coal and gas shale systems[J]. International Journal of Coal Geology, 2013, 109-110: 36-44.

[17] Nodehi A, Moosavian M A, Nekoomanesh M, et al. A new method for determination of the adsorption isotherm of SDS on polystyrene latex particles using conductometric titrations[J]. Chemical Engineering Technology, 2007, 30: 1732-1738.

[18] Zhang J F, Clennell M B, Dewhurst D N, et al. Combined monte carlo and molecular dynamics simulation of methane adsorption on dry and moist coal[J]. Fuel, 2014, 122: 186-197.

[19] Sakurovs R, Day S, Weir S, et al. Temperature dependence of sorption of gases by coals and charcoals[J]. International Journal of Coal Geology, 2008, 73(3-4): 250-258.

[20] Tang X, Wang Z, Ripepi N, et al. Adsorption affinity of different types of coal: Mean isosteric heat of adsorption[J]. Energy & Fuels, 2015, 29(6): 3609-3615.

[21] Bhowmik S, Dutta P. Investigation into the methane displacement behavior by cyclic, pure carbon dioxide injection in dry, powdered, Bituminous Indian coals[J]. Energy & Fuels, 2011, 25(6): 2730-2740.

[22] Laxminarayana C, Crosdale P J. Role of coal type and rank on methane sorption characteristics of Bowen Basin, Australia coals[J]. International Journal of Coal Geology, 1999, 40: 309-325.

[23] Gurdal G, Yalcin M N. Gas adsorption capacity of Carboniferous coals in the Zonguldak Basin(NW Turkey)and its controlling factors[J]. Fuel, 2000, 79: 1913-1924.

[24] Prinz D, Pyckhout-Hintzen W, Littke R. Development of the meso-and macroporous structure of coals with rank as analysed with small angle neutron scattering and adsorption experiments[J]. Fuel, 2004, 83: 547-556.

[25] Day S, Duffy G, Sakurovs R, et al. Effect of coal properties on CO_2 sorption capacity under supercritical conditions[J]. International Journal of Greenhouse Gas Control, 2008, 2: 342-352.

[26] Gurdal G, Yalcin M N. Pore volume and surface area of the Carboniferous coals from the Zonguldak basin(NW Turkey) and their variations with rank and maceral composition[J]. International Journal of Coal Geology, 2001, 48: 133-144.

[27] Mastalerz M, Gluskoter H, Rupp J. Carbon dioxide and methane sorption in high volatile bituminous coals from Indiana, USA[J]. International Journal of Coal Geology, 2004, 60: 43-55.

[28] Clarkson C R, Bustin R M. Variation in micropore capacity and size distribution with composition in bituminous coal of the Western Canadian Sedimentary Basin-implications for coal bed methane potential[J]. Fuel, 1996, 75: 1483-1498.

[29] Wang F, Cheng Y, Lu S, et al. Influence of coalification on the pore characteristics of middle-high rank coal[J]. Energy & Fuels, 2014, 28: 5729-5736.

[30] Oikonomopoulos I K, Perraki M, Tougiannidis N, et al. A comparative study on structural differences of xylite and matrix lignite lithotypes by means of FTIR, XRD, SEM and TGA analyses: an example from the Neogene Greek lignite deposits[J]. International Journal of Coal Geology, 2013, 115: 1-12.

[31] Shi X, Fu H Y, Li Y, et al. Impact of coal structural heterogeneity on the nonideal sorption of organic contaminants[J]. Environmental Toxicology & Chemistry, 2011, 30(6): 1310-1319.

[32] Abelmann K, Kleineidam S, Knicker H, et al. Sorption of HOC in soils with carbonaceous contamination: Influence of organic-matter composition[J]. Journal of Plant Nutrition and Soil Science, 2005, 168(3): 293-306.

[33] Schwarzenbach R P, Gschwend P M, Imboden D M. Environmental Organic Chemistry: 2nd ed[M]. New York: Wiley Interscience, 2003.

[34] Meng Z P, Liu S S, Li G Q. Adsorption capacity, adsorption potential and surface free energy of different structure high rank coals[J]. Journal of Petroleum Science and Engineering, 2016, 146: 856-865.

第4章 煤尘表面润湿特性

煤矿井下的作业过程大多都伴随着煤尘的产生，目前井下防尘技术大多仍以喷雾降尘为主。然而煤炭开采过程中，不同开采条件下煤体破碎所产生的粉体颗粒的粒度分布、表观形貌、孔隙结构分布等各方面均存在诸多的差异，无疑会对矿井煤尘颗粒表面的润湿特性产生巨大的影响。煤尘颗粒的表面润湿性是指固体表面与液滴在相界面上作用的强弱程度。润湿现象是固体表面结构与性质、液体表面特性及固液两相分子间相互作用的界面等微观特性的宏观表现。因此，研究煤尘表面的微观性质对于揭示宏观润湿特性的作用机理、分析影响颗粒润湿性能的关键受控因素，以及煤尘防治都具有极其重要的意义。

4.1 煤尘表面润湿及其测试方法

4.1.1 表面润湿机理

去离子水中加入适当的表面活性剂可以有效改善水对煤尘的润湿性[1]。表面活性剂的这种作用与其在煤尘表面的吸附形态密切相关。研究表面活性剂在煤尘表面的吸附形态，对于揭示表面活性剂改善煤尘润湿性的机理具有重要的意义[2]。目前关于煤尘对表面活性剂的吸附特性和吸附机理的研究还很少，因此本章从微观角度、分子水平探讨表面活性剂在煤尘表面的吸附形态和吸附机理，研究煤尘表面的电性，并在此基础上阐明表面活性剂或水润湿煤尘的微观机理。

1. 吸附理论

吸附是固体表面质点和吸附质分子相互作用的一种现象，按作用力的性质可将其分为物理吸附和化学吸附两种类型[3]。物理吸附是吸附质与吸附剂之间由于分子间力(范德瓦耳斯力)而产生的吸附。由于这种作用力较弱，可以将其看成是凝聚现象。而化学吸附是指吸附质与吸附剂发生化学反应，形成牢固的吸附化学键和表面络合物。化学吸附一般包含实质的电子共享或电子转移，是一种化学反应。因此两种吸附在许多性质上都有明显的差别，如表4-1所示。

表 4-1　物理吸附和化学吸附的区别

吸附特征	物理吸附	化学吸附
吸附力	范德瓦耳斯力	化学键力
选择性	无	有
吸附热	近于液化热(0~20kJ/mol)	近于反应热(80~400kJ/mol)
吸附速度	快,易平衡,不需要活化能	较慢,难平衡,常需要活化能
吸附层	单分子层或多分子层	单分子层
可逆性	可逆	不可逆

2. 表面活性剂在固液界面吸附的主要原因

表面活性剂分子具有的两亲性结构使其能在界面上形成吸附,涉及表面活性剂分子或离子在固体表面发生吸附的主要作用力如下[4]。

(1)静电的作用:在水中固体表面可因多种原因而带有某种电荷。离子型表面活性剂在水溶液中解离后,活性大离子可吸附在带有符号相反的电荷的固体表面上。显然,带正电的固体表面易吸附带负电的表面活性剂阴离子,带负电的固体表面易吸附带正电的表面活性剂阳离子。

(2)色散力的作用:固体表面与表面活性剂分子或表面活性剂的非电离部分间存在色散力作用,从而导致吸附。因色散力而引起的吸附量与表面活性剂的分子大小有关,分子量越大,吸附量越大。

(3)氢键和 π 电子的极化作用:固体表面的某些基团有时可与表面活性剂中的一些原子形成氢键而使其吸附。含有苯环的表面活性剂分子,因苯环的富电子性可在带正电的固体表面上吸附,有时也可能与表面某些基团形成氢键。

(4)疏水基的相互作用:在低浓度时已被吸附了的表面活性剂的疏水基与在液相中的表面活性剂分子的疏水基相互作用在固液界面上形成多种结构形式的吸附胶团,使其吸附量急剧增加。

3. 阴离子型表面活性剂在煤尘表面的吸附及润湿性

1)阴离子型表面活性剂的吸附机理

煤尘的表面除了含有大量的疏水基团外,同时含有许多羟基、羧基等强极性官能团,加之煤中掺杂着一定量的无机成分,从而使煤尘具有了一定的亲水性[5]。因此通常煤尘被认为由疏水和亲水两种晶格组成。这些不同种类的晶面使得煤尘对离子型表面活性剂的吸附行为较非离子型表面活性剂变得复杂。其作用机理除了前面所述的范德瓦耳斯色散力作用下的色散吸附外,还有离子吸附、形成半胶束等作用,如果在阴离子型表面活性剂中加入无机盐类,还会产生电解质的紧密填充作用。

(1) 色散吸附：在范德瓦耳斯色散力作用下，煤尘表面的烃分子和阴离子型表面活性剂的烃基之间发生吸附，其吸附方向是表面活性剂分子的亲水头朝向液相，如图 4-1 所示，这一定向性明显地使煤尘疏水晶格转化为亲水或易湿润状态。这一作用与非离子型表面活性剂对煤尘的吸附极为相似，只是吸附能力有所不同。这是因为电泳实验结果表明，煤尘表面是带负电的，阴离子型表面活性剂电离出的表面活性离子也带负电，当二者发生吸附作用时，阴离子型表面活性剂与带负电的煤尘表面同性相斥，而且吸附于煤尘表面的阴离子型表面活性离子之间也会产生电性排斥，不利于它在煤尘表面的吸附，因此一般情况下，阴离子型表面活性剂在煤尘表面的吸附能力小于非离子型表面活性剂。

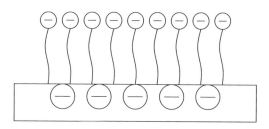

图 4-1 阴离子型表面活性剂在煤尘表面的吸附示意图

(2) 离子吸附：煤尘本身固有的含湿量为煤尘表面的多价正离子提供了溶解作用的介质。这些阳离子被煤尘表面的负离子晶格所吸引，从而形成一亲水的正离子层，如图 4-2 方块 B 所示。由于静电作用力，表面活性剂分子的亲水头被吸引到煤尘自然亲水晶格的正离子层，从而使亲水晶格转化为难湿润的不希望状态，因为被吸附的表面活性剂的疏水层尾部朝向液相，如图 4-2 方块 D 所示。如果在阴离子型表面活性剂溶液中加入硫酸盐如硫酸钠等，硫酸钠与表面活性剂的阴离子比较，其电荷的价数更高，硫酸盐阴离子将被优先吸附到正离子层。这一机理防止了煤尘亲水晶格转化成疏水晶格，从而避免湿润能力进一步下降（图 4-2 方块 E）。如果在溶液中单价表面活性剂的剩余量超过二价硫酸盐物质，亲和顺序不能压倒其他作用，在这种情况下，对煤尘的亲水晶格的保护作用就会降低。

(3) 形成半胶束：阴离子型表面活性剂分子在煤尘表面的吸附过程中，可能形成半胶束。在煤尘正电荷表面吸附的阴离子型表面活性剂随着表面活性剂浓度的增加，将会出现不同的状态。在低浓度时，吸附表面活性剂主要靠离子吸附。在中间状态时，吸附的表面活性剂显著增加，导致正在被吸附的表面活性剂阴离子与已被吸附的表面活性剂阴离子以及这些阴离子本身的疏水链相互作用，表面活性剂疏水链积聚形成半胶束，如图 4-3 所示。表面活性剂离子族黏附在煤尘表面的阳离子上，扩张到溶液中的表面活性剂分子的疏水尾部能够进一步吸附表面活性剂阴离子。这种半胶束形成的作用恢复了逆向吸收第一层表面活性剂后煤尘表面湿润

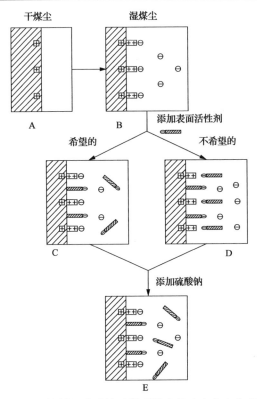

图 4-2   阴离子型表面活性剂和硫酸钠吸附到煤尘的疏水和亲水表面的润湿机理图

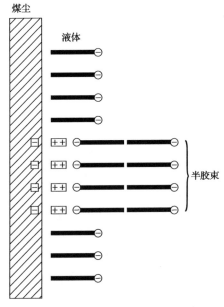

图 4-3   煤尘表面上表面活性剂形成半胶束的示意图

性降低的不利效应。吸附到最后则会呈现为静电阻碍状态，由于表面活性剂必须进一步克服正在靠近的表面活性剂离子和煤尘表面的荷电半胶束之间的排斥力，吸附作用减弱。

(4)电解质的紧密填充作用：添加硫酸钠等电解质提供了许多 Na^+、SO_4^{2-}，这些离子能够减小双电层排列中静电力的作用距离，导致吸收在疏水煤尘表面的阴离子的负电荷头部之间的静电排斥力减小。因此，允许被吸附的表面活性剂离子的密度增大，这就能够使更多煤尘的疏水表面转化为亲水状态，即增加了湿润能力，这种情况可用图 4-4 的方式近似描述。图 4-4 的 A 部分表示没有硫酸钠存在时，在煤尘表面上表面活性剂离子的密度较低，图 4-4 的 B 部分表明有硫酸钠存在时，由于被吸附的表面活性剂离子负电荷头部之间的排斥力减小，吸附的表面活性剂密度增加。添加阴离子型表面活性剂来改善其在煤尘表面的填充效果，也可使得在表面活性剂溶液中呈现出气—液界面。随着硫酸钠浓度的增加，该现象进一步降低阴离子型表面活性剂溶液的表面张力。

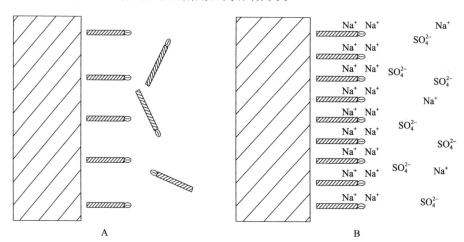

图 4-4　煤尘表面出现表面活性剂粒子紧密填充的效果示意图

A-Na₂SO₄不存在，吸附的阴离子型表面活性剂松散填充；B-Na₂SO₄存在，吸附的阴离子型表面活性剂紧密填充

2)十二烷基硫酸钠阴离子型表面活性剂在煤尘上的吸附及润湿性

十二烷基硫酸钠(SDS)阴离子型表面活性剂具有前面叙述的阴离子型表面活性剂的吸附特性。下面通过实验结果来分析不同浓度的 SDS 的润湿性。表 4-2 是不同浓度的 SDS 溶液与不同煤尘的接触角。

对比煤尘与去离子水的接触角，表 4-2 中 SDS 溶液与煤尘的接触角明显减小，说明 SDS 溶液对煤尘的润湿性较好。

表 4-2 不同浓度的 SDS 溶液与不同煤尘的接触角 （单位：（°））

煤尘编号	SDS（0.05%）	SDS（0.2%）	SDS（0.4%）
1	76.30	51.60	48.90
2	77.70	55.40	59.70
3	80.40	51.90	54.40
4	74.60	52.70	38.00
5	56.50	42.40	32.80
6	37.60	45.70	19.40
7	44.30	27.10	15.70
8	43.50	21.80	17.30
9	51.60	18.10	12.30

从表 4-2 中可以看出，随着 SDS 溶液浓度的增加，SDS 溶液与煤尘的接触角明显变小，说明煤尘的润湿性逐渐增强。即煤尘的润湿性随着 SDS 溶液浓度的增加而增强。

从表 4-2 中还可以看出，对于同一煤种，与同一浓度的 SDS 溶液的接触角会随着粒径的变化先增大后减小。这可能是煤尘内部孔隙结构的不同，引起 SDS 溶液与主导煤尘的吸附方式不同造成的。粒径较小时，煤尘中含有较多的微孔（<2nm），微孔会与 SDS 溶液之间产生强烈的毛细作用；粒径较大时，煤尘中还有较多的大孔（>20nm），大孔会与 SDS 溶液之间接触得更充分，SDS 溶液在煤尘表面的扩散效果更明显。

4. 高分子表面活性剂在煤尘表面的吸附及润湿性

1）高分子表面活性剂的吸附机理

高分子表面活性剂的相对分子质量一般在几千以上，甚至可高达几千万。它也有非离子、阴离子、阳离子和两性型之分。其分子结构的共同特点是相对分子量大且分子结构中包含极性和非极性结构两部分。例如，聚氧乙烯聚氧丙烯二醇醚（即破乳剂 4411）是一类非离子型高分子表面活性剂，它是著名的原油破乳剂。聚-4-乙烯溴化十二烷基吡啶是阳离子型高分子表面活性剂，聚丙烯酸钠是阴离子型高分子表面活性剂。有的高分子物质并不具有显著降低表面张力的作用，在溶液中也不能形成通常意义的胶束，但它们可以吸附于固体表面，从而具有分散、稳定和絮凝等作用，在工农业生产中有着重要应用，也被称为高分子表面活性剂，如褐藻酸钠、羧甲基纤维素钠、明胶、淀粉衍生物、聚丙烯酰胺、聚乙烯醇等常用的水溶性高分子属于该类高分子表面活性剂。

2）羧甲基纤维素钠高分子表面活性剂在煤尘上的吸附及润湿机理

羧甲基纤维素钠（CMC-Na）的制法是纤维素与氢氧化钠反应生成碱纤维素，

然后用一氯乙酸进行羧甲基化而制得。由于 CMC-Na 是在纤维素上引入了亲水基，提高了其在水中的溶解度，虽然无降低表面张力的能力，但却有良好的保护胶体、分散和增稠等性能。CMC-Na 表面活性剂具有前面叙述的高分子表面活性剂的吸附特性。下面通过实验结果来分析不同浓度的 CMC-Na 的润湿性。表 4-3 是不同浓度的 CMC-Na 溶液与不同煤尘的接触角。

表 4-3　不同浓度的 CMC-Na 溶液与不同煤尘的接触角　　　　（单位：（°））

煤尘编号	CMC-Na(0.05%)	CMC-Na(0.2%)	CMC-Na(0.4%)
1	107.50	109.20	104.50
2	109.50	110.00	122.00
3	109.30	90.90	114.00
4	76.50	64.50	81.00
5	79.20	45.10	85.00
6	80.50	67.00	87.00
7	37.40	70.00	76.10
8	33.60	54.40	80.70
9	25.70	81.70	62.80

　　对比煤尘与去离子水的接触角，表 4-3 中 CMC-Na 溶液与煤尘的接触角的变化不是很大，说明 CMC-Na 溶液对煤尘的润湿性不太好。

　　从表 4-3 中可以看出，当 CMC-Na 溶液浓度超过 0.2%时，CMC-Na 溶液与大多数煤尘的接触角逐渐增大，这说明低浓度的 CMC-Na 溶液对煤尘的润湿性较好，而高浓度 CMC 条件下，煤尘的润湿性将有所降低。这可能是因为 CMC-Na 是高分子化合物，高分子本身的化学结构碳链很长，不容易溶于水，在水中易有黏性。所以，CMC-Na 是一种黏附型的润湿剂，低浓度的效果会好些。

5. 煤尘润湿的微观机理

1）润湿过程

　　物质是由分子组成的，分子之间存在相互作用力。从微观上看，一种液体在固体表面的润湿与不润湿实际上是由固体表面分子和液体分子相互作用力（又称附着力与液体分子间的相互吸引力或称内聚间的力量）对比不同引起的，在液体和固体接触处，沿固体壁有一层液体，层内的液体分子有别于其他分子，我们称之为附着层。其厚度等于液体分子间引力的有效作用距离或液体分子与固体分子间引力的有效作用距离取较大者，只有层内液体分子才受到接触面的影响。

　　对附着层中的任一分子 A，在内聚力大于附着力的情况下，如图 4-5(a)所示，分子受到的合力垂直于附着层，但指向液体的内部。这时一个分子要从液体内部移到附着层，必须反抗做功，结果使附着层中的势能增大。但势能总有减少的趋势，从而使液体不能润湿固体。反之，在附着力大于内聚力的情况下，如图 4-5(b) 所示，分子受到的合力垂直于附着层，但指向固体的内部。这时分子在附着层内比在液体内部具有较小的势能，液体分子要尽量挤入附着层，结果使附着层扩展，从而使液体润湿固体。

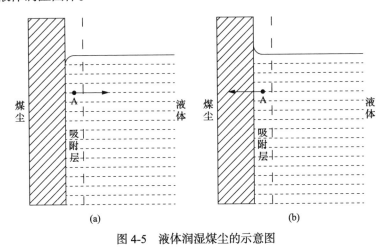

图 4-5　液体润湿煤尘的示意图

　　水对不同煤尘润湿能力的差别主要取决于不同煤尘表面分子和水分子之间相互作用力的大小，这种作用力越大，水越容易润湿煤尘。

　　2) 表面活性剂润湿煤尘的机理

　　表面活性剂分子具有非极性的亲油基和极性的亲水基，水中加入表面活性剂不仅能减小液体的内聚力，使其易于在煤尘表面铺展，而且能够在煤尘表面形成一定的吸附层，将低能的煤尘表面变为高能的煤尘表面，增加与水的亲和性。具体作用如下：

　　(1) 表面活性剂的加入使溶液的表面活性降低；

　　(2) 表面活性剂在煤尘表面形成一定的吸附层，将低能的煤尘表面变为高能的煤尘表面，增加与水的亲和性。

4.1.2　润湿测试方法及其表征

　　不考虑重力，当液体滴落在粉尘压片的光滑表面时，液体会在表面张力作用下形成近似球形的水滴。图 4-6 为粉尘压缩面上的水滴形态，它的视接触角 θ_1 为

$$\theta_1 = 2\arctan(h/r) \tag{4-1}$$

式中，h 为水滴的高度；r 为水滴底面半径。

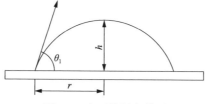

图 4-6　表面接触角模型

测试仪器中读取的读数并非真实的接触角。为了修正得到正确数值，修正公式为

$$\cos\theta_s = \frac{(2-Bh^2)-\sqrt{1-\dfrac{2(1-Bh^2)(3-Bh^2)}{3-(1-\xi_v)}}}{3-Bh^2}\qquad(4\text{-}2)$$

式中，θ_s 为稳定状态下的接触角。
　　其中：

$$B = \rho g / 2\sigma \qquad(4\text{-}3)$$

式中，ξ_v 为修正系数；σ 为表面张力；B 为液滴重力与表面张力的比值；ρ 为液体的密度。

　　在实验过程中，若精度要求不高，可以省略修正过程。

　　因此使用 769YP-15A 粉末压片机(图 4-7)，在不同种类的粉尘中筛选出 200 目以上的粉尘，取测定样品 2g 倒入压片模具的衬套中并撒布均匀，并且装填一定量的硼酸，最后压制成符合要求的粉尘层。

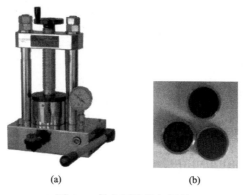

(a)　　　　　　　　　(b)

图 4-7　粉末压片机与压片

　　使用接触角测量仪(DSA)型光学法液滴形态分析系统测试接触角。DSA 型光学法液滴形态分析系统可以动态跟踪液滴在试样表面的变化过程。实验装置如

图 4-8 所示。

图 4-8　DSA 型光学法液滴形态分析系统

使用 DSA 型光学法液滴形态分析系统测试接触角，可以得到去离子水、十二烷基苯磺酸钠、十二烷基硫酸钠、烷基糖苷、脂肪醇聚氧乙烯醚、聚乙二醇六种润湿剂与不同粉尘的接触角的测试数据。后五种润湿剂分别可用 SDBS、SDS、APG、JFC、PEC 表示。测试结果如图 4-9 所示。

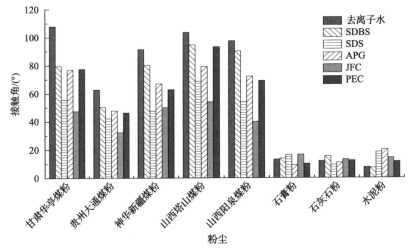

图 4-9　润湿剂对不同粉尘的接触角测试数据

未加入表面活性剂时，煤粉润湿性能普遍较差，接触角均大于 60°；但石膏粉、石灰粉、水泥粉为亲水材料，接触角均低于 20°。加入表面活性剂后，不同表面活性剂对煤粉均有较好的增加润湿渗透效果，但对于石膏粉、石灰粉、水泥粉粉尘层的改善效果不佳，甚至产生负面作用。这是因为石膏粉、石灰粉、水泥粉原本就表现出显著亲水性，表面活性剂并不能增强其亲水性，反而改变了液体的黏性等性质。此外润湿剂与水泥粉的化学反应也可能对润湿性产生一定影响。

不同表面活性剂对同一煤粉会产生不同的润湿渗透效果，这是因为不同润湿剂的结构性质不同。其中 APG、SDS 和 JFC 对于煤粉有较好的降低接触角效果，而 SDBS 的效果最差；不管是什么表面活性剂，都不能明显增加石膏粉、石灰粉、水泥粉的润湿性，APG 反而可以显著降低水泥的润湿性。

4.2 煤尘理化结构及其对润湿的影响

4.2.1 粉体粒度

对于粉尘微细颗粒，其可以长时间悬浮而不沉降，或者在沉降后极易因为空气流动而飞扬。这归功于粉尘小、轻、表面积大的特征。

粉尘分散度指粉尘中不同粒径范围颗粒所占的百分比，可以表示矿物的粉碎程度。本实验采用粒度统计软件 Nano Measurer，通过扫描电镜图像进行粒度统计，最后可得到如下粒度分布(图 4-10，表 4-4)，其中粉尘平均粒径用 $D_{平均}$ 表示，D_{50} 为粉样的特征粒径，即粉尘累计分布百分比达到 50%时对应的粒径。

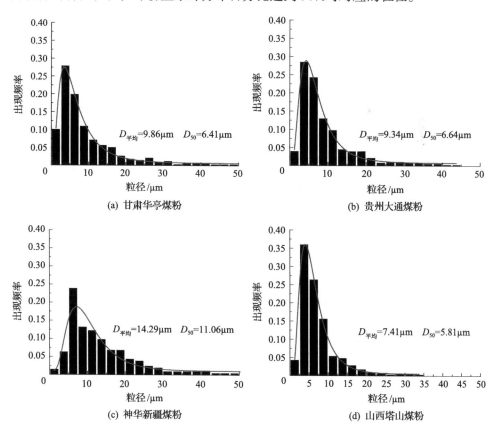

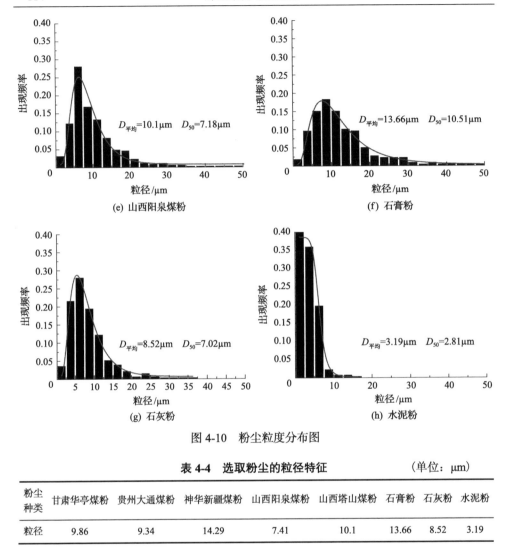

图 4-10　粉尘粒度分布图

表 4-4　选取粉尘的粒径特征　　　　　　　　　　（单位：μm）

粉尘种类	甘肃华亭煤粉	贵州大通煤粉	神华新疆煤粉	山西阳泉煤粉	山西塔山煤粉	石膏粉	石灰粉	水泥粉
粒径	9.86	9.34	14.29	7.41	10.1	13.66	8.52	3.19

　　显然，粉尘的粒径范围均在 3～15μm，其中粒径最小的为水泥粉，最大的为神华新疆煤粉。

4.2.2　物质组成

　　工业特性分析主要分析粉体的水灰组成情况。大部分工业粉体无须进行此分析，所以本节重点分析成分复杂的煤粉，分别为甘肃华亭煤粉(低变质程度烟煤)、贵州大通煤粉(优质无烟煤)、神华新疆煤粉(低变质程度煤)、山西塔山煤粉(低变质动力煤)、山西阳泉煤粉(无烟煤)。变质程度由低到高为山西塔山煤、甘肃华亭煤、神华新疆煤、贵州大通煤、山西阳泉煤。

使用全自动工业分析仪 5E-MACIV/CTM300 对以上煤粉进行分析，仪器如图 4-11 所示，结果如表 4-5 所示。

图 4-11　实验室用的工业分析仪

表 4-5　煤粉组成测定结果　　　　　　　　　　　　　　（单位：%）

序号	煤粉	M_{ad}	A_{ad}	V_{ad}	FC_{ad}
1	甘肃华亭煤粉	10.11	2.82	31.97	55.10
2	贵州大通煤粉	3.85	20.49	6.47	69.19
3	神华新疆煤粉	3.08	11.44	30.66	54.84
4	山西塔山煤粉	2.95	10.33	32.96	53.78
5	山西阳泉煤粉	2.54	7.24	7.24	82.99

注：M_{ad} 表示水分含量；A_{ad} 表示灰分含量；V_{ad} 表示挥发分含量；FC_{ad} 表示固定碳含量。

由表 4-5 可以看出，随着煤化程度提高，煤样的挥发分含量从 32.96% 快速下降到 10% 以下；由于灰分指的是燃烧残渣，不是煤的固定组成部分，与煤化程度没有直接关系，其含量变化无规律可循；固定碳从 53.78% 增加到 70% 以上。

煤的表面元素分析指碳、氧、铝、硅等元素在煤粉表面的分布情况。通过分析粉尘表面元素的分布，为研究不同粉尘润湿性能提供一定的依据。

针对常见堆放粉料，专门采集了 5 种煤粉和 3 种工业粉尘。实验样品的制备使用双面胶粘取的方法，使用导电胶粘住一层粉尘（数量少并且分布均匀），之后直接粘贴固定在圆盘金属托片上，镀金。

采用配有 X 射线的扫描电镜进行颗粒物形貌的观察，并使用能谱仪对整个粉尘层进行表面元素测定。扫描电镜型号为 Quanta 250（图 4-12），粉尘试样扫描测试结果如图 4-13 所示。

图 4-12　实验室用的扫描电镜

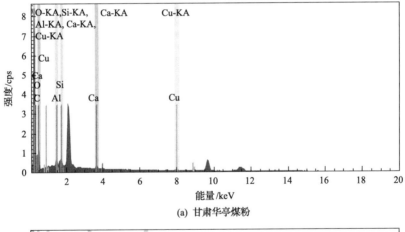

(a) 甘肃华亭煤粉

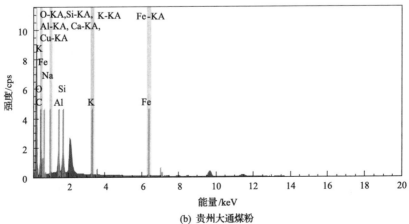

(b) 贵州大通煤粉

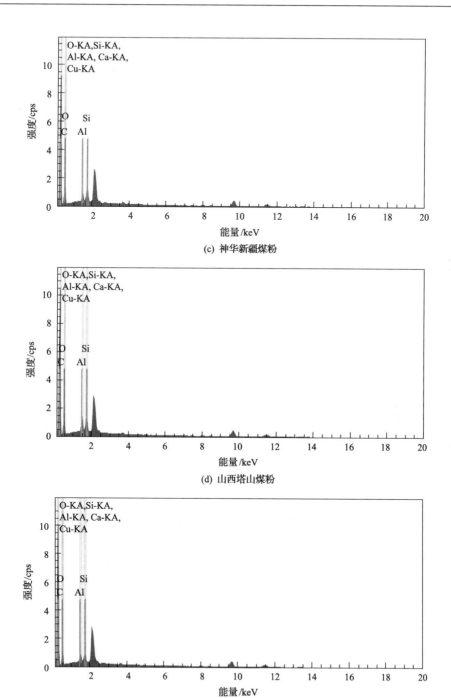

(c) 神华新疆煤粉

(d) 山西塔山煤粉

(e) 山西阳泉煤粉

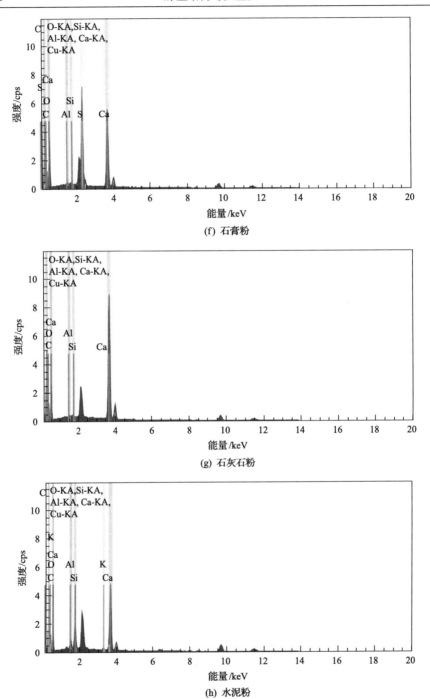

图 4-13　不同粉末表面的元素能谱图

cps 表示 counts per second，译为 "每秒计数"

选取上述 5 种煤粉和石膏粉、石灰粉、水泥粉合计 8 种粉样，使用扫描电子显微镜（型号 Quanta 250）进行微观扫描和元素探测，最后得到表面元素分布数据，如表 4-6 所示。

表 4-6　实验室中选取粉样的表面元素分布测定结果　　　　（单位：%）

粉尘	C	O	Al	Ca	Cu	Si	Na	Fe	K	S
1-甘肃华亭煤粉	66.22	31.54	0.48	0.73	0.59	0.44	—	—	—	—
2-贵州大通煤粉	56.28	37.38	2.85	—	—	2.20	0.33	0.64	0.32	
3-神华新疆煤粉	58.48	38.07	1.52	—	—	1.93				
4-山西塔山煤粉	69.83	26.91	1.90	—	—	1.36				
5-山西阳泉煤粉	68.76	28.72	1.55	—	—	0.97				
6-石膏粉	30.9	48.73	0.25	11.94	—	0.07	—	—	—	8.11
7-石灰粉	22.39	37.59	0.16	16.7	—	0.07	—	—	—	—
8-水泥粉	18.96	24.55	0.86	10.43	—	1.83			0.27	—

由表 4-6 可以看出，在煤粉中，其表面元素分布与煤化程度没有直接关系，因为表面元素在测定过程中可能受到灰分影响，导致数据不准确。

综合看四类粉尘（煤粉、石膏粉、石灰粉、水泥粉），表面元素均有碳、氧、铝、硅四大类元素。其中煤粉含有较高的表面碳元素，钙元素几乎没有。其他工业粉尘表面碳元素含量相对较低，但含有相对较多的钙元素。

根据煤尘的工业分析结果和初始接触角测试数据，可以分别绘制出煤灰分、挥发分和固定碳的散点分布图，通过回归分析得到回归模型与有关参数。

1. 煤粉的润湿性能与煤组分的相关关系

1）灰分与初始接触角的回归分析

将去离子水、0.06%SDBS 溶液、0.04%SDS 溶液、0.04%APG 溶液、0.04%JFC 溶液、0.04%PEC 溶液和不同煤尘的初始接触角测试结果，与煤的灰分含量参数进行回归拟合，如图 4-14 所示。

由图 4-14 可知，灰分含量与煤的润湿能力成正比。这里灰分是指煤在一定条件下完全燃烧后得到的残渣，一定程度上反映了煤中矿物成分的含量。煤的主要矿物成分都是良好的润湿性矿物，如黏土、硫铁矿、碳酸盐、石膏等润湿性均比煤粉好。实验结果拟合相关系数大部分大于等于 0.6994，初始接触角和灰分含量之间具有较好的相关性。

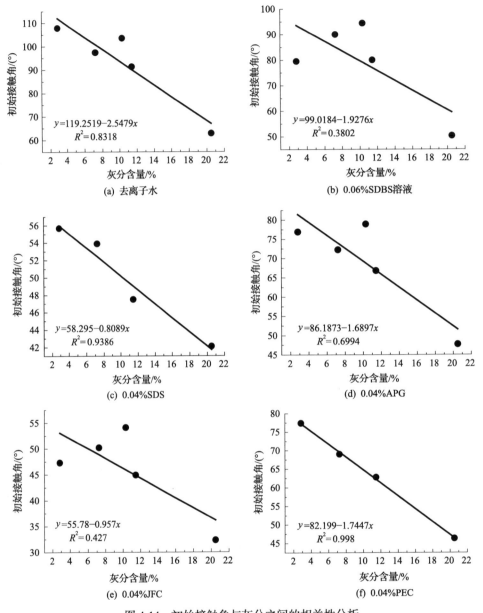

图 4-14　初始接触角与灰分之间的相关性分析

2) 固定碳与初始接触角的回归分析

将去离子水、0.06%SDBS 溶液、0.04%SDS 溶液、0.04%APG、0.04%JFC、0.04%PEC 溶液和不同煤尘的初始接触角测试结果，与煤的固定碳含量参数进行回归拟合，如图 4-15 所示。

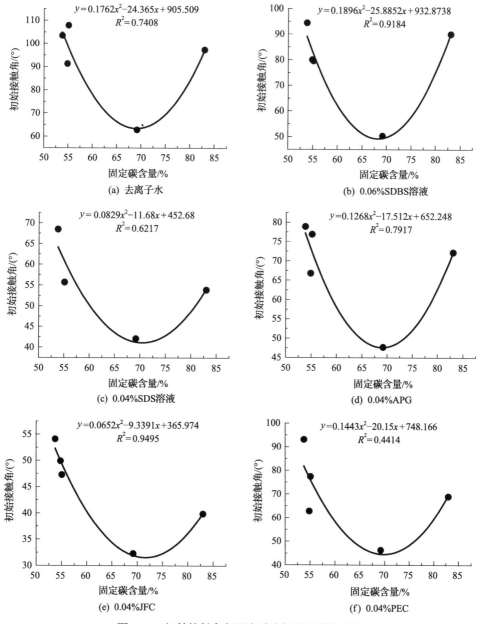

图 4-15　初始接触角与固定碳之间的相关性分析

　　煤的内部结构复杂，但一般认为煤的核心结构为芳香核，边缘有一些活性基团，这样的碳缩合大分子结构在煤尘润湿特性上表现出显著的疏水特性。通过回归分析发现拟合关系满足二次函数，拟合相关系数基本大于等于 0.6217。由图 4-15 可以看出，固定碳含量超过一定程度后，其疏水性将占据主导位置，从而使煤粉的初始接触角增加。

3）挥发分与初始接触角的回归分析

将去离子水、0.06%SDBS 溶液、0.04%SDS 溶液、0.04%APG、0.04%JFC、0.04%PEC 溶液和不同煤尘的初始接触角测试结果，与煤的挥发分含量参数进行回归拟合，如图 4-16 所示。

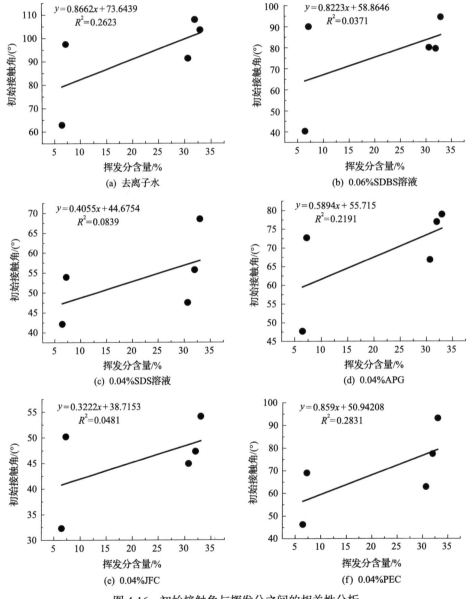

图 4-16　初始接触角与挥发分之间的相关性分析

煤在隔绝空气条件下进行加热,煤中的有机矿物成分发生分解并产生逸出挥发气体。这部分气体中既含有亲水性的极性官能团也含有疏水性的非极性官能团。所以挥发分含量不能准确反映煤粉的润湿性能。从试验拟合的相关系数(图 4-16)可以看出,拟合相关系数最大只有 0.2831,系数极小,说明二者相关性不明显。

2. 粉尘的表面元素与润湿性的相关关系

1)碳元素与初始接触角的回归分析

常见工业粉尘均含有大比例的碳元素,表面碳元素含量直观显示了表面碳缩合大分子结构的数量。由图 4-17 可知,煤粉的碳元素含量均大于 55%,初始接触角均大于 30°;石膏粉、石灰粉和水泥粉的碳元素含量比煤粉少,元素含量低于 50%,其初始接触角远小于煤粉,均小于 20°。总体上看煤粉难以润湿,而石膏粉、石灰粉和水泥粉具有较好的润湿性。

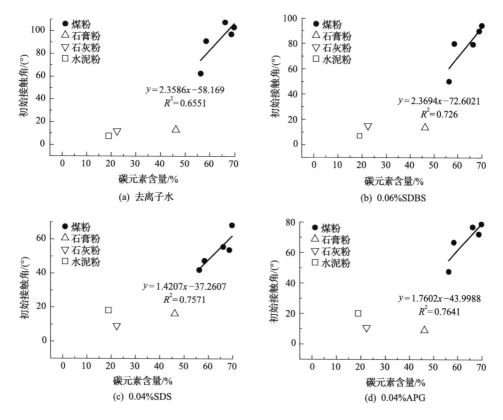

(a) 去离子水
$y=2.3586x-58.169$
$R^2=0.6551$

(b) 0.06%SDBS
$y=2.3694x-72.6021$
$R^2=0.726$

(c) 0.04%SDS
$y=1.4207x-37.2607$
$R^2=0.7571$

(d) 0.04%APG
$y=1.7602x-43.9988$
$R^2=0.7641$

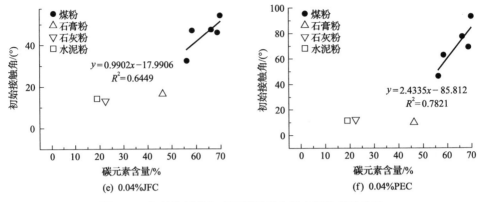

图 4-17　初始接触角与表面碳元素含量之间的相关关系

由图 4-17 可知，表面碳元素含量与煤粉初始接触角成正比。这是因为碳缩合大分子结构呈现疏水性，为疏水基团，其数量越多，则越能够降低润湿性能并增加表面接触角。初始接触角与碳元素含量的线性拟合相关系数均大于等于0.6449，说明二者相关性较好。

2) 铝元素与初始接触角的回归分析

由图 4-18 可知，常见工业粉尘中铝元素含量很少，基本在 0%～3.0%。在这个范围内，煤粉的初始接触角均大于 30°；石膏粉、石灰粉和水泥粉的初始接触角小于煤粉，均小于 20°。总体上看煤粉难以润湿，而石膏粉、石灰粉和水泥粉具有较好的润湿性。

由图 4-18 可以看出，随着表面铝元素含量的增加，煤粉的初始接触角快速减小。这是因为铝元素含量表示煤粉中铝硅酸盐成分含有极性亲水基团，可以提高煤粉的润湿性。初始接触角与铝元素含量的线性拟合相关系数大部分大于等于0.5914，说明二者具有一定的相关性。

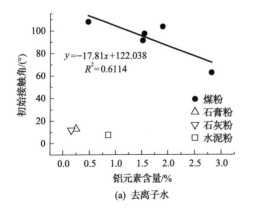

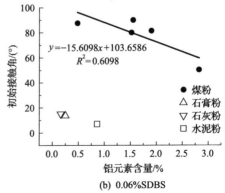

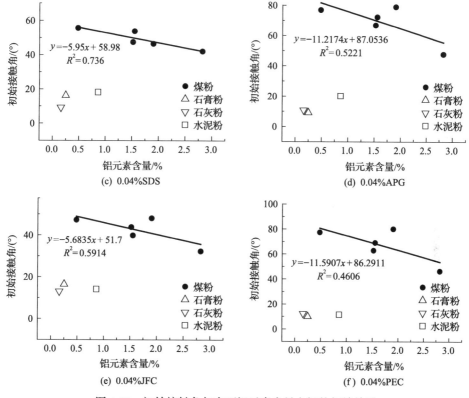

图 4-18   初始接触角与表面铝元素含量之间的相关关系

3)硅元素与初始接触角的回归分析

由图 4-19 可知,常见工业粉尘中硅元素含量也很少,基本在 0%~2.5%。在这个范围内,煤粉的初始接触角均大于 30°;石膏粉、石灰粉和水泥粉的初始接触角小于煤粉,均小于 20°。总体上看,煤粉难以润湿,而石膏粉、石灰粉和水泥粉具有较好的润湿性。

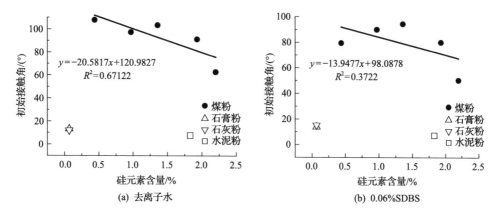

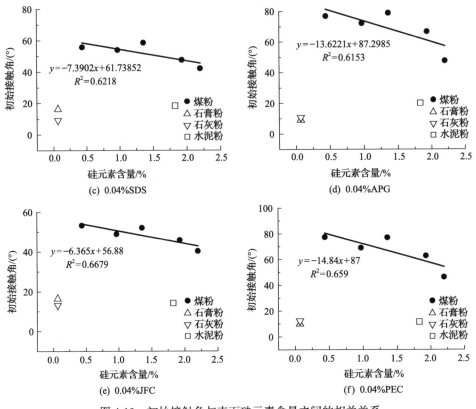

图 4-19　初始接触角与表面硅元素含量之间的相关关系

　　由图 4-19 可知,表面硅元素含量与煤粉的初始接触角成反比。这是因为硅元素对煤粉有较大影响,硅元素含量越高,说明亲水性氧化硅成分越多,则煤粉润湿性能越好,初始接触角也会小。初始接触角与硅元素含量的线性拟合相关系数大部分大于等于 0.6153,说明二者具有一定的相关性。

4.2.3　孔隙结构

1. 分形维数与润湿性

　　根据不同煤尘的粒度分形维数和煤尘与水的接触角的实验,绘制煤尘的初始接触角与粒度分形维数之间的散点图,如图 4-20 所示,并根据最小二乘法原理,用计算机求得二者的回归曲线及相关系数[6]。从图 4-20 中可以看出,煤尘的接触角与粒度分形维数的回归曲线拟合性较差,相关性较小。这是由于不同煤尘样品的煤质特性差别较大,它们对煤尘润湿性的影响使得粒度分形维数与接触角回归曲线的相关系数并不高,但仍然可以看出与接触角呈负相关的关系,即随着粒度分形维数的增加，接触角减小，煤尘润湿性增强。这可能是在煤尘接触角的测试过程中对煤尘进行压片处理造成的，因为 9 种煤尘的粒径都很小，甚至有的是呼吸性粉尘，压片过程中，煤尘在高压下加压 1min，会使得煤尘之间更好地结合，粒径与粒径之间的孔隙较小，且表面光滑且均匀，所以各煤尘压片的表面结构相似，使得粒度对接触角的影响表现得不是很明显。

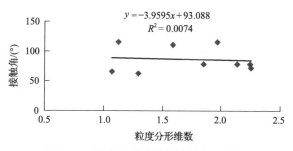

图 4-20　粒度分形维数与接触角的关系

2. 表面分形维数与润湿性

通过计算不同煤尘的表面分形维数，结合不同煤尘与水的接触角的实验结果，绘制煤尘的接触角与表面分形维数之间的散点图，并根据最小二乘法原理，用计算机求得二者的回归曲线及相关系数，如图 4-21 所示。

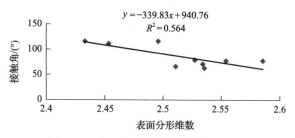

图 4-21　表面分形维数与接触角的关系

从图 4-21 中可以看出，接触角与表面分形维数呈负相关关系，且斜率较大（-339.83），说明煤尘的接触角随着表面分形维数的变化很快，可以根据拟合方程算出当煤尘的表面分形维数增大到 3 时，接触角为负值，此时的状态应该是液滴在煤尘表面完全铺展开，这显然是理想化的。所以，煤尘的表面分形维数只能代表煤尘润湿性会随着表面分形维数的增大而增强。这可能是由于煤尘的表面分形维数增大，代表煤尘的微孔较多，微孔多利于液体在煤尘上伸展，从而提高了煤尘的润湿性。

4.2.4 表面化学结构

煤通常具有聚合物结构特征，被认为是没有统一聚合单体的高分子有机聚合物，是由数量众多的"相似"的基本结构单元通过桥键连接而成。这些基本结构单元的含氧官能团、烷基侧链以及煤大分子内部、表面、边缘的分散矿物质等微观组成对煤的润湿性有较大影响。为了探究其中的关系，摸索出定量表征煤尘润湿性的方法，本节利用傅里叶红外光谱对煤粉进行结构分析。

由于红外光谱分析具备样品量少、测定样品用时短、结果可靠、信息量多的特点，同煤粉一样，其他工业粉尘也可以使用傅里叶红外光谱进行结构分析，从而鉴定出工业粉尘的矿物成分。

为了探究各类粉尘结构与润湿性能的关系，可以使用红外光谱分析仪对煤尘试样的化学结构进行分析。实验室使用 Tensor 27 红外光谱测试仪，如图 4-22 所示。

图 4-22　红外光谱仪

将煤样压制处理之后放入红外光谱仪的样品室进行测试，其结果如图 4-23 所示。

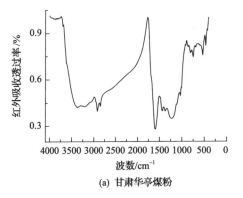

(a) 甘肃华亭煤粉

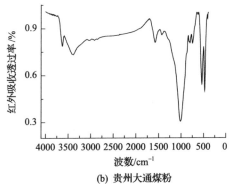

(b) 贵州大通煤粉

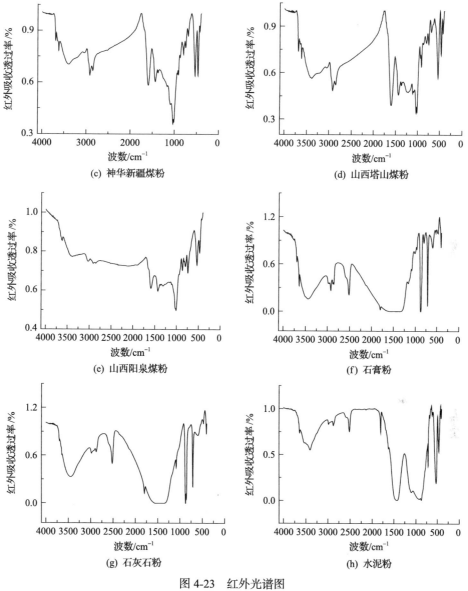

(c) 神华新疆煤粉

(d) 山西塔山煤粉

(e) 山西阳泉煤粉

(f) 石膏粉

(g) 石灰石粉

(h) 水泥粉

图 4-23 红外光谱图

　　对实验室选取的煤粉图谱进行对比分析可以发现，5 种煤粉图谱形状较为相似，说明煤粉具有相似的基本骨架结构单元。

　　如果对上述煤尘表面的特征官能团红外吸收峰进行对比，可以发现一些规律：煤表面的主要官能团为疏水性的脂肪烃和芳香烃，以及亲水性的含氧官能团。

　　煤化程度较低的低阶煤含有较多的非芳香烃和含氧官能团结构,具有较小的芳香核心;煤化程度中等的煤中含氧官能团和非芳香烃基团数量开始减少,环烷基数量增加;煤化程度更高的高阶煤,润湿性能表现疏水性。综上,随着煤变质程度的增加,煤的润湿性变差。

　　上述煤粉的红外光谱图谱分析的关键结果(表 4-7)如下:

　　(1) 1605~1595cm^{-1}处吸收峰由芳环碳碳键的不同振动方式引起,表示芳烃化合物的存在。

　　(2) 各煤粉在 1060~1020cm^{-1} 处表现出吸收峰,说明粉样含有无机硅酸盐基团,对煤的润湿性能有显著影响。通常硅酸盐基团有利于粉尘润湿。

表 4-7　红外吸收透过率

透过率	甘肃华亭煤粉	贵州大通煤粉	神华新疆煤粉	山西塔山煤粉	山西阳泉煤粉
1060~1020cm^{-1}: Si—O—Si 或 Si—O—C 伸缩振动	31.789	49.562	42.261	44.66	30.772
1460~1435cm^{-1}: CH$_3$ 反对称变形振动	39.896	13.857	24.813	34.747	25.307
1605~1595cm^{-1}: 芳香 C=C 的伸缩振动	52.48	15.503	26.047	40.805	24.477
3600~3500cm^{-1}: OH—自缔合氢键, 醚 O 与 OH—形成的氢键	不明显	不明显	不明显	20.349	不明显
3690cm^{-1}: OH—伸缩或面外弯曲旋转	11.224	不明显	14.401	18.302	不明显

　　除了煤粉以外的其他工业粉尘,用红外光谱分析过于复杂,也难以分辨无机官能团,所以暂不考虑。

　　定量分析各溶液的初始接触角与煤尘表面官能团的红外吸收透过率并进行数据拟合,可以发现煤尘的初始接触角与许多红外吸收透过率之间存在相关关系。

　　特别是发现煤粉在红外光谱波长 1060~1020cm^{-1} 处,红外吸收透过率与初始接触角的关系如下:

$$\theta_0 = ae^{\frac{-x}{b}} + c \tag{4-4}$$

式中,θ_0 为初始接触角;a、b、c 为常数;x 为红外光谱在 1060~1020cm^{-1} 波长处的红外吸收透过率。二者的相关关系如图 4-24 所示。

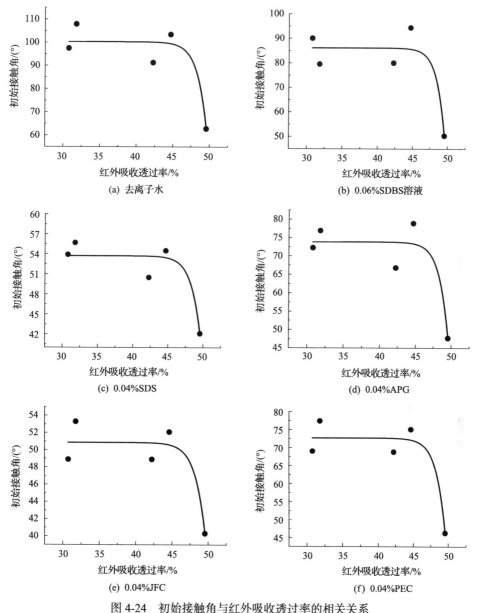

图 4-24　初始接触角与红外吸收透过率的相关关系

由图 4-24 可以看出，煤尘表面官能团，特别是无机矿物质官能团能够显著影响煤尘润湿性能，表现出亲水性。煤尘初始接触角随煤尘在 1060～1020cm^{-1} 处的红外吸收透过率的增加而降低，初期降低幅度较低，当红外吸收透过率大于 45% 时，初始接触角迅速下降。

4.3 煤尘润湿性的改善

4.3.1 表面活性剂及其作用机理

1. 表面活性剂的概念及特征

表面活性剂一词源于英文中的 surfactant，是个缩合词，意为 surface active agent（表面活性添加剂），欧洲工业技术人员常用 tenside 表示[7]。目前普遍认为表面活性剂是这样的一类物质：

(1)在分子结构上，由亲水基和疏水基两部分组成，且疏水基的碳链一般大于 8；

(2)能活跃于表面和界面上，具有极高的降低表面、界面张力的能力和效率；

(3)在一定浓度以上的溶液中能形成分子有序组合体，从而产生一系列应用功能。

2. 表面活性剂的作用及其作用机理

1)润湿作用及作用机理说明[8]

当固体与液体接触时，原来的固-气、液-气界面消失而形成了新的固-液界面，这一过程称为润湿。例如，纺织纤维是一种多孔性物质，有着巨大的表面，当溶液沿着纤维铺展时，会进入纤维间的空隙中，并将其中的空气驱赶出去，把原来的空气-纤维界面变成液体-纤维界面，这就是一个典型的润湿过程；而溶液同时会进入纤维内部，这一过程则称为渗透。帮助润湿和渗透作用发生的表面活性剂称为润湿剂和渗透剂。

把不同液体滴在同一固体表面，可以看到两种不同的现象：一种是液滴很快在固体表面铺展开形成液-固新界面，这种情况叫润湿，如图 4-25(a)和(b)所示。把气-液界面通过液体与固-液界面之间的夹角称为接触角 θ，可以看出在润湿的情况下接触角小于 90°。另一种情况是液体不在固体表面上铺展，而是在固体表面缩成一液珠，如把水滴加到固体石蜡表面所形成的现象就叫不润湿，如图 4-25(c)和(d)所示，此时的接触角大于 90°。

通常可通过液体在固体表面受力达到平衡时所形成的接触角的大小来判断润湿或不润湿。当在水滴中加入表面活性剂时，表面活性剂具有降低气-液界面张力和液-固界面张力的作用，会改变上述受力关系，导致水滴可以在石蜡表面铺展，由不润湿变为润湿。

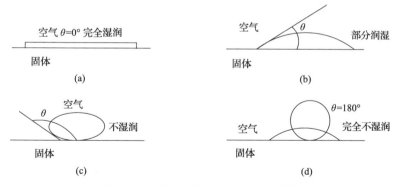

图 4-25　液滴在固体表面上的润湿情况

2) 乳化作用及作用机理说明[9]

乳化作用是指两种互不相溶的液体(如油和水)，其中一种液体以极小的粒子(粒径为 $10^{-8}\sim10^{-5}$m)均匀地分散到另一种液体中形成乳状液的作用。油滴分散到水中称为水包油型乳状液(O/W)，水滴分散到油中则称为油包水型乳状液体(W/O)。把能帮助乳化作用的表面活性剂称为乳化剂。作乳化剂使用的表面活性剂有稳定和保护两种作用。

A. 稳定作用

乳化剂有降低两种液体间界面张力而使混合体系达到稳定的作用。因为当油(或水)在水(或油)中分散成许多微小粒子时，扩大了它们之间的接触面积，导致体系能位增加而处于不稳定状态。当加入乳化剂时，乳化剂分子的亲油基吸附在油滴微粒表面而亲水基伸入水中，并在油滴表面定向排列形成一层亲水性分子膜，使油-水界面张力降低，降低了体系的能位并且减少了油滴间的吸引力，防止油滴聚集后重新分为两层。

B. 保护作用

表面活性剂在油滴表面形成的定向排列分子膜是一层坚固的保护膜，能防止油滴碰撞而聚集。如果是由离子型表面活性剂形成的定向排列分子膜，还会使油滴带上同种电荷，相互间的排斥力增加，防止油滴在频繁碰撞中发生聚集。

3) 洗涤去污作用及作用机理说明[10]

表面活性剂的乳化作用使得从固体表面脱离下来的油脂污垢颗粒能稳定地乳化分散在水溶液中，并且不再沉积到被洗净的表面再次形成污染。

下面以液体油污从表面去除的过程说明表面活性剂的作用。液体油污原来是在固体表面铺展的，当加入表面活性剂后，由于它具有很低的表面张力，表面活性剂水溶液很快在固体表面铺展而润湿固体，并逐渐把油污顶替下来，原来平铺在固体表面的油污逐渐卷缩成油滴(接触角逐渐加大，由润湿变为不润湿)。该过程称为卷缩，如图 4-26 所示。

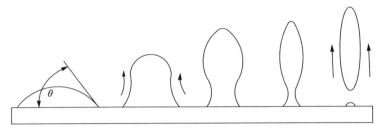

图 4-26　液体油污的卷缩过程

在机械作用或水流冲击下，卷缩的液体油滴脱离物体表面进入水溶液中被表面活性剂乳化并稳定分散在洗涤液中。由于固体表面已被表面活性剂分子占据，油污不会再沉积到固体表面再次形成污染，如图 4-27 所示。

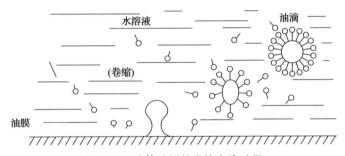

图 4-27　液体油污的卷缩去除过程

4) 悬浮分散作用及作用机理说明[11]

不溶性固体以极小微粒分散到溶液中形成悬浮液的过程叫作分散。有促进固体分散并形成稳定悬浮液作用的表面活性剂称为分散剂。实际上，半固体态油脂在溶液中乳化分散时很难区分某一过程是乳化还是分散，而且乳化剂和分散剂通常是同一种物质，所以在实际使用过程中把两者放在一起统为乳化分散剂。

分散剂的作用原理与乳化剂基本相同，不同之处在于被分散的固体颗粒一般比被乳化的液滴稳定性稍差，固体污垢粒子的悬浮分散示意图如图 4-28 所示。

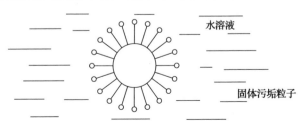

图 4-28　固体污垢粒子的悬浮分散示意图

固体污垢从物体表面的去除过程与液体油垢的去除过程稍有不同。固体污垢黏附在物体表面主要靠分子间作用力的吸引作用。在洗涤过程中，表面活性剂水溶液首先将固体污垢及物体表面润湿，其次表面活性剂分子吸附到固体污垢和物体表面上，由于表面活性剂形成的吸附层加大了污垢粒子和物体表面间的距离，从而削弱了两者间的吸引力。如果为阴离子型表面活性剂，表面活性剂在污垢粒子和物体上的吸附导致它们带有相同的负电荷而产生排斥作用，使两者的黏附强度减弱。在外力(机械力)作用下，污垢更容易从物体表面脱落而稳定地分散在水溶液中。所以使用阴离子型表面活性剂作洗涤剂，对固体污垢的去除效果更好。

固体污垢颗粒越大越易被去除，而粒径小于 0.1μm 的污垢颗粒，由于被牢固地吸附在物体表面而很难去除。在固体污垢去除过程中，除了表面活性剂的润湿、吸附、分散作用外，机械力作用也很重要。

5) 发泡作用及作用机理说明[12]

气体分散在液体中的状态称为气泡，如果某种液体容易成膜且不易破裂，这种液体在搅拌时就会产生许多泡沫。泡沫产生后体系中的气-液表面积大大增加，使得体系变得不稳定，因此泡沫易于破裂。当溶液中加入表面活性剂后，表面活性剂分子吸附在气-液界面，不但降低了气-液两相间的表面张力，而且形成了一层具有一定力学强度的单分子薄膜从而使泡沫不易破裂。

表面活性剂水溶液都有不同程度的发泡作用，一般阴离子型表面活性剂的发泡性更强，而非离子型表面活性剂的发泡性较弱，特别是在浊点以上使用时。

泡沫表面对污垢有极强的吸附作用，使洗涤的耐久力提高，也可防止污垢在物体表面再沉积。人们总是认为发泡性好的洗涤剂去污能力强，但是很多液体洗涤剂会降低喷射泵的压力，同时还不利于漂洗。因此，在这种场合应使用低泡型的非离子型表面活性剂。

6) 增溶作用及作用机理说明[13]

增溶作用是指表面活性剂有增加难溶性或不溶性物质在水中溶解度的作用。例如，苯在水中的溶解度为 0.09%(体积分数)，若加入表面活性剂(如油酸钠)，苯的溶解度即可增加到 10%。

增溶作用与表面活性剂在水中形成的胶束是分不开的。胶束是表面活性剂分子中的碳氢链因疏水作用而在水溶液中相互靠拢所形成的胶团。胶束内部实际上是液态的碳氢化合物，因此苯、矿物油等不溶于水的非极性有机溶质较易溶解在胶束内。增溶现象是胶束对亲油物质的溶解过程，是表面活性剂的一种特殊作用，因此只有溶液中表面活性剂浓度在临界胶束浓度以上时，即溶液中有较多的大粒胶束时才具有增溶作用，而且胶束体积越大，增溶量越大。

增溶与乳化不同，乳化是一种液相分散到水（或另一液相）中得到的不连续、不稳定的多相体系，而增溶得到的是增溶液与被增溶物处于同一相中的单相均匀稳定体系。有时同一种表面活性剂既有乳化作用又有增溶作用，但只有当它的浓度在临界胶束浓度以上时，才只有增溶作用。

非离子型表面活性剂的临界胶束浓度较低，容易形成胶束，因此非离子型表面活性剂有较好的增溶作用。表面活性剂胶束及增溶作用如图 4-29 所示。洗涤去污过程中常伴有增溶过程，当油性污垢脱离物体表面时，会被增溶到表面活性剂胶束中，从而稳定地分散在水溶液中，因此可以很好地防止物体表面被油污再污染。

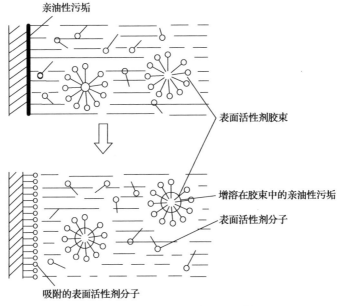

图 4-29　表面活性剂胶束及增溶作用

4.3.2　表面活性剂单体优选

大部分煤粉为疏水性煤粉，润湿性差，液–固界面自由能大，所以润湿剂与煤粉难以形成有效碰撞，液滴难以捕集煤粉，降尘效率低下。其他工业粉尘的润湿性也同样需要测试。因此需要针对不同粉尘和适用范围，选择降尘效果较好的表面活性剂。

根据以上原则和表面活性剂的要求，本实验使用符合环保要求的阴离子型表面活性剂和非离子型表面活性剂两类五种表面活性剂。选用表面活性剂如表 4-8所示。

表 4-8　选用的表面活性剂

化学名称	简称	类型	等级	生产厂家
氧化氢	去离子水	去离子		徐州飞龙化玻仪器有限公司
十二烷基苯磺酸钠	SDBS	阴离子型	化学纯	福晨(天津)化学试剂有限公司
十二烷基硫酸钠	SDS	阴离子型	化学纯	国药集团化学试剂有限公司
烷基糖苷	APG	非离子型	化学纯	临沂市兰山区绿森化工有限公司
脂肪醇聚氧乙烯醚	JFC	非离子型	化学纯	临沂市兰山区绿森化工有限公司
聚乙二醇	PEC	非离子型	化学纯	国药集团化学试剂有限公司

4.3.3　临界胶束浓度的确定

1）测定方法的选择

随着表面活性剂含量的增加，溶液表面张力逐渐减小，直到不再减小保持稳定时的浓度就是临界胶束浓度。此时的溶液表面张力通常用 σ_c 表示。

溶液的物理化学性质会在达到临界胶束浓度时出现明显变化，根据这个原理，可以使用表面张力法测定临界胶束浓度。

2）临界胶束浓度测定结果

临界胶束浓度测定结果见表 4-9。

表 4-9　溶液表面张力随表面活性剂浓度的变化　　　　（单位：mN/m）

表面活性剂	表面张力								
	0%	0.01%	0.02%	0.04%	0.06%	0.08%	0.10%	0.15%	0.20%
SDBS	71.15	58.28	53.1	49.64	46.31	42.64	42.08	42.71	42.4
SDS	71.15	43.56	37.73	36.32	35.66	33.66	33.91	33.63	30.86
APG	71.15	41.26	36.79	31.46	27.4	25.96	25.15	25.2	25.3
JFC	71.15	42.45	37.75	34.81	30.8	29.44	28.3	28.41	27.23
PEC	71.15	65.54	63.4	59.26	58.13	58.81	58.75	59.8	57.41

由图 4-30 可以看出，随着表面活性剂浓度的增大，溶液表面张力不断降低，直到到达一定浓度后趋于稳定。

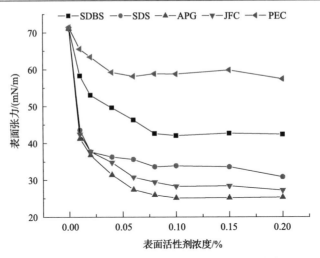

图 4-30　溶液表面张力随表面活性剂浓度的变化

　　以表面张力达到稳定时的表面活性剂浓度作为临界胶束浓度，根据 Taffarel 作图，很容易得到如表 4-10 所示数据。

表 4-10　临界胶束浓度和表面张力

表面活性剂	SDBS	SDS	APG	JFC	PEC
临界胶束浓度/%	0.06	0.04	0.04	0.04	0.04
表面张力 /(mN/m)	42.64	33.66	27.4	30.8	59.26

4.4　煤尘润湿表面活性剂优化

4.4.1　实验试剂的原料选择

　　复合抑尘剂的综合抑尘效果通常由渗透剂、凝并剂、保水剂、其他助剂共同决定。渗透剂就是表面活性剂。使用凝并剂的目的是凝并尘粒，通过抑尘剂与目标尘粒的接触有效实现成膜成壳的作用，强化和保持抑尘效果，但凝并剂会影响抑尘剂的黏度[14, 15]。保水剂的作用是保持水分、抵抗蒸发，让抑尘剂在喷洒前期就能够迅速抑尘。其他助剂的作用则是调节其他次要性能，如 pH、缓蚀性等。

　　所以为了在保证成本适宜、环保高效的基础上，制备出润湿性优秀、黏度低、利于喷洒、保水性能显著的化学抑尘剂，有必要对抑尘剂原料进行基于正交设计的实验研究，从而得到最优的配方方案。

　　1)表面活性剂的选择

　　表面活性剂是抑尘剂最重要的组成部分。如前所述，当选择 APG 作为表面活性剂时，能够满足大部分粉尘对象的需求。

2) 凝并剂和保水剂的选择

（1）凝并剂：聚乙烯醇，为市面上常见的可降解高分子材料。

（2）保水剂：氯化钙，为保水性能最出色的无机盐，同时可兼顾成本。

3) 其他助剂的选择

为了增加抑尘剂的成壳效果，加入了诸如丙三醇、乙二醇、纤维素等辅助成分，从而使抑尘剂的效果更完善。

4.4.2　正交实验原理

正交实验是一种研究多因素实验的设计方法。目的是在保证效果的基础上减少实验组合数，减少实验量。

1. 正交表

正交实验是利用一套现代化表格，科学合理地安排实验。这种方法可以简化实验过程，使多因素实验更容易实施。

2. 具体实验和测试参数

实验需要测试不同方案配置而成的抑尘剂性能，需要测试以下参数。

1) 固化抑尘剂的表面张力测试

抑尘剂的表面张力在一定程度上决定了抑尘剂的润湿能力。

测试方法：使用 DSA 型光学法液滴形态分析系统测试表面张力。该系统可以利用悬滴法记录液体悬滴图像，并测试液滴的表面张力，数据精度高。

为了方便后期数据分析，用相对于去离子水的表面张力减小率来表示表面张力性能：

表面张力减小率=(去离子水表面张力–测得表面张力)/去离子水表面张力×100%

表面张力减小率的数值越大，说明润湿性能越优秀。

2) 固化抑尘剂的黏度测试

抑尘剂的黏度决定了抑尘剂的喷洒效率，黏度如果过高会影响抑尘剂的流动性，增加喷洒难度。从抑尘剂容易使用和推广的角度考虑，抑尘剂的黏度应该尽可能小。

测试方法：将配置好的试样置于 NDJ-8S 型数显黏度计下，仪器自动扫描试样后，根据显示的扫描结果选择合适的转子和转速，即可测得试样黏度。数显黏度计如图 4-31 所示。

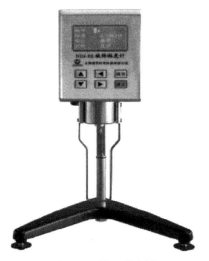

图 4-31　数显黏度计

为了方便后期数据分析，使用相对黏度来表示抑尘剂的黏度性能：

相对黏度=最稠溶液黏度/测得黏度

相对黏度的数值越大，说明试样溶液的黏度越小，更加利于喷洒和使用。

3) 固化抑尘剂的保水性测试

保水性表征抑尘剂喷洒初期的抗蒸发性能，保水性越高则抑尘剂的稳定性越好，能够稳定持久发挥抑尘效果。

测试方法：取配置好的样品置于 70℃的恒温箱中，4h 后测试试样质量。根据测得的恒温前后样品质量计算样品的保水率。恒温箱如图 4-32 所示。

图 4-32　恒温箱

保水率计算方法如下：

$$保水率=加热 4h 后质量/总质量×100\%$$

保水率越高，说明抑尘剂的抗蒸发性能越好，稳定性越高。

4.4.3　正交实验结果

选择化学抑尘制备过程中的表面活性剂百分比(A)、凝并剂百分比(B)和保水剂百分比(C)3 个影响因素，进行正交实验，得到如表 4-11、表 4-12 所示结果。

表 4-11　正交实验因素水平表　　　　　（单位：%）

水平	因素		
	A：表面活性剂 APG	B：凝并剂聚乙烯醇	C：保水剂氯化钙
1	0.5	0.5	10
2	1	1	15
3	1.5	1.5	20
4	2	2	25

表 4-12　正交实验结果表

分组	映射组	表面张力/(mN/m)	黏度/(mPa·s)	保水率/%
1	A1B1C1	52.66	134	94.34
2	A1B2C2	61.81	465	95.13
3	A1B3C3	60.23	1864	96.23
4	A1B4C4	55.46	7204	97.58
5	A2B1C2	49.35	1306	94.26
6	A2B2C1	41.52	912	94.87
7	A2B3C4	50.29	7742	98.1
8	A2B4C3	57.91	3832	96.29
9	A3B1C3	50.8	1384	96.78
10	A3B2C4	50.92	1534	97.91
11	A3B3C1	51.91	623	94.47
12	A3B4C2	43.19	780	95.48
13	A4B1C4	45.51	817	97.91
14	A4B2C3	29.73	3246	96.21
15	A4B3C2	31.97	1173	95.64
16	A4B4C1	36.42	3046	93.8

为了方便后期进行数据分析，对最初的表格数据进行简单处理。分别用表面张力减小率和最稠溶液与溶液的相对黏度来代替表面张力和黏度，见表 4-13。

表 4-13　处理后的正交实验结果表

分组	映射组	表面张力减小率/%	相对黏度/%	保水率/%
1	A1B1C1	25.99	57.78	94.34
2	A1B2C2	13.13	16.65	95.13
3	A1B3C3	15.35	4.15	96.23
4	A1B4C4	22.05	1.07	97.58
5	A2B1C2	30.64	5.93	94.26
6	A2B2C1	41.64	8.49	94.87
7	A2B3C4	29.32	1.00	98.1
8	A2B4C3	18.61	2.02	96.29
9	A3B1C3	28.60	5.59	96.78
10	A3B2C4	28.43	5.05	97.91
11	A3B3C1	27.04	12.43	94.47
12	A3B4C2	39.30	9.93	95.48
13	A4B1C4	36.04	9.48	97.91
14	A4B2C3	58.22	2.39	96.21
15	A4B3C2	55.07	6.60	95.64
16	A4B4C1	48.81	2.54	93.8

1. 影响表面张力的各因素分析

1) 影响表面张力正交实验的极差分析

影响表面张力正交实验的极差分析结果见表 4-14。

表 4-14　影响表面张力正交实验的极差分析结果表　　　　　（单位：%）

水平组数	A：表面活性剂 APG	B：凝并剂聚乙烯醇	C：保水剂氯化钙
K1	76.5200	121.2700	143.4800
K2	120.2100	141.4200	138.1400
K3	123.3700	126.7800	120.7800
K4	198.1400	128.7700	115.8400
k1	19.1300	30.3175	35.8700
k2	30.0525	35.3550	34.5350
k3	30.8425	31.6950	30.1950
k4	49.5350	32.1925	28.9600
极小值	19.1300	30.3175	28.9600
极大值	49.5350	35.3550	35.8700
极差	30.4050	5.0375	6.9100
优选方案	A4	B2	C1

2) 二次回归方程模型解析

使用 DPS 软件进行数据处理,分别用 X_1、X_2、X_3 表示表面活性剂 APG 含量、凝并剂聚乙烯醇含量、保水剂氯化钙含量,用 Y 表示表面张力减小率,可得二次回归模型为

$$Y = 64.9127 + 10.4068X_1 - 40.0582X_2 - 3.4475X_3 + 7.77X_1X_1 - 4.54X_2X_2$$
$$+ 0.001X_3X_3 + 3.738X_1X_2 - 0.2281X_1X_3 + 2.6915X_2X_3 \qquad (4-5)$$

A. 其他因素为零水平时的单因子效应

通过式(4-5)可以得到单因子效应数据,将数据经过 X 轴归一化处理后,可以得到影响表面张力的单因子效应表(表 4-15)。

根据表 4-15,可以得到直观的影响表面张力的单因子效应趋势图,如图 4-33 所示。

图 4-33 表明,随着表面活性剂 APG 的增加,表面张力减小率增大;随着凝并剂聚乙烯醇和保水剂氯化钙的增加,表面张力减小率反而降低,其中凝并剂聚乙烯醇降低的幅度最大。

表 4-15　X轴归一化后影响表面张力的单因子效应表

X_1	Y	X_2	Y	X_3	Y
0.25	72.0586	0.25	43.2486	0.4	30.5377
0.275	72.9869	0.275	40.9574	0.42	28.8242
0.3	73.954	0.3	38.6434	0.44	27.1112
0.325	74.96	0.325	36.3068	0.46	25.3987
0.35	76.0048	0.35	33.9474	0.48	23.6867
0.375	77.0885	0.375	31.5653	0.5	21.9752
0.4	78.211	0.4	29.1606	0.52	20.2642
0.425	79.3723	0.425	26.7331	0.54	18.5537
0.45	80.5726	0.45	24.283	0.56	16.8437
0.475	81.8116	0.475	21.8101	0.58	15.1342
0.5	83.0895	0.5	19.3145	0.6	13.4252
0.525	84.4063	0.525	16.7963	0.62	11.7167
0.55	85.7619	0.55	14.2553	0.64	10.0087
0.575	87.1564	0.575	11.6917	0.66	8.3012
0.6	88.5897	0.6	9.1053	0.68	6.5942
0.625	90.0619	0.625	6.4962	0.7	4.8877
0.65	91.5729	0.65	3.8645	0.72	3.1817

X_1	Y	X_2	Y	X_3	Y
0.675	93.1228	0.675	1.21	0.74	1.4762
0.7	94.7115	0.7	−1.4671	0.76	−0.2288
0.725	96.339	0.725	−4.167	0.78	−1.9333
0.75	98.0055	0.75	−6.8895	0.8	−3.6373
0.775	99.7107	0.775	−9.6348	0.82	−5.3408
0.8	101.4548	0.8	−12.4028	0.84	−7.0438
0.825	103.2378	0.825	−15.1934	0.86	−8.7463
0.85	105.0596	0.85	−18.0068	0.88	−10.4483
0.875	106.9203	0.875	−20.8428	0.9	−12.1498
0.9	108.8198	0.9	−23.7016	0.92	−13.8508
0.925	110.7582	0.925	−26.5831	0.94	−15.5513
0.95	112.7354	0.95	−29.4872	0.96	−17.2513
0.975	114.7514	0.975	−32.4141	0.98	−18.9508
1	116.8064	1	−35.3636	1	−20.6498

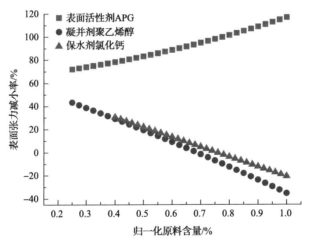

图 4-33　影响表面张力的单因子效应趋势图

B. 双因子交互效应分析

由图 4-34 可知，表面活性剂 APG 含量越高、凝并剂聚乙烯醇含量越低，表面张力减小率越高；表面活性剂 APG 含量越高、保水剂氯化钙含量越低，则表面张力减小率越高；凝并剂聚乙烯醇和保水剂氯化钙含量均最低时，表面张力减小率最高，同时，在凝并剂聚乙烯醇和保水剂氯化钙含量均最高时，表面张力减小率也有良好表现。

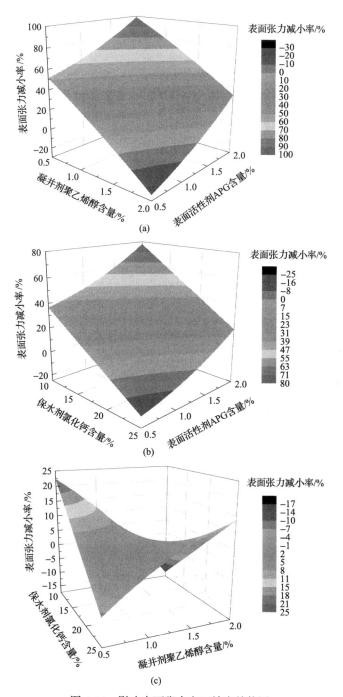

图 4-34 影响表面张力交互效应趋势图

2. 影响黏度的各因素分析

1）影响黏度正交实验的极差分析

影响黏度正交实验的极差分析结果见表4-16。

表 4-16 影响黏度正交实验的极差分析结果表　　　　　　（单位：%）

水平组数	A：表面活性剂 APG	B：凝并剂聚乙烯醇	C：保水剂氯化钙
K1	79.6500	78.7800	81.2400
K2	17.4400	32.5800	39.1100
K3	33.0000	24.1800	14.1500
K4	21.0100	15.5600	16.6000
k1	19.9125	19.6950	20.3100
k2	4.3600	8.1450	9.7775
k3	8.2500	6.0450	3.5375
k4	5.2525	3.8900	4.1500
极小值	4.3600	3.8900	3.5375
极大值	19.9125	19.6950	20.3100
极差	15.5525	15.8050	16.7725
优选方案	A1	B1	C1

2）二次回归方程模型解析

使用 DPS 软件进行数据处理，可得二次回归模型为

$$Y = 184.3495 + 102.7564X_1 - 60.9514X_2 - 9.0766X_3 + 12.555X_1X_1 \\ + 9.395X_2X_2 + 0.1115X_3X_3 + 16.3291X_1X_2 + 2.7399X_1X_3 + 1.1131_2X_3 \quad (4\text{-}6)$$

A. 其他因素为零水平时的单因子效应

通过式(4-6)可以得到单因子效应数据，将数据经过 X 轴归一化处理后，可以得到影响黏度的单因子效应表（表4-17）。

表 4-17 X 轴归一化后影响黏度的单因子效应表

X_1	Y	X_2	Y	X_3	Y
0.25	136.1101	0.25	156.2226	0.4	104.7286
0.275	131.6314	0.275	153.6683	0.42	101.3327
0.3	127.2155	0.3	151.1609	0.44	97.9925

续表

X_1	Y	X_2	Y	X_3	Y
0.325	122.8624	0.325	148.7005	0.46	94.708
0.35	118.572	0.35	146.2871	0.48	91.4793
0.375	114.3445	0.375	143.9207	0.5	88.3062
0.4	110.1797	0.4	141.6013	0.52	85.1889
0.425	106.0776	0.425	139.3288	0.54	82.1273
0.45	102.0384	0.45	137.1033	0.56	79.1215
0.475	98.0619	0.475	134.9247	0.58	76.1713
0.5	94.1482	0.5	132.7932	0.6	73.2769
0.525	90.2973	0.525	130.7086	0.62	70.4382
0.55	86.5091	0.55	128.671	0.64	67.6553
0.575	82.7837	0.575	126.6804	0.66	64.9281
0.6	79.1211	0.6	124.7367	0.68	62.2565
0.625	75.5213	0.625	122.84	0.7	59.6408
0.65	71.9842	0.65	120.9903	0.72	57.0807
0.675	68.5099	0.675	119.1876	0.74	54.5764
0.7	65.0984	0.7	117.4318	0.76	52.1278
0.725	61.7497	0.725	115.7231	0.78	49.7349
0.75	58.4637	0.75	114.0613	0.8	47.3977
0.775	55.2406	0.775	112.4464	0.82	45.1163
0.8	52.0802	0.8	110.8786	0.84	42.8906
0.825	48.9825	0.825	109.3577	0.86	40.7206
0.85	45.9477	0.85	107.8838	0.88	38.6063
0.875	42.9756	0.875	106.4568	0.9	36.5478
0.9	40.0663	0.9	105.0769	0.92	34.545
0.925	37.2198	0.925	103.7439	0.94	32.5979
0.95	34.436	0.95	102.4579	0.96	30.7066
0.975	31.715	0.975	101.2189	0.98	28.8709
1	29.0568	1	100.0268	1	27.091

　　根据表 4-17，可以得到直观的影响黏度的单因子效应趋势图，如图 4-35 所示。

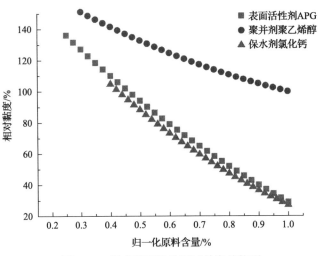

图 4-35   影响黏度的单因子效应趋势图

　　图 4-35 表明，随着表面活性剂 APG、凝并剂聚乙烯醇、保水剂氯化钙的增加，相对黏度均会降低。其中凝并剂聚乙烯醇的降低幅度最小，表面活性剂 APG 和保水剂氯化钙的趋势曲线基本一致。

　　B. 双因子交互效应分析

　　由图 4-36 可知，各情况下的交互效应图规律基本一致，当各成分含量相对最低时，相对黏度较高。其中在表面活性剂 APG 和凝并剂聚乙烯醇含量最低时，相对黏度最高。

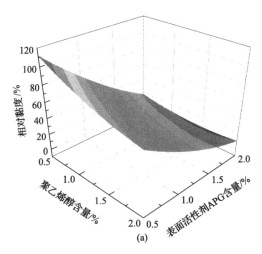

(a)

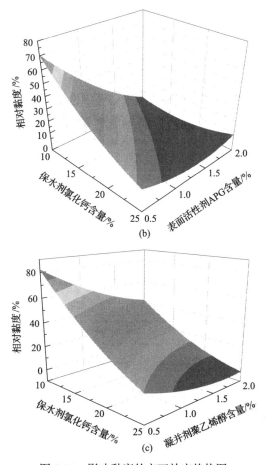

图 4-36　影响黏度的交互效应趋势图

3. 影响保水性的各因素分析

1) 正交实验的极差分析和方差分析

影响保水性的正交实验的极差分析结果见表 4-18。

表 4-18　影响保水性的正交实验的极差分析结果表　　　　　　　　（单位：%）

水平组数	A：表面活性剂 APG	B：凝并剂聚乙烯醇	C：保水剂氯化钙
K1	383.2800	383.2900	377.4800
K2	383.5200	384.1200	380.5100
K3	384.6400	384.4400	385.5100
K4	383.5600	383.1500	391.5000
k1	95.8200	95.8225	94.3700
k2	95.8800	96.0300	95.1275

水平组数	A：表面活性剂 APG	B：凝并剂聚乙烯醇	C：保水剂氯化钙
k3	96.1600	96.1100	96.3775
k4	95.8900	95.7875	97.8750
极小值	95.8200	95.7875	94.3700
极大值	96.1600	96.1100	97.8750
极差	0.3400	0.3225	3.5050
优选方案	A3	B3	C4

2) 二次回归方程模型解析

使用 DPS 软件进行数据处理，可得二次回归模型为

$$Y = 93.7795 + 0.26X_1 + 1.755X_2 - 0.1465X_3 - 0.33X_1X_1 - 0.53X_1X_2 \\ + 0.0074X_3X_3 - 0.3536X_1X_2 + 0.0677X_1X_3 + 0.0178X_2X_3 \tag{4-7}$$

A. 其他因素为零水平时的单因子效应

通过二次回归模型可以得到单因子效应数据，将数据经过 X 轴归一化处理后，可以得到影响保水性的单因子效应表。

根据表 4-19，可以得到直观的影响保水性的单因子效应趋势图，如图 4-37 所示。

表 4-19 **X 轴归一化后影响保水性的单因子效应表**

X_1	Y	X_2	Y	X_3	Y
0.25	93.827	0.25	94.5245	0.4	93.0541
0.275	93.8227	0.275	94.5845	0.42	93.0567
0.3	93.8167	0.3	94.6417	0.44	93.0629
0.325	93.8091	0.325	94.6964	0.46	93.0729
0.35	93.7998	0.35	94.7483	0.48	93.0866
0.375	93.7889	0.375	94.7977	0.5	93.104
0.4	93.7763	0.4	94.8443	0.52	93.1251
0.425	93.7621	0.425	94.8884	0.54	93.1498
0.45	93.7462	0.45	94.9297	0.56	93.1783
0.475	93.7287	0.475	94.9685	0.58	93.2105
0.5	93.7095	0.5	95.0045	0.6	93.2464
0.525	93.6887	0.525	95.038	0.62	93.2859
0.55	93.6662	0.55	95.0687	0.64	93.3292
0.575	93.6421	0.575	95.0969	0.66	93.3762
0.6	93.6163	0.6	95.1223	0.68	93.4269

续表

X_1	Y	X_2	Y	X_3	Y
0.625	93.5889	0.625	95.1452	0.7	93.4812
0.65	93.5598	0.65	95.1653	0.72	93.5393
0.675	93.5291	0.675	95.1829	0.74	93.6011
0.7	93.4967	0.7	95.1977	0.76	93.6666
0.725	93.4627	0.725	95.21	0.78	93.7358
0.75	93.427	0.75	95.2195	0.8	93.8086
0.775	93.3897	0.775	95.2265	0.82	93.8852
0.8	93.3507	0.8	95.2307	0.84	93.9655
0.825	93.3101	0.825	95.2324	0.86	94.0495
0.85	93.2678	0.85	95.2313	0.88	94.1371
0.875	93.2239	0.875	95.2277	0.9	94.2285
0.9	93.1783	0.9	95.2213	0.92	94.3236
0.925	93.1311	0.925	95.2124	0.94	94.4224
0.95	93.0822	0.95	95.2007	0.96	94.5249
0.975	93.0317	0.975	95.1865	0.98	94.631
1	92.9795	1	95.1695	1	94.7409

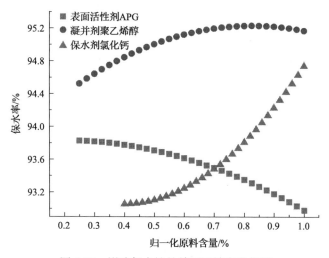

图 4-37　影响保水性的单因子效应趋势图

图 4-37 表明，当表面活性剂 APG 含量增加时，保水率缓慢降低；随着凝并剂聚乙烯醇含量的增加，保水率先增加后降低；随着保水剂氯化钙含量的增加，保水率逐渐增加。

B. 双因子交互效应分析

图 4-38 表明，当凝并剂聚乙烯醇含量在 1.0%～2.0%且表面活性剂 APG 含量小

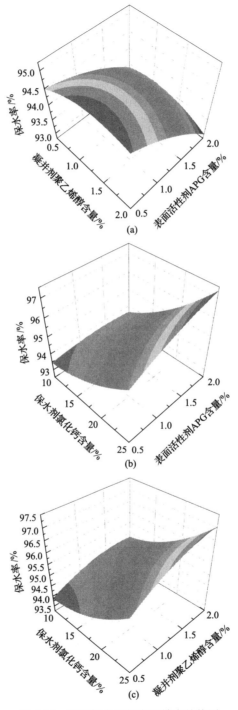

图 4-38　影响保水性的交互效应趋势图

于 0.5%时，保水率最高，凝并剂聚乙烯醇含量变化对保水率的影响极小；表面活性剂 APG 和保水剂氯化钙的组合、凝并剂聚乙烯醇和保水剂氯化钙的组合对保水率均有正面影响。

4.4.4　最优配方的确定

1. 极差分析

通过计算极差，可以确定抑尘剂配方各大因素重要程度的主次顺序。

(1)影响抑尘剂表面张力的实验结果分析：根据极差值由大到小排列为 $R_A > R_C > R_B$，则因素的主次关系为表面活性剂 APG>保水剂氯化钙>凝并剂聚乙烯醇。

(2)影响抑尘剂黏度的实验结果分析：根据极差值由大到小排列为 $R_C > R_B > R_A$，则因素的主次关系为保水剂氯化钙>凝并剂聚乙烯醇>表面活性剂 APG。

(3)影响抑尘剂保水性的实验结果分析：根据极差值由大到小排列为 $R_C > R_A > R_B$，则因素的主次关系为保水剂氯化钙>表面活性剂 APG>凝并剂聚乙烯醇。

通过极差分析可以选取优选方案的配方成分。

从影响表面张力减小率角度分析，对应的实验指标取最大值，优选方案为 A4B2C1。从影响相对黏度角度分析，该数值越大，说明越有利于抑尘剂的喷洒使用效率和推广，对应的实验指标取最大值，优选方案为 A1B1C1。从影响保水率角度分析，对应的实验指标取最大值，优选方案为 A3B3C4。

2. 单因子和双因子效应分析

1)单因子分析

根据正交实验建立回归二次模型后，该模型可以表示各因素与结果的数量关系。针对单因素，令其他因素为零，可以研究单因素对于结果的影响效应。根据单因子效应趋势图，可以确定随着各成分含量变化，各成分对于实验指标的影响方向以及影响程度。

由于模型化后计算了较大范围的变化，实际上部分结果不可能达成，所以在考虑变化趋势时，只需要考虑合理数据范围的趋势即可。

(1)影响抑尘剂表面张力减小率的单因子效应趋势图分析。

表面张力减小率=(去离子水表面张力–测得表面张力)/去离子水表面张力×100%

表面张力减小率的数值越大，说明润湿性能越优秀。

趋势图表明，随着表面活性剂 APG 含量增加，表面张力减小率越大；随着凝并剂聚乙烯醇含量和保水剂氯化钙含量的增加，表面张力减小率反而降低，其中凝并剂聚乙烯醇降低的幅度最大。

(2)影响相对黏度的单因子效应趋势图分析。

相对黏度=最稠溶液黏度/测得黏度。

相对黏度的数值越大，说明试样溶液的黏度越小，更加利于喷洒和使用。但黏度如果过低，则又影响成壳性能，所以必须取得一定的平衡。

趋势图表明，随着表面活性剂 APG、凝并剂聚乙烯醇、保水剂氯化钙含量的增加，相对黏度均会降低。其中凝并剂聚乙烯醇的降低幅度最小，表面活性剂 APG 和保水剂氯化钙的趋势曲线基本一致。

(3)影响保水率的单因子效应趋势图分析。

保水率=加热 4h 后质量/总质量×100%。

保水率越高，说明抑尘剂的抗蒸发性能越好，稳定性越高。

趋势图表明，随着表面活性剂 APG 含量增加，保水率逐渐降低；随着凝并剂聚乙烯醇含量增加，保水率先增后降；随着保水剂氯化钙含量增加，保水率逐渐增加。

2) 双因子交互效应分析

根据正交实验建立回归二次模型后，该模型可以表示各因素与结果的数量关系。针对双因素，令另外一因素为零，可以研究双因子对于结果的影响效应。

(1)影响抑尘剂表面张力减小率的双因子交互效应分析：交互效应图表明，表面活性剂 APG 含量越高、凝并剂聚乙烯醇含量越低，则表面张力减小率越高；表面活性剂 APG 含量越高、保水剂氯化钙含量越低，则表面张力减小率越高；凝并剂聚乙烯醇和保水剂氯化钙含量均最低时，表面张力减小率最高，同时凝并剂聚乙烯醇和保水剂氯化钙含量均最高时，表面张力减小率也有良好表现。

(2)影响相对黏度的双因子交互效应分析：各种情况下的交互效应图规律基本一致，当各成分含量均为最低时，相对黏度较高。其中在表面活性剂 APG 和凝并剂聚乙烯醇含量最低时，相对黏度最高。

(3)影响保水率的双因子交互效应分析：交互效应图表明，当凝并剂聚乙烯醇含量在 1.0%～2.0% 且表面活性剂 APG 含量小于 0.5% 时，保水率最高，凝并剂聚乙烯醇含量变化对保水率的影响极小；表面活性剂 APG 和保水剂氯化钙的组合、凝并剂聚乙烯醇和保水剂氯化钙的组合对保水率均有正面影响。

3. 综合分析

从抑尘剂的表面张力角度考虑，在表面活性剂 APG、凝并剂聚乙烯醇、保水剂氯化钙中，因素的主次关系为表面活性剂 APG＞保水剂氯化钙＞凝并剂聚乙烯醇；根据单因子和双因子效应分析，在合理数据范围内，只有表面活性剂 APG 能够显著降低表面张力，是最重要的成分。所以表面活性剂对表面张力减小率的影响最为显著。

从抑尘剂的黏度角度考虑，在表面活性剂 APG、凝并剂聚乙烯醇、保水剂氯化钙中，因素的主次关系为保水剂氯化钙＞凝并剂聚乙烯醇＞表面活性剂 APG；根据单因子和双因子效应分析，各成分含量增加均会增加抑尘剂黏度（即降低相对黏度），而且表面活性剂 APG 的单因子效应与保水剂氯化钙类似。所以保水剂氯化钙和表面活性剂 APG 对相对黏度影响最为显著。

从抑尘剂的保水性角度考虑，在表面活性剂 APG、凝并剂聚乙烯醇、保水剂氯化钙中，因素的主次关系为保水剂氯化钙＞表面活性剂 APG＞凝并剂聚乙烯醇；根据单因子和双因子效应分析，相比凝并剂聚乙烯醇，表面活性剂 APG 也对保水率产生明显影响。所以保水剂氯化钙和表面活性剂 APG 对保水率的影响最为显著。

综合考虑，各个成分对抑尘剂性能影响的重要程度按顺序排列为：表面活性剂 APG＞保水剂氯化钙＞凝并剂聚乙烯醇。结合趋势图分析以及极差结果分析，最终确定抑尘剂配方为 A3B2C2，即在抑尘剂溶液中，表面活性剂 APG、凝并剂聚乙烯醇、保水剂氯化钙的质量分数比为 3∶2∶30。

4.5　煤尘润湿过程及润湿模型

4.5.1　煤尘润湿过程的直接测定

平衡接触角是指在有限时间内（本书为 14s）球形液滴与粉体表面形成的最小接触角[16, 17]。由于实验压片模拟的是沉积粉尘层，所以在测试时由于渗透完全，可能没有平衡接触角。

DSA 型光学法液滴形态分析系统可以准确观察接触角随时间的变化过程。以图 4-39 为例，图 4-39 为连续拍摄的去离子水、烷基糖苷 APG 溶液对沉积粉尘层渗透润湿的实验图像。根据图 4-39 可以读出每个时间点的接触角数据。

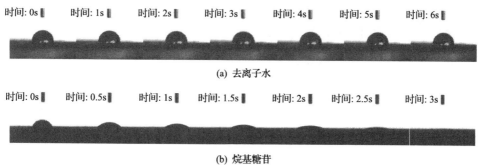

时间: 0s　　时间: 1s　　时间: 2s　　时间: 3s　　时间: 4s　　时间: 5s　　时间: 6s

(a) 去离子水

时间: 0s　时间: 0.5s　时间: 1s　时间: 1.5s　时间: 2s　时间: 2.5s　时间: 3s

(b) 烷基糖苷

图 4-39　接触角随时间变化的 DSA 图像

利用这个方法，分别测试不同表面活性剂在不同沉积粉尘层上的接触角数据。

得到如表 4-20、表 4-21 所示的实验数据。

表 4-20　不同煤粉样品的接触角数据　　　　　　（单位：(°)）

润湿剂	样品									
	华亭煤样		大通煤样		神华煤样		塔山煤样		阳泉煤样	
	θ_0	θ_e	θ_0	θ_e	θ_0	θ_e	θ_0	θ_e	θ_0	θ_e
去离子水	107.9	91.9	62.8	—	91.3	58.7	103.5	94.7	97.4	75.4
0.06%SDBS	79.5	50.5	50.3	—	80	50	94.4	84.3	90	68.7
0.04%SDS	55.7	14.7	42.1	—	47.5	6.5	68.5	22.1	53.9	12.2
0.04%APG	76.9	15.6	47.7	—	66.8	12.5	78.9	27	72.2	17.4
0.04%JFC	47.3	—	32.3	—	49.9	—	54.1	4	39.9	—
0.04%PEC	77.4	37	46.3	—	62.8	19.6	93.1	53	69	23.2

注：θ_0 为初始接触角；θ_e 为平衡接触角。

表 4-21　其他粉尘样品的初始接触角数据与渗透时间

润湿剂	样品					
	石灰粉		石膏粉		水泥粉	
	$\theta_0/(°)$	t_g/min	$\theta_0/(°)$	t_g/min	$\theta_0/(°)$	t_g/min
去离子水	13.1	0.4	12	0.48	7.6	0.4
0.06%SDBS	13.8	0.48	15.2	0.64	7.1	0.56
0.04%SDS	16.3	0.24	9.2	0.8	18.3	0.64
0.04%APG	9.1	0.24	10.8	0.8	20.1	0.64
0.04%JFC	16.5	0.32	13.1	0.96	14.2	0.56
0.04%PEC	10	0.32	12.3	0.56	11.5	0.4

注：t_g 表示渗透时间。

　　根据接触角变化情况以及其他实验数据，可以做出接触角随时间变化的具体趋势图，接触角随时间变化的润湿曲线如图 4-40 所示。

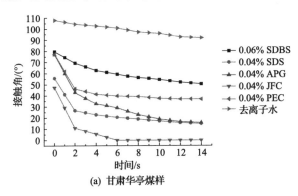

(a) 甘肃华亭煤样

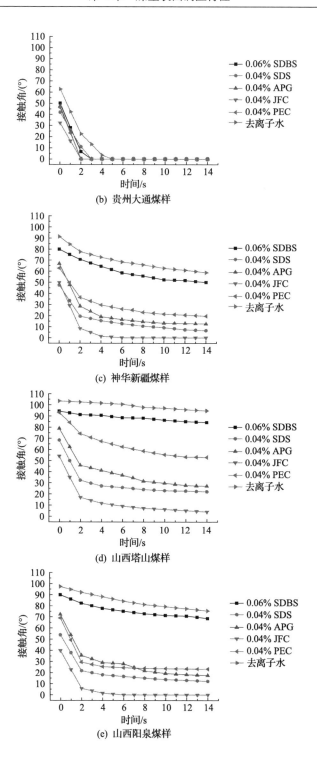

(b) 贵州大通煤样

(c) 神华新疆煤样

(d) 山西塔山煤样

(e) 山西阳泉煤样

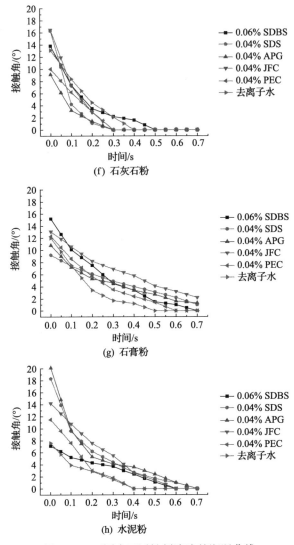

图 4-40　不同表面活性剂溶液的润湿曲线

　　由表 4-20 和表 4-21 可以看出，不同表面活性剂在不同沉积粉尘层上的渗透情况不同：对于沉积煤样粉尘层，大多数情况下，不同表面活性剂形成的接触角随时间推移而逐渐减小，最后保持稳定达到平衡；极少数情况下没有平衡接触角，这是因为煤样亲水性极好或者表面活性剂的润湿效果极好，使得溶液在短时间内完全渗透。对于其他工业粉尘的沉积粉尘层，由于其亲水性极好，在不同表面活性剂溶液情况下均能完全渗透，并且完全渗透时间都小于 1s。

　　由图 4-40 可以看出，不同表面活性剂溶液在不同沉积粉尘层上的润湿曲线不同，特别是不同表面活性剂对润湿起到的效果也不同。对于煤样沉积粉尘层，

APG、SDS 和 JFC 有较好的降低接触角效果，而 SDBS 的润湿效果最差；对于水泥粉，所有表面活性剂都不能明显降低接触角，其中 SDS 和 APG 溶液反而明显增大了接触角。

4.5.2　煤尘润湿过程动力学模型

表面活性剂由亲油基和亲水基两部分组成，决定了其界面性质的特殊性，尤其是在两相和多相体系中起着重要作用[18]。表面活性剂具有降低液体表面张力、增强湿润能力和渗透能力等功能，因此表面活性剂在粉尘防治中得到了广泛的研究和应用[19-21]。

1. 煤尘润湿性动力学模型建立的条件

当水或润湿剂等液体喷洒在煤尘表面上时，会有三种过程相继发生：

(1)第一种过程是在液滴和煤尘的固液界面处形成初始接触角；

(2)第二种过程是接触角形成后，液滴在煤尘表面的扩散；

(3)第三种过程是液滴在煤尘表面扩散的同时，伴随着液滴向煤尘内部的渗透。

这三个过程是建立动力学模型的基础。润湿过程如图 4-41 所示。接触角随时间的变化图像如图 4-42 所示。

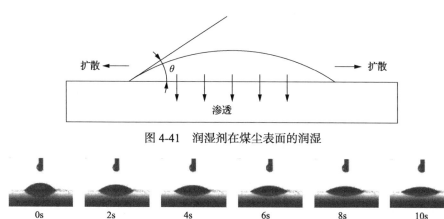

图 4-41　润湿剂在煤尘表面的润湿

图 4-42　接触角随时间的变化图像

从图 4-42 的图像中可以看出接触角随时间的变化过程正如前面所述。

2. 煤尘润湿性动力学模型的建立和分析

杨静[22]根据以上三个过程建立了动力学模型，即假设接触角随时间的变化率为常数时，可得

$$\frac{\mathrm{d}\theta}{\mathrm{d}t} = -K\theta \tag{4-8}$$

在此基础上，本节对该模型进行改进，可得

$$\frac{\mathrm{d}\theta}{\mathrm{d}t} = C \tag{4-9}$$

然而在实验的录像中发现，润湿剂在煤尘表面的润湿过程中，接触角随时间的变化不是常数，而是液滴刚滴落在煤尘表面上时，接触角很大，然后迅速下降，随着时间的推移，下降幅度越来越小，直至达到相对平衡。因此可见，C 随 θ 值的减小而减小，若将其关系表示为函数，则该函数为减函数，于是式(4-9)可改写为

$$\frac{\mathrm{d}\theta}{\mathrm{d}t} = C(\theta) \tag{4-10}$$

假设煤尘在液滴表面的初始接触角为 θ_0，当扩散和渗透速度无限趋于零的时候的接触角成为平衡接触角 θ_e，对于 $C(\theta)$ 应满足：①当 $\theta = \theta_0$ 时，$C(\theta) = C$；②当 $\theta = \theta_e$ 时，$C(\theta) = 0$。所以，可以简单近似地表示为

$$C(\theta) = C\left(1 - \frac{\theta_0 - \theta}{\theta_0 - \theta_e}\right) \tag{4-11}$$

将式(4-11)代入式(4-10)得

$$\frac{\mathrm{d}\theta}{\mathrm{d}t} = C\left(1 - \frac{\theta_0 - \theta}{\theta_0 - \theta_e}\right) \tag{4-12}$$

整理式(4-12)可得

$$\frac{\mathrm{d}\theta}{\mathrm{d}t} = C\left(\frac{\theta - \theta_e}{\theta_0 - \theta_e}\right) \tag{4-13}$$

对式(4-13)进行积分，可知：
(1)当时间无穷大时(相对的)，$\theta = \theta_e$；
(2)当 $\theta \neq \theta_e$ 时，可得

$$\frac{\theta_0 - \theta_e}{C}\ln(\theta - \theta_e) = t + \frac{\theta_0 - \theta_e}{C}\ln(\theta_0 - \theta_e) \tag{4-14}$$

整理后可得煤尘润湿的动力学模型：

$$\theta = \theta_e + \exp\left\{\frac{C}{\theta_0 - \theta_e}\left[t + \frac{\theta_0 - \theta_e}{C}\ln(\theta_0 - \theta_e)\right]\right\}(\theta \neq \theta_e) \tag{4-15}$$

式中，θ 为接触角；θ_0 为初始接触角；θ_e 为平衡接触角；t 为液滴与煤尘的接触时间；C 为接触角变化常数，C 的物理意义为液滴在煤尘表面润湿能力的量度，C 的绝对值越大，则液滴在煤尘表面的润湿性越好，扩散和渗透得越快，也就能越快地达到平衡。

假设 $\theta_0 = 80°$，$\theta_e = 30°$，则图 4-43 为 C 值不同时，θ 随 t 变化的示意图。

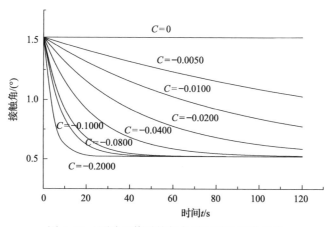

图 4-43　不同 C 值时接触角随时间的变化曲线

从图 4-43 可以看出，当 $C=0$ 时，初始接触角和平衡接触角相等（$\theta_0 = \theta_e$），说明没有扩散和渗透过程发生，随着 C 的绝对值的增大，液滴在煤尘表面的扩散渗透能力增强。

3. 煤尘润湿性动力学模型的实验验证

上一小节已经建立了煤尘润湿性动力学模型，并给出了不同接触角变化常数 C 值对应的接触角随时间的变化曲线。下面通过实验数据验证模型的可行性。

1）去离子水润湿实验对模型的验证

利用德国 KRUSS 公司生产的 DSA100 液滴形态分析系统，拍摄去离子水对煤尘表面润湿的全过程。从连续变化的图像中连续均匀截取 6 幅图片，并计算每个时刻的接触角。然后根据接触角和时间的关系，做出接触角随时间变化的曲线，如图 4-44 所示。

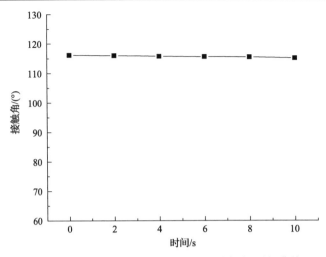

图 4-44　去离子水在煤尘表面润湿的接触角-时间曲线

由图 4-44 可见，去离子水在煤尘上的初始接触角(指 $t=0$ 时的接触角)和平衡接触角(指最终稳定时的接触角)都很大，且变化很小，而且计算的接触角变化常数 C 为–0.0022，非常小，说明水对该煤尘的润湿能力非常差。同时，也验证了煤尘润湿性动力学模型对去离子水是适用的。

2) 表面活性剂溶液润湿实验对模型的验证

利用德国 KRUSS 公司生产的 DSA100 液滴形态分析系统，拍摄了浓度分别为 0.05%、0.2%、0.4%的阴离子型表面活性剂十二烷基硫酸钠 SDS 溶液对煤尘表面润湿的全过程。结果如表 4-22 和图 4-45 所示。

表 4-22　不同浓度的 SDS 溶液在煤尘表面上接触角的变化

浓度		0.05/%	0.2/%	0.4/%
接触角 /(°)	0s	80.77	56.88	54.37
	1s	66.35	43.47	42.43
	2s	61.00	40.24	39.32
	3s	57.64	38.93	37.78
	4s	54.83	38.05	36.87
	5s	53	37.21	36.19
	6s	51.65	36.45	35.55
	7s	50.94	35.78	34.92
	8s	50.24	35.35	34.34
	9s	49.87	35.17	33.97
	10s	49.57	34.92	33.74
C		–0.1695	–0.1138	–0.1112
R^2		0.9817	0.9586	0.9714

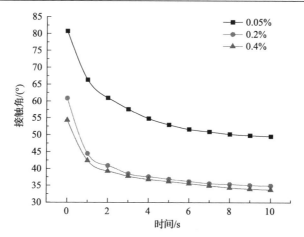

图 4-45　不同浓度的 SDS 溶液在煤尘表面的接触角-时间曲线

从表 4-22 和图 4-45 中可以看出，不同浓度的 SDS 溶液煤尘的接触角随时间的变化是先快速减小，后变得缓慢减小，又趋于平衡的趋势。而且可以看出，SDS溶液对煤尘的润湿性比去离子水好很多，而且随着浓度的增大，SDS 溶液对煤尘的润湿性也增强，但当达到一定浓度时，煤尘润湿的平衡接触角的差距很小。同时，从表 4-22 中可以看出，三种浓度的 SDS 溶液的 R^2 值分别为 0.9817、0.9586、0.9714，这也说明上一小节建立的煤尘润湿性动力学模型对 SDS 溶液是适用的。

4.5.3　煤尘润湿影响因素控制模型

煤尘的物理性质和表面化学性质，均与煤尘润湿性有紧密联系，但过多的表征指标难以准确反映影响煤尘的主要因素。为了分析出不同条件下，影响煤尘润湿性的关键因素，本实验采用 DPS 软件建立煤尘润湿性数学模型。使用 DPS 软件，对上述数据进行逐步线性回归分析，可以得到回归方程式、统计系数等相关参数。

1. 六种表面活性剂对煤尘的润湿模型

影响煤尘润湿性的因素分别表示为：灰分 X_1、固定碳 X_2、挥发分 X_3、碳元素 X_4、铝元素 X_5、硅元素 X_6、$1060\sim1020\mathrm{cm}^{-1}$ 波长吸收透过率 X_7；根据粉尘在去离子水、SDBS、SDS、APG、JFC、PEC 六种活性剂溶液润湿的接触角的试验结果，可得到润湿性与各影响因素的关系为：

1）去离子水对煤尘的润湿模型

去离子水与各煤尘的初始接触角及各因素含量的关系见表 4-23。
对应润湿数学模型为

$$\theta_0 = 73.41 - 5.78X_1 + 13.17X_5 + 1.45X_7 \tag{4-16}$$

表 4-23　去离子水与各煤尘的初始接触角及各因素含量的关系

序号	灰分/%	固定碳/%	挥发分/%	碳元素/%	铝元素/%	硅元素/%	特定波长吸收透过率/%	初始接触角/(°)
1	2.83	55.10	31.97	66.22	0.48	0.44	31.789	107.9
2	20.50	69.19	6.47	56.28	2.82	2.20	49.562	62.8
3	11.44	54.84	30.66	58.48	1.52	1.93	42.261	91.3
4	10.33	53.78	32.96	69.83	1.90	1.36	44.66	103.5
5	7.24	82.99	7.24	68.76	1.55	0.97	30.772	97.4

统计结果见表 4-24。

表 4-24　去离子水对煤尘润湿的统计结果表

因子	直接统计系数	间接统计系数		
		$\to X_1$	$\to X_5$	$\to X_7$
X_1	−2.1207		0.5908	0.5951
X_5	0.6223	−2.0134		0.5493
X_7	0.6726	−1.8763	0.5082	

具体的统计分析如下所述。

(1)X_1(灰分)对 θ_0(去离子水初始接触角)的直接统计系数为−2.1207，表示灰分增加一个标准差单位时，初始接触角会减小 2.1207 个标准差单位；同理可知 X_5、X_7 对初始接触角的影响效果。

(2)通过直接统计系数绝对值比较可知，因素 X_1 对初始接触角大小的作用最重要(灰分；q_1=2.1207)；其次是 X_7(特定波长吸收透过率；q_7=0.6726)；最后是 X_5(铝元素；q_5=0.6223)。

(3)通过间接统计系数分析可知：X_1(灰分)增加会影响 X_5(铝元素)增加，进而使初始接触角增大，但这种效应的效果一般；X_1(灰分)增加也会影响 X_7(特定波长吸收透过率)增加，进而使初始接触角变大，但这种效应的效果一般。X_5(铝元素)增加会影响 X_1(灰分)减小，进而使初始接触角减小，这个效应非常显著；X_5(铝元素)增加会影响 X_7(特定波长吸收透过率)增加，进而使初始接触角增大，但这种效应的效果一般。X_7(特定波长吸收透过率)增加会影响 X_1(灰分)减小，间接使初始接触角减小，效果非常显著；X_7(特定波长吸收透过率)增加会影响 X_5(铝元素)增加，进而使初始接触角增加，但这种效应的效果一般。

(4)综合考虑：在这个模型中，X_1(灰分)含量是影响初始接触角的关键因素，直接影响大，随着灰分增加，初始接触角减小；X_5(铝元素)和 X_7(特定波长吸收透过率)主要通过灰分间接影响初始接触角大小，直接影响小。

统计分析往往内容较多，下面将只对关键信息进行分析。

2) 表面活性剂 SDBS 对煤尘的润湿模型

SDBS 与各煤尘的初始接触角及各因素含量的关系见表 4-25。

表 4-25　SDBS 与各煤尘的初始接触角及各因素含量的关系

序号	灰分/%	固定碳/%	挥发分/%	碳元素/%	铝元素/%	硅元素/%	特定波长吸收透过率/%	初始接触角/(°)
1	2.83	55.10	31.97	66.22	0.48	0.44	31.789	79.5
2	20.50	69.19	6.47	56.28	2.82	2.20	49.562	50.3
3	11.44	54.84	30.66	58.48	1.52	1.93	42.261	80
4	10.33	53.78	32.96	69.83	1.90	1.36	44.66	94.4
5	7.24	82.99	7.24	68.76	1.55	0.97	30.772	90

对应润湿模型为

$$\theta_0 = -258.81 + 3.65X_2 + 4.1X_3 + 10.53X_5 \tag{4-17}$$

统计结果见表 4-26。

表 4-26　SDBS 对煤尘润湿性的统计结果表

因子	直接统计系数	间接统计系数		
		$\to X_2$	$\to X_3$	$\to X_5$
X_2	2.7093		-2.9953	0.1588
X_3	3.2718	-2.4803		-0.2983
X_5	0.5148	0.8356	-1.8958	

具体的统计分析如下所述。

(1)通过直接统计系数绝对值比较可知，X_3(挥发分)对初始接触角的影响最大，其次是 X_2(固定碳)，X_5(铝元素)的直接影响很小。

(2)通过间接统计分析可知，X_2(固定碳)增加会影响 X_3(挥发分含量)减少，进而使初始接触角减小。X_3(挥发分)增加也会影响 X_2(固定碳)减少，进而使初始接触角减小。这个矛盾需要重视。

(3)这个模型中，X_2(固定碳)和 X_3(挥发分)都是影响初始接触角的关键因素，而且它们都可以间接影响对方，使得初始接触角发生显著变化。

3) 表面活性剂 SDS 对煤尘的润湿模型

SDS 与各煤尘的初始接触角及各因素含量的关系见表 4-27。

可得对应润湿模型为

$$\theta_0 = -38.53 + 0.4X_2 + 1.73X_4 + 3.89X_5 \tag{4-18}$$

表 4-27　SDS 与各煤尘的初始接触角及各因素含量的关系

序号	灰分 /%	固定碳 /%	挥发分 /%	碳元素 /%	铝元素 /%	硅元素 /%	特定波长吸收透过率 /%	初始接触角 /(°)
1	2.83	55.10	31.97	66.22	0.48	0.44	31.789	55.7
2	20.50	69.19	6.47	56.28	2.82	2.20	49.562	42.1
3	11.44	54.84	30.66	58.48	1.52	1.93	42.261	47.5
4	10.33	53.78	32.96	69.83	1.90	1.36	44.66	68.5
5	7.24	82.99	7.24	68.76	1.55	0.97	30.772	53.9

统计结果见表 4-28。

表 4-28　SDS 对煤尘润湿性的统计结果表

因子	直接统计系数	间接统计系数		
		$\rightarrow X_2$	$\rightarrow X_4$	$\rightarrow X_5$
X_2	−0.5068		0.0722	0.1013
X_4	1.0708	−0.0342		−0.1575
X_5	0.3284	−0.1563	−0.5135	

具体的统计分析如下所述。

(1)通过直接统计系数绝对值比较可知：X_4(碳元素)对初始接触角的影响最大，其次是 X_2(固定碳)，X_5(铝元素)的直接影响最小。

(2)通过间接统计分析可知：X_2(固定碳)增加会影响 X_4(碳元素)增加，进而使初始接触角增大。X_5(铝元素)增加间接影响 X_4(碳元素)减少，进而影响初始接触角减小。

4)表面活性剂 APG 对煤尘的润湿模型

APG 与各煤尘的初始接触角及各因素含量的关系见表 4-29。

表 4-29　APG 与各煤尘的初始接触角及各因素含量的关系

序号	灰分 /%	固定碳 /%	挥发分 /%	碳元素 /%	铝元素 /%	硅元素 /%	特定波长吸收透过率 /%	初始接触角 /(°)
1	2.83	55.10	31.97	66.22	0.48	0.44	31.789	76.9
2	20.50	69.19	6.47	56.28	2.82	2.20	49.562	47.7
3	11.44	54.84	30.66	58.48	1.52	1.93	42.261	66.8
4	10.33	53.78	32.96	69.83	1.90	1.36	44.66	78.9
5	7.24	82.99	7.24	68.76	1.55	0.97	30.772	72.2

对应润湿模型为

$$\theta_0 = -4.69 - 0.58X_1 + 0.33X_3 + 1.13X_4 \tag{4-19}$$

统计结果见表 4-30。

表 4-30　APG 对煤尘润湿性的统计结果表

因子	直接统计系数	间接统计系数		
		$\to X_1$	$\to X_3$	$\to X_4$
X_1	−0.3009		−0.1800	−0.3992
X_3	0.3636	0.1490		0.1438
X_4	0.5534	0.2170	0.0944	

具体的统计分析如下所述。

(1) 通过直接统计系数绝对值比较可知：X_4 (碳元素) 对初始接触角的影响最大，X_1 (灰分) 和 X_3 (挥发分) 的直接影响略小于 X_4 (碳元素)。

(2) 通过间接统计分析可知：X_1 (灰分) 增加会影响 X_4 (表面碳元素含量) 减少，进而使初始接触角减小。X_3 (挥发分) 增加会影响 X_4 (碳元素) 增加，进而使初始接触角增大。

5) 表面活性剂 JFC 对煤尘的润湿模型

JFC 与各煤尘的初始接触角及各因素含量的关系见表 4-31。

表 4-31　JFC 与各煤尘的初始接触角及各因素含量的关系

序号	灰分 /%	固定碳 /%	挥发分 /%	碳元素 /%	铝元素 /%	硅元素 /%	特定波长吸收透过率 /%	初始接触角 /(°)
1	2.83	55.10	31.97	66.22	0.48	0.44	31.789	47.3
2	20.50	69.19	6.47	56.28	2.82	2.20	49.562	32.3
3	11.44	54.84	30.66	58.48	1.52	1.93	42.261	49.9
4	10.33	53.78	32.96	69.83	1.90	1.36	44.66	54.1
5	7.24	82.99	7.24	68.76	1.55	0.97	30.772	39.9

对应润湿模型为

$$\theta_0 = -51.71 + 0.89 X_2 + 1.5 X_3 + 4.57 X_5 \tag{4-20}$$

统计结果见表 4-32。

表 4-32　JFC 对煤尘润湿性的统计结果表

因子	直接统计系数	间接统计系数		
		$\to X_2$	$\to X_3$	$\to X_5$
X_2	1.3107		−2.1781	0.1372
X_3	2.3792	−1.1999		−0.2577
X_5	0.4448	0.4042	−1.3786	

具体的统计分析如下所述。

(1)通过直接统计系数绝对值比较可知：X_3(挥发分)对初始接触角的影响最大，其次是 X_2(固定碳)，X_5(铝元素)对初始接触角的影响最小。

(2)通过间接统计分析可知：X_2(固定碳)增加会影响 X_3(挥发分含量)减少，进而使初始接触角减小。X_5(铝元素)增加会影响 X_3(挥发分含量)减少，进而使初始接触角减小。

6)表面活性剂 PEC 对煤尘的润湿模型

PEC 与各煤尘的初始接触角及各因素含量的关系见表 4-33。

表 4-33　PEC 与各煤尘的初始接触角及各因素含量的关系

序号	灰分/%	固定碳/%	挥发分/%	碳元素/%	铝元素/%	硅元素/%	特定波长吸收透过率/%	初始接触角/(°)
1	2.83	55.10	31.97	66.22	0.48	0.44	31.789	77.4
2	20.50	69.19	6.47	56.28	2.82	2.20	49.562	46.3
3	11.44	54.84	30.66	58.48	1.52	1.93	42.261	62.8
4	10.33	53.78	32.96	69.83	1.90	1.36	44.66	93.1
5	7.24	82.99	7.24	68.76	1.55	0.97	30.772	69

对应润湿模型为

$$\theta_0 = -81.7 + 0.68X_2 + 2.94X_4 + 4.61X_6 \tag{4-21}$$

统计结果见表 4-34。

表 4-34　PEC 对煤尘润湿性的统计结果表

因子	直接统计系数	间接统计系数		
		$\rightarrow X_2$	$\rightarrow X_4$	$\rightarrow X_6$
X_2	−0.4986		0.0704	0.0000
X_4	1.0436	−0.0336		−0.1459
X_6	0.1892	0.0000	−0.8050	

具体的统计分析如下所述。

(1)通过直接统计系数绝对值比较可知：X_4(碳元素)对初始接触角的影响最大，其次是 X_2(固定碳)，X_6(硅元素)对初始接触角的影响最小。

(2)通过间接统计分析可知：X_2(固定碳)增加会影响 X_4(碳元素)增加，进而使初始接触角增大。X_6(硅元素)增加会影响 X_4(表面碳元素含量)减少，进而使初始接触角减小。

2. 六种表面活性剂对其他工业粉尘的润湿模型

影响其他典型工业粉尘润湿性的因素包括：碳元素 X_1、铝元素 X_2、硅元素 X_3、钙元素 X_4、特征粒径 X_5；根据煤尘与去离子水、SDBS、SDS、APG、JFC、PEC 六种表面活性剂溶液润湿初始接触角的试验结果，可得到其润湿性与影响因素的关系如下所述。

1）去离子水对其他工业粉尘的润湿模型

去离子水与其他工业粉尘的初始接触角及各因素含量的关系见表 4-35。

表 4-35　去离子水与其他工业粉尘的初始接触角及各因素含量的关系

序号	碳元素/%	铝元素/%	硅元素/%	钙元素/%	特征粒径/μm	初始接触角/(°)
1	46.2	0.25	0.07	11.94	13.66	13.1
2	22.39	0.16	0.07	16.7	8.52	12
3	18.96	0.86	1.83	10.43	3.19	7.6

可得对应润湿数学模型为

$$\theta_0 = 12.74 - 2.81X_3 \tag{4-22}$$

统计分析：硅元素含量对初始接触角有重要影响，随着硅元素含量的增加，初始接触角减小。

2）SDBS 对其他工业粉尘的润湿模型

SDBS 与其他工业粉尘的初始接触角及各因素含量的关系见表 4-36。

表 4-36　SDBS 与其他工业粉尘的初始接触角及各因素含量的关系

序号	碳元素/%	铝元素/%	硅元素/%	钙元素/%	特征粒径/μm	初始接触角/(°)
1	46.2	0.25	0.07	11.94	13.66	13.8
2	22.39	0.16	0.07	16.7	8.52	15.2
3	18.96	0.86	1.83	10.43	3.19	7.1

对应润湿数学模型为

$$\theta_0 = 16.84 - 11.36X_2 \tag{4-23}$$

统计分析：铝元素含量对初始接触角有重要影响。随着铝元素含量的增加，初始接触角减小。

3）SDS 对其他粉尘的润湿模型

SDS 与其他工业粉尘的初始接触角及各因素含量的关系见表 4-37。

表 4-37　SDS 与其他工业粉尘的初始接触角及各因素含量的关系

序号	碳元素/%	铝元素/%	硅元素/%	钙元素/%	特征粒径/μm	初始接触角/(°)
1	46.2	0.25	0.07	11.94	13.66	16.3
2	22.39	0.16	0.07	16.7	8.52	9.2
3	18.96	0.86	1.83	10.43	3.19	18.3

对应润湿数学模型为

$$\theta_0 = 33.63 - 1.46X_4 \tag{4-24}$$

统计分析：钙元素含量对初始接触角有重要影响。随着钙元素含量的增加，初始接触角减小。

4）APG 对其他粉尘的润湿模型

APG 与其他工业粉尘的初始接触角及各因素含量的关系见表 4-38。

表 4-38　APG 与其他工业粉尘的初始接触角及各因素含量的关系

序号	碳元素/%	铝元素/%	硅元素/%	钙元素/%	特征粒径/μm	初始接触角/(°)
1	46.2	0.25	0.07	11.94	13.66	9.1
2	22.39	0.16	0.07	16.7	8.52	10.8
3	18.96	0.86	1.83	10.43	3.19	20.1

对应润湿数学模型为

$$\theta_0 = 9.55 + 5.77X_3 \tag{4-25}$$

统计分析：硅元素含量对初始接触角有重要影响。随着硅元素含量的增加，初始接触角减小。

5）JFC 对其他粉尘的润湿模型

JFC 与其他工业粉尘的初始接触角及各因素含量的关系见表 4-39。

表 4-39　JFC 与其他工业粉尘的初始接触角及各因素含量的关系

序号	碳元素/%	铝元素/%	硅元素/%	钙元素/%	特征粒径/μm	初始接触角/(°)
1	46.2	0.25	0.07	11.94	13.66	16.5
2	22.39	0.16	0.07	16.7	8.52	13.1
3	18.96	0.86	1.83	10.43	3.19	14.2

对应润湿数学模型为

$$\theta_0 = 11.51 + 0.11X_1 \tag{4-26}$$

统计分析：碳元素含量对初始接触角有重要影响。随着碳元素含量的增加，初始接触角整体上也增大。

6) PEC 对其他粉尘的润湿模型

PEC 与其他工业粉尘的初始角及各因素含量的关系见表 4-40。

表 4-40　PEC 与其他工业粉尘的初始接触角及各因素含量的关系

序号	碳元素/%	铝元素/%	硅元素/%	钙元素/%	特征粒径/μm	初始接触角/(°)
1	46.2	0.25	0.07	11.94	13.66	10
2	22.39	0.16	0.07	16.7	8.52	12.3
3	18.96	0.86	1.83	10.43	3.19	11.5

对应润湿数学模型为

$$\theta_0 = 13.32 - 0.07 X_1 \tag{4-27}$$

统计分析：碳元素含量对初始接触角有重要影响。随着碳元素含量的增加，初始接触角整体上减小，但减小幅度几乎可以忽略。

通过润湿模型可知，影响煤尘的关键因素有灰分、固定碳、挥发分、碳元素、铝元素、硅元素、$1060 \sim 1020 \text{cm}^{-1}$ 波长吸收透过率；影响石灰粉、石膏粉、水泥粉的关键因素有碳元素、铝元素、硅元素、钙元素和特征粒径。煤尘分别在去离子水、SDBS、SDS、APG、JFC、PEC 六种表面活性剂下表现出的最强影响因素分别是灰分、挥发分、碳元素、碳元素、挥发分、碳元素。其他工业粉尘在去离子水、SDBS、SDS、APG、JFC、PEC 六种表面活性剂下表现出的最强影响因素分别是硅元素、铝元素、钙元素、硅元素、碳元素、碳元素。

3. 多元线性回归分析及影响润湿性的主要因素

煤尘的物理化学特性与润湿性有着紧密的联系，并且表征的指标有很多。考虑多个参数对同一结果的影响，宜采用多元线性回归方法进行分析，优选出最具影响的几个参数，建立煤尘的主要影响参数与润湿性的多元线性回归模型。

1) 多元线性回归分析

A. 多元线性回归模型的建立

回归分析方法即根据相互影响、相互关联的两个或多个因素（又称为变量）的实测或调查资料，由不确定的函数关系建立数学模型，确定参数，从而建立函数关系的过程[23]。而将回归分析用于预测和研究未来，寻找待测对象与影响因素之间的数学关系，并采用数学模型予以表达，然后通过确定未来影响因素，间接导出待测数据的过程，称为回归分析预测方法[24]。多元线性回归分析模型的表达式为[25]

$$Y = \beta_0 + \beta_1 X_1 + \beta_2 X_2 + \cdots + \beta_k X_k \tag{4-28}$$

式中，β_0 为回归常数；β_1、β_2、β_k 为回归系数；X_1、X_2、$\cdots$、X_k 为影响因子。

式(4-28)中的回归常数和回归系数可以通过样本的数据分析求得。

B. 多元线性回归分析的步骤

多元线性回归分析有以下几个主要步骤:

第一步,根据研究的目的和内容确定被解释变量和解释变量,即变量的选择问题。正确选择分析变量是得出正确结论的前提和基础。

第二步,模型的设定。模型的设定是根据研究的现象,依据相应的理论加以确定的。

第三步,参数估计。

第四步,模型的检验和修正。当模型中的参数估计出来以后,模型基本就建立了。但是模型建立得好坏还需对模型本身及其参数做必要的检验。常用的检验有统计检验(如拟合优度检验、回归模型线性 F 检验、参数的 t 检验等)以及残差图检验。

第五步,模型的运用。

C. SPSS 软件简介

SPSS 是英文社会科学统计软件包(statistical package for the social science, SPSS),广泛应用于经济学、社会学、生物学、教育学、心理学、医学以及体育、工业、农业、林业、商业和金融等各个领域。SPSS 的基本功能包括数据管理、统计分析、图表分析、输出管理等。SPSS 统计分析过程包括描述性统计、均值比较、一般线性模型、相关分析、回归分析、对数线性模型、聚类分析、数据简化、生存分析、时间序列分析、多重响应等几大类,每类又分为多个统计过程,而且每个过程中又允许用户选择不同的方法及参数。SPSS 也有专门的绘图系统,可以根据数据绘制各种图形。

当模型中包含的变量较多且有不重要的变量时,要对变量进行筛选,变量选择是否恰当是选择最佳模型的关键。选择变量个数过多,计算量必然很大,并且会引起分析精度下降;选择变量个数过少,会引起信息丢失。在实际工作中,变量选择法有全模型法、消去(elimination)法、向前(forward)引进变量法、向后(backward)剔除变量法和逐步(stepwise)回归法。

a. 全模型法

全模型法是把用户指定的变量全部引入回归方程中,不管变量在回归模型中的作用是否显著,当对反映研究对象特征的变量认识比较全时可以选择此法。

b. 消去法

消去法是建立回归方程时,根据设定的条件剔除部分自变量。

c. 向前引入变量法

向前引入变量法是根据一定的判据,先引进一个作用显著的变量,然后在余下变量中再引进作用最显著的变量，依次类推，直到没有显著变量为止。

d. 向后剔除变量法

向后剔除变量法与向前引入变量法完全相反。它是把所有的用户指定的 m 个变量建立一个全模型，然后根据各变量的显著性，将最不显著的变量剔除出模型，建立因变量 y 与剩下的 $m-1$ 个变量的回归方程，依次类推，直到模型中的每个变量的作用都显著为止。

e. 逐步回归法

逐步回归法的基本思想是：先将作用最显著的变量引进模型，在此基础上引进模型作用最显著的第二个变量，引进变量后立即对原来引进的变量进行显著性检验，及时剔除不显著变量，然后再考虑引进新的变量，依次类推，直至不能在模型中引进变量又不能从模型中剔除变量为止。

以上几种方法中，全模型法虽然简单，但看不出变量之间的内在关系，不利于进一步研究和探讨。消去法的设定条件带有一定的主观性。向前引入变量法计算量虽少，但变量之间可能有相关关系，计算初期引入的变量当时是显著的，但随着其他变量的引入，就有可能使初期引入的变量由显著变为不显著，因此用此法得到的模型未必最佳。同样向后剔除变量法也可能由于变量之间的相关关系，当被剔除的变量较多时，可能使本来显著的变量也被剔除掉。逐步回归法是向前引入变量法和向后剔除变量法的综合运用，它既吸收了这两个方法的优点又克服了它们的不足，是一种较理想的选模方法。

本书选用的是逐步回归法。

2) 影响润湿性的主要因素

用数学统计软件中的多元逐步回归法对煤尘的润湿接触角与煤尘的灰分、挥发分、水分、固定碳以及粒度分形维数值 D 和表面分形维数值 D_s 等参数(参数关系如表 4-40 所示)进行逐步回归分析，分析计算结果见表 4-41～表 4-46。

表 4-41　接触角与各参数的关系表

接触角/(°)	水分含量/%	灰分含量/%	挥发分含量/%	固定碳含量/%	粒度分形维数	表面分形维数
115.34	5.26	46.74	36.12	11.88	1.9686	2.4962
111.63	4.75	45.88	37.71	11.66	1.5857	2.4533
115.6	4.52	44.61	39.06	11.82	1.1218	2.4328
77.4	6.48	16.41	76.18	0.95	2.1381	2.5541
71.4	7.61	16.12	75.37	0.91	2.2529	2.5342
78.8	10.48	15.35	73.3	0.88	2.2464	2.5271
78	12.99	11.34	73.66	2.03	1.8527	2.5857
62.1	16.45	9.99	71.99	1.57	1.2986	2.5357
66	24.61	9.18	64.6	1.61	1.0726	2.5112

表 4-42　进入模型的变量说明(变量进入/变量删除 [a])

变量进入	变量删除	方法
灰分含量/%	·	逐步回归法(标准: F-进入 ≥ 3.840, F-删除 ≤ 2.710)

注: 模型中 a 所用的变量为接触角; F 表示两个均方的比值。

表 4-43　模型总体参数表(模型概要 [b])

R	R^2	调整后 R^2	误差
0.979[a]	0.959	0.953	4.71752

注: a 表示灰分含量; b 表示接触角。

表 4-44　回归方差分析(analysis of variance[b])表

模型	平方和	d_f	均方差	F	Sig.
回归	3611.705	1	3611.705	162.287	0.000
剩余	155.785	7	22.255		
总共	3767.490	8			

注: b 表示接触角; Sig.表示回归方差的显著性; d_f 表示自由度。

表 4-45　回归系数(regression coefficient[b])及显著性检验表

模型	非标准回归系数 B	标准差	标准回归系数 β	t	Sig.
常数	55.495	2.881		19.260	0.000
灰分含量/%	1.284	0.101	0.979	12.739	0.000

注: b 表示接触角; t 表示逐个检验各自变量; Sig.表示回归方差的显著性。

表 4-46　剩余变量(surplus variable[b])的参数值

模型	β	t	Sig.	偏相关	共线性统计容差
水分含量/%	−0.044[a]	−0.376	0.720	−0.152	0.485
挥发分含量/%	0.071[a]	0.272	0.795	0.110	0.101
固定碳含量/%	0.073[a]	0.194	0.852	0.079	0.049
粒度分形维数	0.035[a]	0.425	0.685	0.171	0.985
表面分形维数	0.128[a]	0.966	0.371	0.367	0.341

注: a 表示灰分含量, %; b 表示接触角。

表 4-42 说明了因变量和自变量以及自变量进入方程的方式, 此处选择的进入方式即上面所说的逐步回归法。

从表 4-43 中可以看出, 相关系数 R 为 0.979, 说明因变量和自变量之间有比较好的相关性, 决定性系数 R^2 为 0.959(R^2 反映出总体回归效果, 越接近于 1 越好），即在因变量的变化中有 95.9%可由自变量的变化来解释。

表 4-44 是使用方差分析对整个回归方程进行显著性检验，其中 $F=162.287$，Sig.$=0.000$，差异具有显著性意义，即此回归方程有必要成立。

表 4-45 是对回归系数及显著性检验的计算结果。说明如下：表 4-45 中，常数项 t 的显著性概率为 $0.000<0.05$，表示常数项与 0.000 有显著性差异，常数项应该出现在回归方程中。灰分含量 t 的显著性概率为 $0.00<0.05$，表示灰分含量的系数与 0.000 有显著性差异，灰分含量应作为解释变量出现在回归方程中。

从表 4-46 中可以看出，水分含量、挥发分含量、固定碳含量、粒度分形维数和表面分形维数的 t 的显著性概率均大于 0.05，表示他们均与 0.000 没有显著性差异，表明这些量都不能作为解释变量出现在回归方程中。

所以，通过以上的数据分析可以得出最佳的回归方程：

$$\theta_0 = 55.495 + 1.284\,(\text{灰分含量}) \tag{4-29}$$

4.6 本 章 小 结

本章系统分析了煤尘表面理化结构对去离子水及不同表面活性剂、不同浓度下溶液的润湿特性，考察了煤尘粒度、物质组成、理化结构对溶液接触角的影响规律，阐述了不同表面活性剂对润湿性改善的作用机理，通过正交实验获得了表面活性剂的优选及其添加浓度。以此为基础，构建了煤尘润湿过程及其润湿动力学模型，分析了影响煤尘润湿关键因素的控制机制。研究结果对于表面活性剂的优选及煤尘润湿性的改善具有重要意义。

参 考 文 献

[1] 吴超, 古德生. Na$_2$SO$_4$ 改善阴离子表面活性剂湿润煤尘性能的研究[J]. 安全与环境学报, 2001, 1(2): 45-49.

[2] 王振华. 煤尘润湿及吸附特性的研究[D]. 青岛: 山东科技大学, 2008.

[3] 刘大中, 王锦. 物理吸附与化学吸附[J]. 齐鲁工业大学学报(自然科学版), 1999, (2): 22-25.

[4] 顾惕人. 表面活性剂在固液界面上的吸附理论[J]. 化学通报, 1990, (9): 1-8.

[5] 辛嵩, 齐晓峰, 陈兴波, 等. 难润湿疏水性煤尘润湿性研究[J]. 煤炭工程, 2015, 47(5): 112-114.

[6] 邹乐强. 最小二乘法原理及其简单应用[J]. 科技信息, 2010, 2(23): 282-283.

[7] 侯海云. 表面活性剂物理化学基础[M]. 西安: 西安交通大学出版社, 2014.

[8] 谭婷婷, 郝姗姗, 赵莉, 等. 表面活性剂的性能与应用(XIV)——表面活性剂的润湿作用及其应用[J]. 日用化学工业, 2015, 45(2): 72-75, 89.

[9] 李淑君, 崔艳霞. 表面活性剂的乳化作用及工业应用[J]. 安阳师范学院学报, 2000, (2): 112-113.

[10] 张利丹, 赵莉, 韩富, 等. 表面活性剂的性能与应用(XV)——表面活性剂的洗涤作用及其应用[J]. 日用化学工业, 2015, 45(3): 132-136.

[11] 卢毅屏, 陈志友, 冯其明, 等. 表面活性剂对微细滑石的分散作用[J]. 中南大学学报(自然科学版), 2006, 37(1): 16-19.

[12] 刘常旭, 钟显, 杨旭. 表面活性剂发泡体系的实验室研究[J]. 精细石油化工进展, 2007, 8(1): 7-10.

[13] 董雯娟, 赵保卫, 蒋兵, 等. 阴-非混合表面活性剂对 DNAPLs 的增溶作用[J]. 安全与环境学报, 2007, 7(2): 24-28.

[14] 胡树军, 李利, 王远. 露天矿采场路面抑尘剂研制及性能表征[J]. 金属矿山, 2013, 42(1): 129-133.

[15] 杨连利, 李仲谨, 邓娟利. 保水剂的研究进展及发展新动向[J]. 材料导报, 2005, 19(6): 42-44.

[16] 付万军, 解兴智, 梁春豪. 煤水平衡接触角的影响因素研究[J]. 煤炭科学技术, 2002, 30(2): 58-59.

[17] 傅贵, 张英华, 邹得志. 煤与纯水间平衡接触角的测量与分析[J]. 煤炭转化, 1997, (4): 60-62.

[18] 李少章. 对表面活性剂在煤炭上应用及其作用原理的探讨[J]. 日用化学品科学, 1999, (4): 38-40.

[19] 杜巧云. 表面活性剂基础及应用[M]. 北京: 中国石化出版社, 1996.

[20] 王培义, 徐宝财, 王军. 表面活性剂: 合成·性能·应用[M]. 北京: 化学工业出版社, 2012.

[21] 张天胜. 表面活性剂应用技术[M]. 北京: 化学工业出版社, 2001.

[22] 杨静. 煤尘的润湿机理研究[D]. 青岛: 山东科技大学, 2008.

[23] 中国科学院. 回归分析方法[M]. 北京: 科学出版社, 1974.

[24] 茆诗松, 王静龙, 濮晓龙. 高等数理统计: 第2版[M]. 北京: 高等教育出版社, 2006.

[25] 陈盛双, 谷亭亭. 概率论与数理统计[M]. 武汉: 武汉理工大学出版社, 2010.

第 5 章　低温条件下煤尘的绝热自热特性

煤是一种燃料，由于煤尘粒度小、比表面积大，具有较强的气固耦合吸附能力，煤长期与空气接触，会吸附氧气而发生氧化反应，并放出热量，从而使煤温升高，又加速了煤的氧化反应速度，当煤温超过煤的自燃点时，则会发生自燃灾害。煤自燃是一个复杂的物理化学过程，是煤在空气中发生氧化作用而自发燃烧的现象，是物理、化学共同作用的结果。因此，本章研究了煤的自热升温过程及产物的释放规律，研究结果对于深入认识煤自燃机理及煤自燃灾害的防治具有重要的实际意义。

5.1　绝热自热反应测试装置及方法

5.1.1　绝热自热测试原理

当样品煤样被放置在绝热反应器内时，热量损失最小，绝热反应器被放置在绝热箱或油浴中，干燥或潮湿的氧气与空气在绝热箱预热后通过绝热反应器，箱内温度被自动控制小于绝热反应器中煤样自热氧化升温的温度，以达到热量损失最小的目的。这种方法被用来直接测定低温自热氧化过程和氧化速率[1, 2]。

5.1.2　绝热自热测试装置

绝热低温自热氧化试验装置组成如图 5-1 所示，主要由绝热反应器、气体质量流量控制器、程序升温控制器、计算机等构成。绝热反应器是由真空绝热材料制作的，内部安装精密铂电阻感温元件，测量煤样温度(图 5-2)[3]。

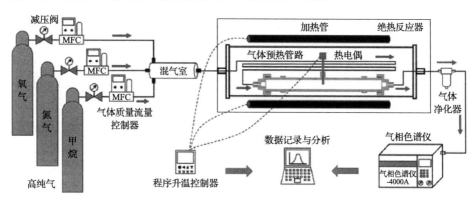

图 5-1　绝热低温自热氧化试验装置示意图

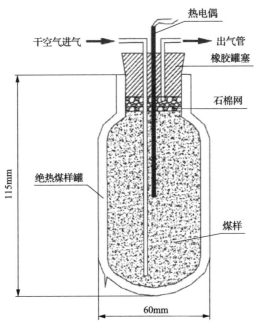

图 5-2　绝热反应器结构示意图

　　气体质量流量控制器具有控制气体流量稳定、测量精度高的特点。程序升温控制器的温度控制有三种方式：①恒温，炉温保持在计算机设定温度，控温精度高(±0.1℃)；②程序升温，炉温可按照一定升温速率程序自动升温；③跟踪控制，炉温始终跟踪绝热反应器内煤样的温度变化，维持绝热反应器的绝热环境，炉箱内温度被自动控制小于绝热反应器的煤样自热氧化升温的温度，以达到热量损失最小的目的。供气系统使用高压储气瓶储存高压干燥氮气或空气，气体通过减压阀、进气管进入气体质量流量控制器，再经过 16m 长的铜管在炉箱内预热进入绝热反应器。

5.2　煤尘绝热自热温升特性

5.2.1　煤低温氧化交叉点温度及反应活化能

　　1. 煤低温氧化交差点定义

　　将可燃物颗粒样品装入一个立方形或等圆柱形的容器中，然后把容器放入具有循环气流的炉膛中加热；试验时，炉膛内保持很强的循环气流，使样品四周具有很强的对流从而使样品边界的温度与炉温相同；炉膛内温度以一定的速率上升，样品初始温度低于炉膛温度，在传递的热量及自身反应放出的热量的作用下煤样温度也开始升高；在某时刻，样品中心的温度与炉膛温度相等，在温度-时间图上表现为样品温度曲线与炉膛温度曲线出现交叉点，如图 5-3 所示，此时的温度即交叉点温度（crossing point temperature，CPT）。这种测试交叉点温度的方法叫作交叉点法，该方法被印度、土耳其用作测试煤氧化能力强弱的一种方法[4]。Banerjee[5]对大量印度煤样进行测试后认为交叉点温度在 120℃~140℃的煤自燃倾向性最高，交叉点温度在 160℃以上的煤自燃倾向性很低，交叉点温度在 140~160℃的煤具有中等自燃倾向性。

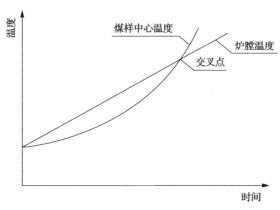

图 5-3　交叉点温度示意图

2. 煤低温氧化反应活化能

热平衡方程适用于煤样罐中与环境（炉膛）温度相交阶段的样品：

$$q_0 = c\sigma \left[\frac{dT}{dt}\right]_0 = Q\sigma A \exp\left(\frac{-E}{RT_0}\right) \tag{5-1}$$

式中，q_0 为试样在炉膛温度环境下氧化产生热量的速率；T 为样本温度，由温度轨迹直接测量，K；t 为时间，s；c 为煤样材料的热容，J/(kg·K)；σ 为样品的容重，kg/m^3；A 为指前因子，s^{-1}；E 为活化能，J/mol；Q 为外热性，J/kg；R 为摩尔气体常数，取 8.314J/(K·mol)；$\left[\dfrac{dT}{dt}\right]_0$ 为温度轨迹的斜率；T_0 为环境温度。

重新整理方程（5-1）得

$$\ln\left[\frac{dT}{dt}\right]_0 = \ln\left(\frac{QA}{c}\right) - \left(\frac{E}{RT_0}\right) \tag{5-2}$$

很明显，在 $\ln[dT/dt]_0$ -$1/T_0$ 图中可根据斜率和截距求解出 E 和 A。通过煤尘绝热实验以获得不同阶段的温升数据并绘制温升曲线从而计算煤自燃过程的活化能，如图 5-4 所示。

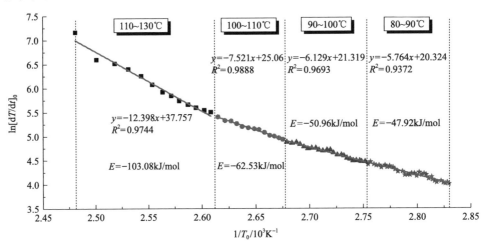

图 5-4　典型煤尘自热升温过程活化能计算

绝热实验过程中，煤样与氧气接触后发生物理吸附和化学吸附过程，其中化学吸附过程涉及煤样与氧气之间的化学反应。煤样与氧气之间发生反应后释放热量并在煤样中积聚导致煤样温度不断升高。从图 5-4 中可以看出，整个绝热实验过程中，煤样与氧气之间的化学反应自发进行。随着温度的升高，煤样自燃过程所需的活化能不断降低，且均为负值，说明煤样在绝热实验过程中，其内部活性结构与氧气之间反应所需的能量不断降低，升温速率不断增加，直至发生自燃。

5.2.2　典型煤低温自热氧化特性

煤尘在自燃过程中，其自身反应放出的热量受氧气浓度影响较大，通过控制实验过程中供风流氧气浓度，研究氧气浓度对煤尘温升过程的影响，如图 5-5 所示。煤体表面具有一定数量的吸附位点，氧气浓度的高低决定了煤尘自燃环境中煤氧之间的接触面积，从而影响煤与氧气之间复合反应的强度。从图 5-5(a) 中可以看出，随着氧气浓度的升高，煤样的交叉点温度不断下降，在相同实验环境加热条件下，更高的氧气浓度使得单位时间内有更多氧气分子能够与煤样反应，从而生成更多的热量。从图 5-5(b) 中也能看出，煤尘自燃过程放热可分为缓慢氧化、快速升温和稳定放热三个阶段。在缓慢氧化阶段，煤与氧气之间反应速率较慢，氧气浓度对升温过程影响不明显；当煤氧反应进入快速升温阶段后，煤样将大量消耗氧气，氧气浓度较低环境下由于供氧不足，煤样升温速率较低，影响煤样升温。

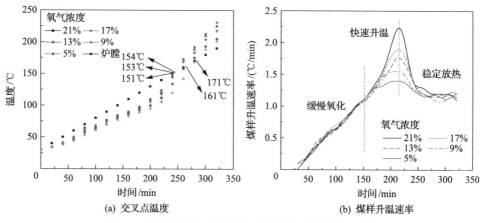

(a) 交叉点温度　　　　　　　　　　(b) 煤样升温速率

图 5-5　典型煤尘自热过程交叉点温度及煤样升温速率

除了氧气浓度外，煤样粒径大小对其自燃也存在较大影响。筛分煤样粒度为 5～10 目（1.70～4.00mm）、10～20 目（0.83～1.70mm）、20～40 目（0.38～0.83mm）、40～80 目（0.18～0.38mm），在相同条件下进行交叉点温度测试，对比不同粒度煤样温升变化规律，如图 5-6 所示。堆积煤尘与氧气反应过程中，单位质量的小粒径煤样与氧气之间具有更大的接触面积，并且小粒径煤样受热更为均匀，反应产生的热量能够更快速地传导至整个煤样，因此小粒径煤样与氧气之间反应放热也更为剧烈。从图 5-6(a) 中可以看出，不同粒径煤样的升温过程规律基本一致，但是在交叉点温度之前，小粒径煤样的温度与炉温之差就略高于大粒径煤样，说明小粒径煤样受热更为充分且导热更快，而煤温超过交叉点温度后，粒径对煤样升温过程的影响则更为显著，小粒径煤样温度迅速超过炉温，而后趋于平稳；相反，大粒径煤样温度升温过程始终滞后于小粒径煤样。

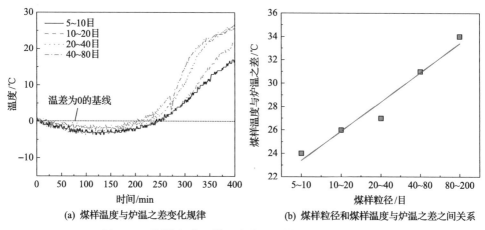

(a) 煤样温度与炉温之差变化规律　　　(b) 煤样粒径和煤样温度与炉温之差之间关系

图 5-6　不同粒径典型煤尘自热过程煤样温度与炉温之差

5.2.3 煤低温氧化反应的影响因素

1. 工业分析的影响

经线性拟合(图 5-7～图 5-9)可以看出，随着挥发分含量 V_{daf} 的增加，交叉点温度逐渐下降，二者具有较强的负相关关系；随着固定碳含量 FC_{ad} 的增加，交叉点温度呈现上升的趋势，二者具有较强的正相关关系；随着镜质组反射率 $R_{o,max}$ 的增加，交叉点温度也呈现一定的上升趋势，但相关性较前两者要弱。工业分析结果也反映出煤样的变质程度，通常情况下低阶煤挥发分含量更高，同时固定碳含量较低，因此，低变质程度煤样的交叉点温度更低，在相同环境下更易发生自燃。

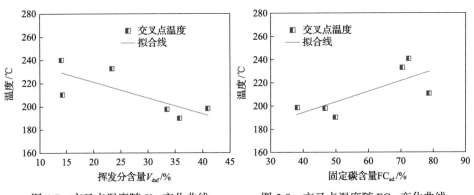

图 5-7　交叉点温度随 V_{daf} 变化曲线　　　　图 5-8　交叉点温度随 FC_{ad} 变化曲线

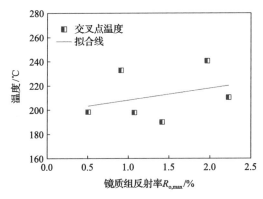

图 5-9　交叉点温度随 $R_{o,max}$ 变化曲线

2. 孔隙结构的影响

不同煤样的孔隙结构参数如图 5-10 所示，孔隙结构对煤样交叉点温度的影响如图 5-11 及图 5-12 所示。由图 5-11 可知，随着比表面积的增加，交叉点温度先急剧下降，当比表面积大于 3m²/g 时，交叉点温度趋于平稳；类似地，随着比孔容积的增加，交叉点温度先急剧下降，当比孔容积大于 0.15cc[①]/g 时，交叉点温度趋于平稳（表 5-12）。

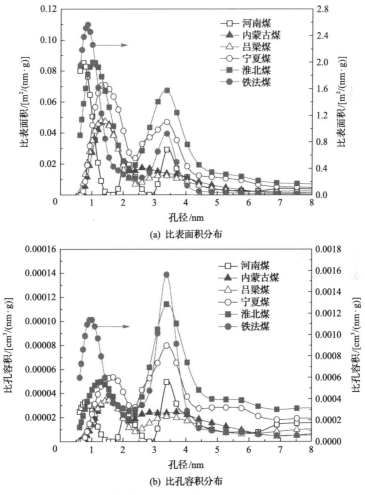

(a) 比表面积分布

(b) 比孔容积分布

图 5-10　不同煤样的孔隙结构参数

图中箭头所指曲线对应右侧坐标轴，其余曲线对应左侧坐标轴

① 1cc=1cm³。

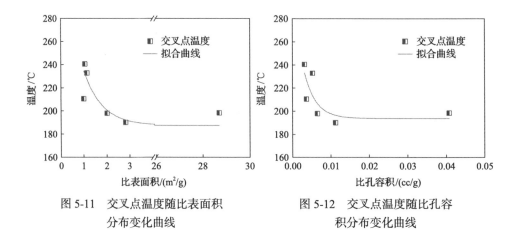

图 5-11　交叉点温度随比表面积　　　　　图 5-12　交叉点温度随比孔容
　　　　　分布变化曲线　　　　　　　　　　　　　　积分布变化曲线

3. 化学结构的影响

　　目前用于研究测试煤中基团分布特征的技术主要包括傅里叶红外光谱及核磁共振的 H^1 和 C^{13}。而傅里叶红外光谱以其操作简单、实验成本低的特点成了煤中基团分布定性化分析的主要技术手段。在红外漫反射基础上发展起来的原位红外测试技术，利用可控升温及气体环境的原位反应池(图 5-13)，可实现煤热解和燃烧实验过程与红外漫反射测试同步进行，能够准确得到煤中基团在不同气氛条件下热解和燃烧过程中的实时变化规律。

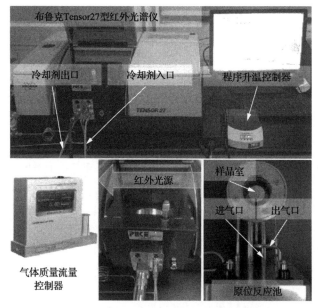

图 5-13　原位红外测试系统及漫反射附件

　　通过程序升温控制器和气体质量流量控制器,模拟煤尘自燃环境条件,分析煤自燃及热解过程中受气氛条件影响导致化学结构变化的规律。实验获得的三维红外谱图是由多条红外谱图按照测试时间顺序依次排序累加而成的结果,测试过程中由于反应池温度的上升和持续时间较长,测试出煤样的红外谱图会出现不同程度的基线偏移情况,随着时间的推移红外谱图基线整体偏大,因此为了准确获得煤中各基团的变化规律,需要对测试所得的原始煤结构红外谱图逐一进行基线校正,使谱图基线保持在同一水平上,再绘制三维红外谱图。图 5-14 为三种不同变质程度煤样在干燥空气和氮气条件下自燃过程的三维红外谱图。

　　在 2000cm^{-1} 波数以上范围的吸收峰主要是由脂肪族中 C—H 振动和羟基振动引起的,而在 2000cm^{-1} 波数以下范围的吸收峰则主要由各种含氧官能团所导致的,如醛基、羧基和酮羰基 C=O 以及含芳香族结构的 C—O—C 振动等,因为煤样在含氧环境下受热,除了其本身会发生热解反应外,脂肪族侧链断裂生成烃类气体,

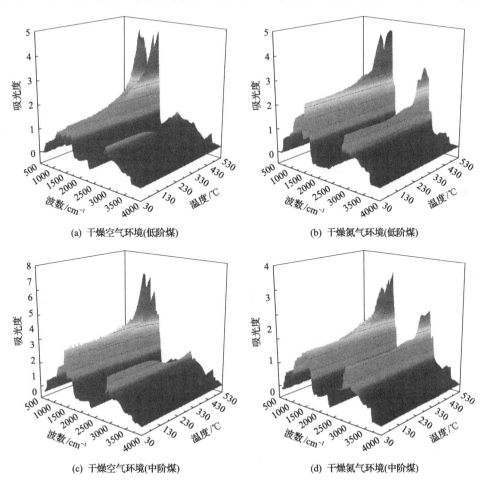

(a) 干燥空气环境(低阶煤)   (b) 干燥氮气环境(低阶煤)

(c) 干燥空气环境(中阶煤)   (d) 干燥氮气环境(中阶煤)

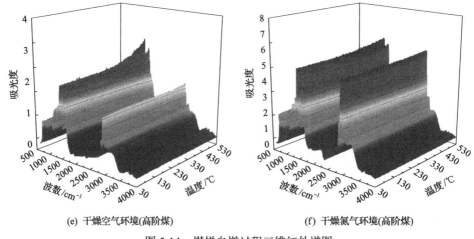

(e) 干燥空气环境(高阶煤)　　　　　　　　(f) 干燥氮气环境(高阶煤)

图 5-14　煤样自燃过程三维红外谱图

还与氧原子相结合生成新的含氧官能团，使得羟基的吸光度降低。对比高阶无烟煤，在整个升温过程中其红外谱图的变化不明显，主要集中在 $1000\sim2000cm^{-1}$ 波数范围内在高温条件时出现的小幅度谱峰上升。实验结束后观察原位反应池中的煤样，发现煤样残留物受氧气浓度和煤样变质程度影响出现不同程度变化，氧气浓度较高时，样品杯中煤样转变为灰白色的残留物，为煤样在样品杯中发生燃烧后剩余的无机矿物成分，说明煤样在有氧条件下发生了自燃。

实验测试直接获得的红外谱图常常是多个特定官能团吸收峰相互重叠在一起形成的，在谱图处理过程中，单一吸收峰很难定性和定量分析某个特定的化学结构，因此需要对实验测得的红外谱图进行分峰拟合处理，通过多次拟合最终得到多个吸收峰叠加而成的拟合曲线，完成实验测试红外谱图的分峰拟合处理，获得特定吸收峰的参数数据。图 5-15 为煤样在常温下测试所得原始谱图曲线拟合结果。基于拟合结果计算出的煤样结构特征参数见表 5-1。

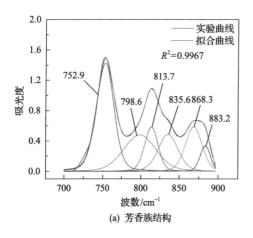

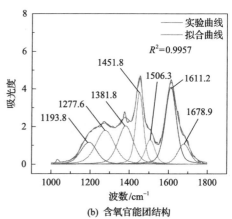

(a) 芳香族结构　　　　　　　　　　　　(b) 含氧官能团结构

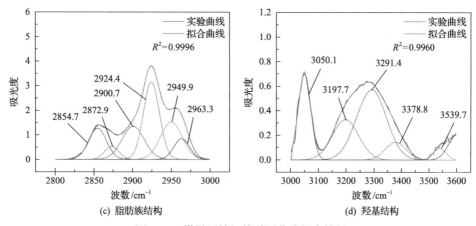

图 5-15　煤样原始红外谱图曲线拟合结果

表 5-1　煤样结构特征参数

煤样	I	DOC	CH_2/CH_3	"C"
大佛寺矿(低阶煤)	0.32	0.17	2.77	0.52
张双楼矿(中阶煤)	0.29	0.19	1.32	0.47
古汉山矿(高阶煤)	0.49	0.37	3.79	0.22

　　表 5-1 中,煤样结构特征参数 I 表示芳香族结构面外弯曲变形与脂肪族结构 C—H 拉伸振动的面积之比,特征参数 DOC 表示煤样芳香度的大小,特征参数 I 与参数 DOC 变化趋势相一致,说明高阶煤具有更高的芳香度。特征参数 CH_2/CH_3 表示煤样脂肪族链的长度或脂肪族侧链的分支程度,煤化过程中脂肪族链逐渐断裂收缩成大分子结构,如芳香环等,亚甲基侧链逐渐减少的同时甲基基团增加,煤的变质程度增大。含氧官能团结构参数"C"通常被用来描述煤化程度,随着变质程度的增大,煤中活性含氧官能团的比例逐渐减小。因此,对于高阶无烟煤,以稳定的芳香族结构为主,在升温过程中表现出较好的稳定性;相反,低阶烟煤具有较多的活性含氧官能团结构、脂肪族侧链和较少的芳香族结构,在与氧气反应的过程中,氧原子与煤中活性基团相结合生成碳氧化物并结合为新的含氧官能团,发生煤的自燃。

5.3　煤尘绝热自热产气特性

5.3.1　典型煤尘自热气体的逸出特性

　　从图 5-16 中可以看出,除铁法煤样外,CH_4 气体在 150℃率先析出,随后 C_2H_4、C_2H_6、C_3H_8 等析出,在 300℃时,析出的气体以 CH_4、CO、CO_2 为主,同时全部煤样的氧气含量均随着温度的升高而降低。煤中 CO 在 60℃ 以前率先析出，随后 CO_2、CH_4、C_2H_4、C_2H_6、C_3H_8 等析出，烷烯烃中碳原子数量越多，其产生时间越滞后，生成量越少，同时析出气体中氧气含量随着温度的升高而降低，在 200℃ 后氧气几乎完全被消耗。

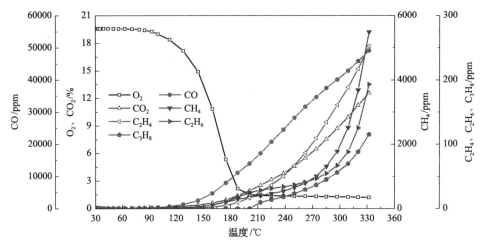

图 5-16　煤低温氧化过程中产生的气态产物

$1ppm=10^{-6}$

煤尘通常在不同氧气浓度的环境条件下发生自燃，释放出氧化气体产物。通过气体质量流量控制器配置氧气浓度为 5%、9%、13%、17% 和 21% 的混合气体，以煤自燃氧化产物作为研究对象，分析不同氧气浓度混合气体对其生成规律的影响。表 5-2 为不同氧气浓度条件下氧化产物的初始生成温度。

表 5-2　不同氧气浓度条件下氧化产物的初始生成温度　　　（单位：℃）

氧化产物	0%	5%	9%	13%	17%	21%
CO	70	70	60	60	60	50
C_2H_4	180	170	160	130	115	100
C_2H_6	155	145	130	100	90	80
C_3H_8	295	290	285	270	245	210

从表 5-2 中可以看出，煤自燃氧化产物的初始生成温度受氧气浓度影响较大，尤其是烷、烯烃气体，如 C_2H_4 等，氧气浓度越低，氧化产物的初始生成温度越高。对比之下，氧气浓度对 CO 初始生成温度的影响要小于 C_2H_4，氧气浓度从 21% 降至 5% 的过程中，CO 的初始生成温度从 50℃ 上升到 70℃，而 C_2H_4 的初始生成温度从 100℃ 上升到 170℃，由此可见氧气浓度的降低会抑制煤的自燃，同时如果按

照新鲜风流条件下煤自燃指标气体生成规律与温度的关系来预测煤自燃进程，会造成延迟预报，贻误自燃防治的最佳时机。对于煤尘自燃全过程，其气体逸出受氧气浓度影响变化规律如图 5-17 所示。

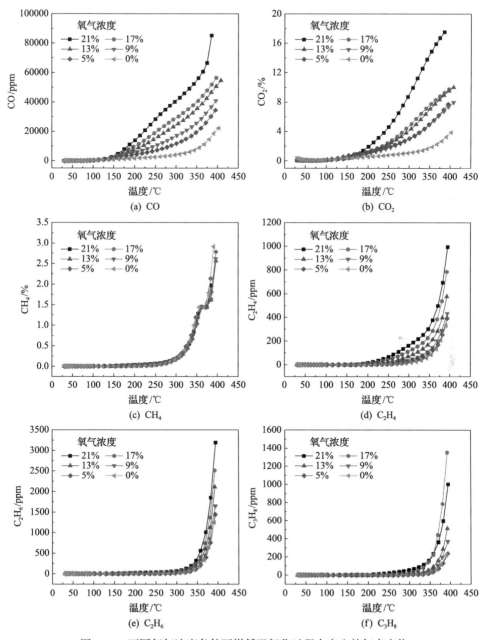

图 5-17　不同氧气浓度条件下煤低温氧化过程中产生的气态产物

1. 碳氧化物 CO 和 CO_2

从图 5-17(a)中可以看出,在不同的氧气浓度和无氧环境下,煤样在受热过程中产生了大量的碳氧化物气体产物。作为煤自燃过程常用的指标性气体,CO 在低温氧化阶段便开始少量产生。在不同的氧气浓度和无氧环境下,煤样均在 60～70℃开始产生 CO,并且在 90℃前 CO 产生量没有明显差异。而从图 5-17(b)中也可以看出,随着温度的升高,气体解吸导致 CO_2 浓度在 90℃前逐渐降低,而后随着氧化过程的进行与 CO 生成量呈现相似规律。说明在煤的低温氧化初期,煤与被煤吸收的氧气发生缓慢的氧化反应产生热量,导致煤发生热解反应,产生少量CO 等气体,说明这一阶段没有剧烈的化学反应,主要是煤体蓄热过程,煤体在低温氧化阶段自身会发生热分解,这是产生 CO 指标气体的一个主要原因。当氧化温度超过 90℃后,不同氧气浓度条件下的 CO 生成量开始表现出差异性,氧气浓度越高,对应 CO 和 CO_2 生成量越大,在煤温超过 200℃后,碳氧化物生成量与煤温呈线性增长关系。同时,在无氧环境下,煤样中心温度超过 380℃后,大量的 CO 和 CO_2 也会从煤体中释放出来。说明高温条件下,除了煤体与氧气发生氧化反应产生气体外,自身热分解逸出的气体产物也占很大比例。

2. 烷烯烃类气体

从图 5-17(c)中可以看出,低温氧化阶段和高温反应早期,煤样气体产物中几乎没有检测出 CH_4,但是当煤样中心温度超过 300℃后,煤样罐出气口处 CH_4 浓度开始迅速上升,而当煤温超过 380℃后,CH_4 浓度急剧增加。同时对比不同氧气浓度和无氧条件下 CH_4 生成量变化趋势,发现 CH_4 生成量与氧气浓度无明显关系,即使在无氧条件下也会产生大量的 CH_4,通过原位红外测试结果分析发现,这可能是由于煤中芳香烃 C═C 在煤温超过 300℃后发生热分解产生。煤中 C_2H_4、C_2H_6 和 C_3H_8 气体受氧气浓度影响生成规律与 CH_4 较为相似,C_2H_6 是产生最多的烷烯烃类气体,在正常空气条件下 80℃时即会产生,而 C_2H_4 则在 100℃时开始产生,C_3H_8 生成温度最高,在 210℃时才开始产生,但是与 CH_4 生成规律有所不同的是这三种烷烯烃类气体的生成受氧气浓度影响,其生成温度会逐渐升高。

5.3.2 煤尘自热指标气体的确定

1. 指标气体条件

(1)灵敏性,即正常大气不含有(天然本底值低)或虽含有但数量很少且比较稳定,一旦发生煤尘自热或可燃物燃烧,该种气体浓度便发生比较明显的变化。

(2)规律性,即生成量或变化趋势与自热温度之间呈现一定的规律和对应关系。

(3)稳定性。水溶度低，不易氧化、不易分解。

(4)可测性。可利用现有的仪器进行监测。

(5)释放和采样方便、来源方便。容易制取、成本低。

(6)安全性。无色无臭、无毒。

2. 常用指标气体

目前我国煤矿所用的气体监测设备为气相色谱仪，主要监测氧气、氮气、一氧化碳、二氧化碳、甲烷、乙烷、丙烷、乙烯、乙炔 9 种气体。

在煤尘自热过程中，根据各种气体的相对产生量和采用的方法(微量分析和常量分析)，可将其划分为以下 3 类。

(1)第一类常量分析的气体：氧气和氮气。

(2)第二类微量分析的气体：一氧化碳、乙烷、丙烷、乙烯、乙炔。

(3)第三类微量分析或常量分析的气体：二氧化碳和甲烷。

在煤尘自热过程中，根据各种气体指标的产生原因，可将其分为以下两类。

(1)第一类氧化气体(与煤氧复合和煤温有关)：一氧化碳和二氧化碳。

(2)第二类热解气体(与煤温有关)：甲烷、乙烷、丙烷、乙烯、乙炔。

通过上述划分，除选用各种单一气体指标作为判定煤自燃程度的表征参数外，还可选用一氧化碳/二氧化碳、甲烷/乙烷、丙烷/乙烷、乙烯/乙烷等气体的比值作为判定煤自燃程度的表征参数。

主要产煤国家预报煤尘自热的指标气体及预报指标见表 5-3。

表 5-3 主要产煤国家预报煤尘自热的指标气体及预报指标[6]

国家	指标气体及预测指标
中国	CO、C_2H_4、I_{CO} 等
苏联	CO、C_2H_4/C_2H_2、烟等
联邦德国	CO、I_{CO}、烟等
日本	CO、C_2H_4/CH_4、I_{CO}、C_2H_4 等
英国	CO、I_{CO}、C_2H_4、烟等
美国	CO、I_{CO}、C_2H_4、烟等

注：I_{CO}表示流经火源或自热源风流中一氧化碳浓度增加量与氧气浓度减少量之比。

1)一氧化碳

一氧化碳生成温度低，生成量大，其生成量随温度升高呈指数规律增加，是预报煤炭自燃火灾的较灵敏的指标之一。正常情况下，若大气中含有一氧化碳，且采用一氧化碳作为指标气体时，要确定预报的临界值。确定临界值时一般要考虑以下因素：

（1）各采样地点在正常情况下风流中一氧化碳的本底浓度；

（2）确定临界值时所对应的煤温适当，即留有充分的时间寻找和处理自热源。

应该指出的是，应用一氧化碳作为指标气体预报自然发火时，要同时满足以下两点：①一氧化碳浓度或绝对值要大于临界值；②一氧化碳的浓度或绝对值要有稳定增加的趋势。

2）Graham 系数 I_{CO}

Graham 提出了用流经火源或自热源风流中一氧化碳浓度增加量与氧气浓度减少量之比作为自然发火的早期预测指标，其计算式如下：

$$I_{CO} = \frac{100C_{CO}}{\Delta C_{O_2}} = \frac{100C_{CO}}{0.265C_{N_2} - C_{O_2}} \tag{5-3}$$

式中，C_{CO}、C_{O_2}、C_{N_2} 为回风侧采样点气样中的一氧化碳、氧气和氮气的体积浓度，%。

如果进风侧气样中氧氮之比不是 0.265，则应计算出进风侧氧氮浓度之比替代 0.265。

图 5-18 为 Graham 系数 I_{CO} 与煤温和氧化速度的关系曲线。由图 5-18 可知，I_{CO} 曲线的斜率在氧化速度小时较大，所以此阶段较为灵敏。当氧化速度增加（接近明火）时，其斜率减小。其原因是二氧化碳生成量大于一氧化碳生成量。

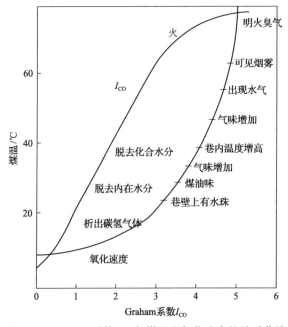

图 5-18　Graham 系数 I_{CO} 与煤温和氧化速度的关系曲线

3) 乙烯

实验发现，煤温升高到 80～120℃后，会解吸出乙烯、丙烯等烯烃类气体产物，而这些气体的生成量与煤温呈指数关系。一般矿井的大气是不含乙烯的，因此，只要井下空气中监测出乙烯，则说明已有煤炭在自燃。同时根据乙烯和丙烯出现的时间还可推测出煤的自热温度。

4) 其他指标气体

国外有的煤矿采用烯炔比(乙烯/乙炔)和链烷比(乙烷/甲烷)来预测煤的自热与自燃。

煤中热解的产物与煤的种类有密切关系，因此选择指标气体时一定要在实验的基础上进行，而且采用多种指标气体配合预报较为合适。

5.4　本章小结

本章研究了低温条件下煤尘的绝热自热特性，阐述了绝热自热测试原理、煤低温氧化交叉点温度确定及反应活化能的确定方法。通过对典型煤样绝热自热氧化测试分析，探讨了自热煤尘的温升特性以及煤氧化反应过程中煤的工业分析、孔隙结构、化学结构的演化规律。确定了煤尘氧化过程中气态产物的逸出特性。以此为基础，探讨了煤尘自热指标气体的确定方法。

参 考 文 献

[1] Ren T X, Edwards J S, Clarke D. Adiabatic oxidation study on the propensity of pulverised coals to spontaneous combustion[J]. Fuel, 1999, 78(14): 1611-1620.

[2] Gouws M J, Gibbon G J, Wade L, et al. An adiabatic apparatus to establish the spontaneous combustion propensity of coal[J]. Mining Science & Technology, 1991, 13(3): 417-422.

[3] 戴广龙, 王德明, 陆伟, 等. 煤的绝热低温自热氧化试验研究[J]. 辽宁工程技术大学学报, 2005, 24(4): 485-488.

[4] 仲晓星. 煤自燃倾向性的氧化动力学测试方法研究[D]. 徐州: 中国矿业大学, 2008.

[5] Banerjee S C. Spontaneous Combustion of Coal and Mine Fires[M]. Rotterdam: Balkema, 1985.

[6] 程卫民. 矿井通风与安全[M]. 北京: 煤炭工业出版社, 2016.

第6章 慢速升温条件下煤尘的燃烧特性

煤是一种复杂的矿物质，因此煤的燃烧过程是包括热解、挥发分及焦炭的燃烧在内的一个复杂的结构转变的过程。热分析技术是一种在程序温度控制下研究材料的各种转变和反应以及各种材料热分解过程与反应动力学等问题的十分重要的分析测试方法。因此，本章采用热分析系统研究煤在程控升温条件下的热反应过程、特征温度及其反应动力学参数，对于确定煤质组成、热解及燃烧反应的动力学过程与参数将具有极其重要的意义。

6.1 热分析技术及方法

1977 年在日本京都召开的国际热分析协会(International Conference on Thermal Analysis, ICTA)第七次会议对热分析的定义如下：热分析是在程控升温条件下，测量物质的物理性质与温度之间关系的一类技术。最常用的热分析方法包括差(示)热分析(DTA)、热重法(TG)、微商热重法(DTG)、差示扫描量热法(DSC)、热机械分析(TMA)和动态热机械分析(DMA)等。热分析技术在物理、化学、化工、冶金、地质、建材、燃料、轻纺、食品、生物等领域应用广泛。

6.1.1 热重技术

1. 基本定义

热重分析(TGA)是指一种在程控升温条件下记录样品质量随时间或温度变化的技术，该技术所用仪器称为热重分析仪或热天平，其记录类型包括以下几种。

(1)质量损失转化过程：脱水、脱羟基化、蒸发、分解、解吸、热解；

(2)质量增益转化过程：吸附、水合、反应。

图 6-1 显示了质量损失曲线(TG)及其相应的微分曲线(DTG)。

图 6-1 中，m_i 是初始质量，m_f 是最终质量，则质量损失等于 (m_i-m_f) 或 $(m_i-m_f)/m_i$。DTG 峰与物质转化的动力学相关，DTG 信号对应物质质量变化率。

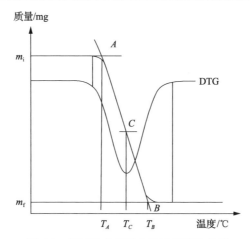

图 6-1　带导数曲线的 TG 质量损失曲线

A-反应起始点；C-最大反应速率点；B-反应终止点；T_A-反应起始温度；T_C-最大反应速率温度；T_B-反应终止温度

2. 仪器原理

不同类型的 TGA 如表 6-1 所述，热重分析仪(热天平)的核心部件包括：高灵敏度的平衡模块、温控炉和气氛控制系统。

表 6-1　不同类型的 TGA

性质	技术	描述
质量	单 TGA	在分析样品质量变化的技术中，当样品受到温度变化影响时，单 TGA 只有一个炉
质量	对称 TGA	可同时分析待测样品和参比样品的分析技术，对称 TGA 具有两个炉子，一个用于放置样品，一个用于放置参比样品
质量	高压 TGA	高压 TGA 是(单一或对称)在高于大气压力条件下与测试样品一起工作的 TGA
质量	腐蚀性 TGA	腐蚀性 TGA 是(单一或对称)是在腐蚀性气氛中与测试样品一起使用的 TGA

1) 平衡模块

最常用的平衡监测器是基于零位置平衡的原理，如图 6-2 所示，天平由悬挂在扭转线上的铰接梁制成，存在质量变化时会引起平衡梁运动从而使得光被遮挡，此时补偿电流通过螺旋线圈使得光束重新返回到零位，此时引起梁运动的质量变化与补偿电流成比例，电流的正负取决于物质发生的是质量损失还是质量增加。基于这个原理，根据平衡梁加载方式的不同，热天平分为：顶部加载平衡、底部装载平衡、水平平衡。

2) 温控炉

温控炉加热元件的性质决定了热分析仪测量的温度范围，加热元件最常用的材料包括：镍铬合金、铂、钨，也有使用 SiC、石墨等。选择用于 TGA 测试的坩

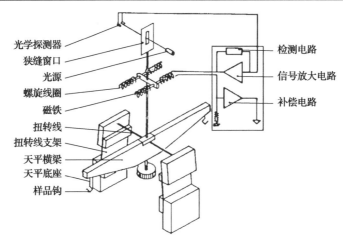

图 6-2　零位置平衡原理（SETARAM 平衡）

埚也非常重要，坩埚是一种在高温下不发生任何反应的惰性材料，通常包括：二氧化硅（低于 1000℃使用）、氧化铝、铂、石墨和钨（温度高于 1750℃），其他材料还包括如氧化镁、氧化锆、氮化硼等。

3. 仪器操作注意事项

对于 TGA 测试，样品坩埚所处的气氛需要严格控制，通常所处的气氛包括：

1）惰性气体

为了保护样品避免其在加热过程中被氧化，建议先进行真空吹扫引入惰性气体以便清空天平、炉子和所有气体管线。例如，在加热样品进行解吸之前通常需要初级真空甚至二次抽真空以引入惰性气体，大多数对催化剂的研究均需要使其在惰性气体保护下进行解吸以获得初始表面用于研究催化剂的活性特征。

2）反应性气体

最常见的反应性气体包括：空气、氧气及氢气，但反应性气体在使用时需考虑气体的浓度及其腐蚀，如使用氢气需控制浓度以避免爆炸，高于 1000℃时使用氢气易使铂传感器中毒。

3）腐蚀性气体

测定腐蚀性气体如 CO、NH_3 以及氯、氟等卤族元素下的反应时，需避免腐蚀性气体和 TGA 中任何金属部件之间的接触从而防止其损坏热天平（特别是热电偶）。

6.1.2　差热分析技术

国际热分析及量热学联合会（ICTAC）对差热分析技术的定义为：一种在相同的受控温度变化历程中（加热或冷却）测量样品与参比样之间的温度差异的技术。

差热分析技术基于分别安装在样品坩埚(S)和参比样坩埚(R)中的热电偶来实现对其温度差的监测，如图 6-3 所示。

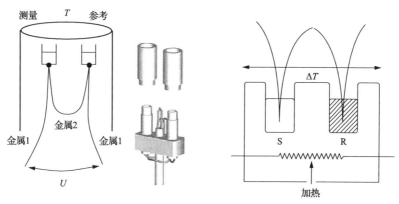

图 6-3　差热分析原理

U-热电势

热电偶两端测量的电信号与样品侧和参比样间的温度差 ΔT 是成比例的，炉子的温度(T_P)通常用程控线性加热(图 6-4)。由于坩埚温度梯度，惰性材料的参考温度(T_R)具有一定的热延。被测样品温度(T_E)以相同的方式随加热曲线增加直到达到样品的热转化温度。通过测量样品温度和参比样之间的温度差，即可获得差热分析曲线(图 6-4)。

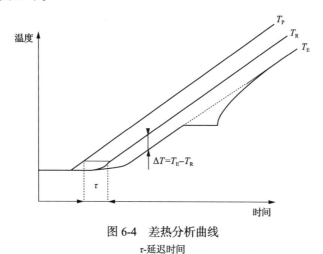

图 6-4　差热分析曲线

τ-延迟时间

差热分析技术还提供了另一个关于物质转化的重要信息，即吸热或放热效应。吸热转化所产生的温度差 ΔT 为负，而放热过程的温度差 ΔT 则为正。不同类型的吸热和放热效应意味着物质在受热过程中发生了相关的物质转化，其可能为：

(1)吸热过程，如熔化、蒸发、升华、脱水、脱羟基、解吸或热解等。

(2)放热过程，如结晶、吸附、氧化、燃烧、氢化或分解。

基线的偏差也可以在差热分析曲线上监测到，该点为物质玻璃化转变的标志，意味着材料包含非晶相物质。

6.1.3　热分析联用系统

热重技术一直是研究煤焦热解、燃烧及气化动力学特性的主要方法，通过热重技术，一方面可以确定煤焦的反应性，另一方面可以求取煤焦反应的动力学参数。其主要优点为：

(1)实验所需样品少，且可以准确测量反应过程中颗粒的实际温度。

(2)反应气氛易于配置和调控，工况稳定且切换方便，可在消除外扩散的影响下操作(只在动力学控制区进行操作)。

(3)可以方便地实现等温及等升温速率操作，分析测试及数据处理简单且精度高。

(4)燃烧结束后可方便地进行燃烧产物的分析。

热重分析仪可以方便地和其他分析仪器(如 FTIR 等)进行联用，FTIR 是一种时间响应快、灵敏度高的分析仪器。热重-傅里叶红外光谱(TG-FTIR)联用分析技术具有准确、灵敏、重现性好以及可实时监测等特点，已成为当前煤质研究领域进行动态特性分析的新工具[1, 2]。

TG-FTIR 联用分析技术不仅可以获得物质热分解的失重随温度变化的关系，同时还可以实时监测物质在热分解过程中气相产物的组成。因而，TG-FTIR 越来越受到研究者的重视，已广泛应用于化工、能源、材料等领域[3-6]。图 6-5 为 TG-FTIR 的系统原理图。

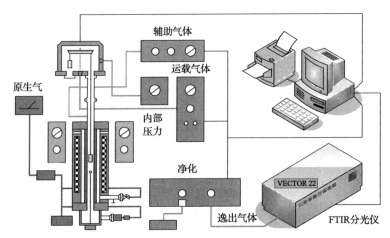

图 6-5　TG-FTIR 的系统原理图

本节利用热重法研究了不同煤种在不同气氛下的热解及燃烧特性并进行了动力学分析,根据实验要求及研究对象的特点来选择不同的实验参数。表 6-2 为法国 Setaram 公司生产的 TGA92 型常压热重分析仪及其相关参数。

表 6-2　TGA92 型常压热重分析仪主要参数

热重分析仪	TGA92 型
最大试样量/ g	0.2
精度/μg	0.1
温度范围/℃	室温~1600
温度精度/℃	±2
升温速率/(℃/min)	0~99
操作压力/ Pa	常压
实验气氛	无腐蚀、非还原性气体

6.2　典型煤尘的燃烧反应历程及其影响因素

6.2.1　程控升温过程的预备性实验

1. 实验样品

实验选用了 3 种不同煤阶的典型煤样,分别为龙岩无烟煤、贵州烟煤和元宝山褐煤,所取原煤经破碎后,筛分为粒径<135μm 的实验用样,其煤质分析结果见表 6-3。

表 6-3　煤样的元素分析与工业分析

煤种	元素分析/%					工业分析/%				$Q_{net,ar}$ /(MJ/kg)
	C_{ad}	H_{ad}	O_{ad}	N_{ad}	S_{ad}	FC_{ad}	V_{daf}	A_{ad}	M_{ad}	
龙岩无烟煤	55.65	1.31	0.23	0.52	2.74	54.43	9.96	38.23	1.32	24.64
贵州烟煤	61.46	3.57	3.04	0.70	4.26	49.68	31.95	25.52	1.46	23.95
元宝山褐煤	33.57	2.51	10.03	0.23	2.15	25.62	47.16	46.26	5.25	17.39

注:$Q_{net,ar}$ 表示空气干燥基发热量。

2. 实验工况

为了研究煤粉在两种气氛下(O_2/N_2、O_2/CO_2)的燃烧状况,实验首先研究了煤粉在两种气氛下($100\%N_2$、$21\%N_2/79\%CO_2$)的热解过程,以考察高浓度 CO_2 气氛的存在对煤粉热解过程的影响;在此基础上,通过实验对比了不同气氛下三种煤粉的燃烧过程并考察了 O_2 浓度的提高对 O_2/CO_2 气氛下煤粉燃烧过程的改善;同时，通过 TG-DTA 分析了煤粉在两种气氛下燃烧放热过程的差异；基于热重分析的特点，还考察了煤粉粒度及升温速率对 $21\%O_2/79\%CO_2$ 气氛煤粉燃烧的影响；通过选取合适的反应动力学模型对不同气氛下煤粉的燃烧过程进行了动力学分析。此外，基于 TG-FTIR 联用分析技术考察了典型工况下非等温实验过程中燃煤气态产物的析出过程，从另一个角度考察了两种典型工况下煤粉燃烧过程的差异。

热重实验的分析程序为：升温速率为 30℃/min，从室温升温至 1100℃，样品质量约为 10mg，炉内气氛分别为不同 O_2 浓度的 O_2/CO_2 及 O_2/N_2 的混合气体，总载气量为 80mL/min。变升温速率的实验分别考察了 10℃/min、20℃/min、30℃/min 等对燃烧过程的影响。同时，通过三档不同粒径分布（<48μm、48~74μm、74~90μm）煤粉的燃烧实验研究了煤粉粒度对 $21\%O_2/79\%CO_2$ 气氛下煤粉燃烧特性的影响。

进行煤粉程控升温的预备性实验，其目的主要在于考察热重分析仪工作的稳定性、可靠性以及实验过程的可重复再现性。

在设定的标准实验工况下（升温速率为 30℃/min，实验终温为 1100℃，总载气量为 80mL/min），煤粉燃烧预备性实验的 TG 及 DTG 曲线如图 6-6 所示。由图 6-6 可知，三次非等温实验的 TG 及 DTG 曲线基本重合，表明在设定的实验工况及操作条件下热重分析仪具有良好的工作稳定性，实验的可重复再现性较好，实验数据准确可靠。

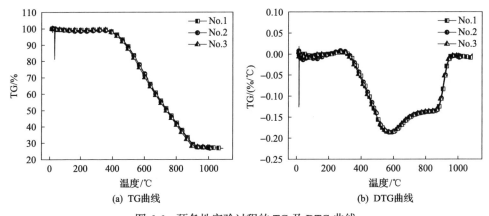

(a) TG曲线   (b) DTG曲线

图 6-6 预备性实验过程的 TG 及 DTG 曲线

6.2.2 不同气氛下煤尘热分解的比较

为了考察高浓度 CO_2 的存在对煤粉热解过程的影响，在热重分析仪上进行了两种气氛下（$100\%N_2$ 和 $21\%N_2/79\%CO_2$）煤粉热解过程的比较。实验结果的 TG 及 DTG 曲线如图 6-7~图 6-9 所示。

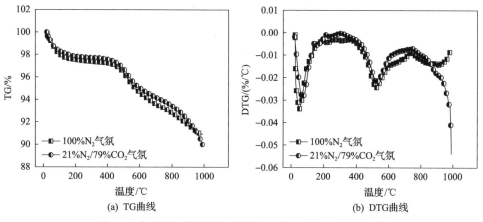

图 6-7　龙岩无烟煤在两种气氛下热解的 TG 及 DTG 曲线

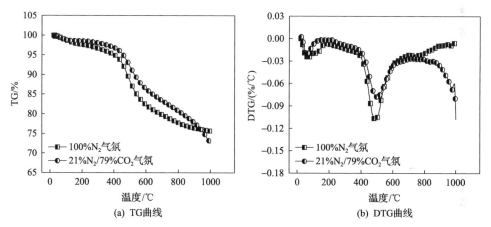

图 6-8　贵州烟煤在两种气氛下热解的 TG 及 DTG 曲线

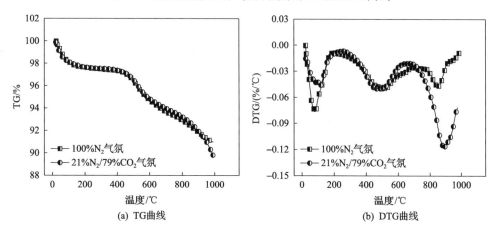

图 6-9　元宝山褐煤在两种气氛下热解的 TG 及 DTG 曲线

　　由图 6-7～图 6-9 可以看出，实验选取的两种气氛下煤粉的热解过程存在着一定的差异。其一，在 100%N_2 气氛下，煤粉的热解过程基本可分为脱水及挥发分析出两个明显的阶段，而在有高浓度 CO_2 存在的 21%N_2/79%CO_2 气氛下，热解过程除脱水、挥发分析出两个阶段外，还包括高温阶段（>800℃）煤焦与 CO_2 的气化过程。其二，对于低温阶段（≤800℃）下煤粉的热解过程而言，龙岩无烟煤及贵州烟煤在 21%N_2/79%CO_2 气氛下煤粉的热解速率较 100%N_2 气氛下时稍小，而元宝山褐煤则基本相当；而在温度大于 800℃的阶段，可以看出两者表现出明显的差异，CO_2 对煤焦的气化效应使得高浓度 CO_2 的存在对煤粉的热解过程仍存在着较大的影响，其势必也会对高浓度 CO_2 存在的 O_2/CO_2 气氛下煤粉的燃烧过程带来显著的影响。

　　分析 CO_2 与 N_2 间的物性差异可知，CO_2 气体具有更高的比热、辐射性以及较低的气态物质扩散能力。因此，在高浓度 CO_2 存在的气氛下，相同的热分析实验条件下反应气体及热解气态产物在环境气氛中扩散阻力的差异可能是造成两种气氛下热解过程不同的主要影响因素。

6.2.3　煤尘燃烧的 TG-DTA 分析

　　煤粉的着火是其燃烧过程中一极其重要的阶段，其对于煤粉燃烧的稳定性、污染物的释放等具有极其重要的意义。确定煤粉着火点的方法有很多种，本小节将根据 TG-DTA 曲线来分析煤粉的着火及煤焦的燃烧特性。

　　已有研究发现，煤粉的着火可分为三种不同的着火模式：均相着火、非均相着火及混合着火模式[7]。如果煤粉为均相着火模式，则 DTA 曲线在燃烧与热解曲线分离点的前后会出现两个不同的放热峰；对于非均相着火模式，在 DTA 曲线上则只有一个明显的放热峰；而对于混合着火模式，在挥发分部分析出的阶段，在 DTA 曲线会出现一个明显的放热峰，且其 TG 曲线存在明显的失重现象。

　　实验中对贵州烟煤在两种气氛下的着火模式进行了简单的探讨，其实验结果如图 6-10 所示。从图 6-10 中可以看出，在 N_2 气氛下，燃烧过程的 TG 曲线与热解过程的 TG 曲线的分离点为 432℃，而 CO_2 气氛下为 458℃，并且在此分离点处存在部分的 TG 失重。由两种气氛下煤粉燃烧过程的 DTA 曲线可知，煤粉的着火模式基本均为混合着火模式；同时，由确定煤粉着火点的 TG-DTA 法可知，煤粉在两种气氛下的着火温度分别为 432℃（21%O_2/79%N_2 气氛）和 458℃（21%O_2/ 79%CO_2 气氛）。

　　采用分峰拟合工具，对两种气氛下煤粉燃烧过程的 DTA 曲线进行了混合峰的分离，并从燃烧放热峰出现早晚的角度对煤粉的燃烧过程进行了分析。从中可以看出：在煤粉燃烧过程的初始阶段，DTA 的放热峰主要产生于部分挥发分的燃

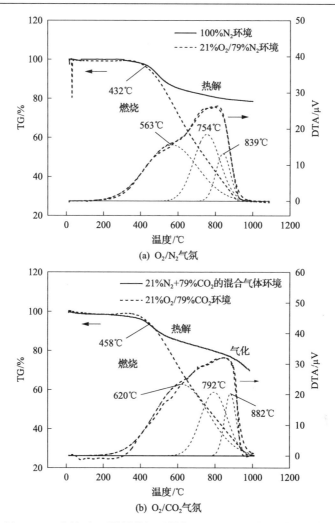

图 6-10　不同气氛下煤粉热解及燃烧的 TG-DTA 分析（贵州烟煤）

烧放热；随着燃烧过程的进行，煤焦颗粒包括残余的挥发分物质开始着火燃烧，在 DTA 曲线上表现为一明显的放热峰；而第三个放热峰则主要产生于残焦的燃烧放热。尽管在两种气氛下（21%O_2/79%N_2 和 21%O_2/79%CO_2）煤焦燃烧的放热曲线（DTA）均可分解为三个不同的放热峰，但可以看出各分离单峰所对应的温度有着明显的差别。在 21%O_2/79%N_2 气氛下，各峰所对应的温度分别为 563℃、754℃、839℃，而 21%O_2/79%CO_2 气氛下则为 620℃、792℃、882℃。从中可以推断，相同 O_2 浓度的 O_2/CO_2 气氛下，煤粉的燃烧过程较 O_2/N_2 气氛下的燃烧过程有所延迟，其主要原因可能是气氛差异而引起的物质扩散能力不同。

6.2.4 不同气氛下煤尘燃烧的 TG-DTG 曲线

TG 曲线反映了试样在升温过程中试样质量随温度(时间)变化的情况,而 DTG 曲线则是由 TG 曲线计算得出的试样的瞬时失重率,反映了试验煤样在某一时刻发生分解、燃烧而导致失重的剧烈程度。

图 6-11~图 6-13 为 3 种煤样在不同气氛下燃烧时的 TG 及 DTG 曲线。从图 6-11~图 6-13 中可以看出,煤样的失重基本可分为:水分析出、挥发分析出燃烧、残焦燃烧及燃尽 4 个阶段。表 6-4 为不同 O_2 浓度下的各煤样的燃烧特征参数。从图 6-11~图 6-13 和表 6-4 中可以看出,与模拟空气气氛相比,在相同 O_2 浓度的 O_2/CO_2 气氛下,龙岩无烟煤与贵州烟煤样的挥发分析出及残焦燃烧滞后于 O_2/N_2 气氛,试样在各时刻的失重率及最大失重率均小于 O_2/N_2 气氛下,燃尽温度升高,燃尽时间明显延长,这说明高浓度 CO_2 的存在改变了煤焦燃烧特性,仅仅用 CO_2 取代 N_2 不利于煤焦燃烧及燃尽[8, 9]。

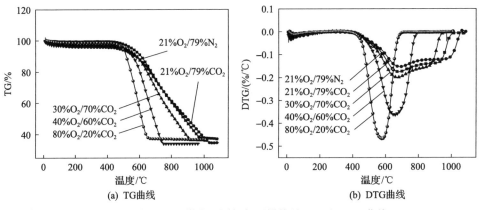

图 6-11　龙岩无烟煤在不同气氛下燃烧的 TG 及 DTG 曲线

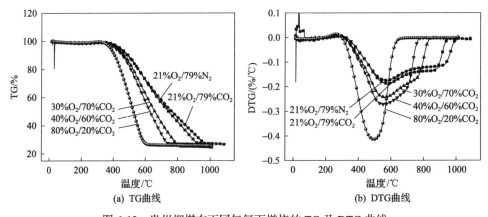

图 6-12　贵州烟煤在不同气氛下燃烧的 TG 及 DTG 曲线

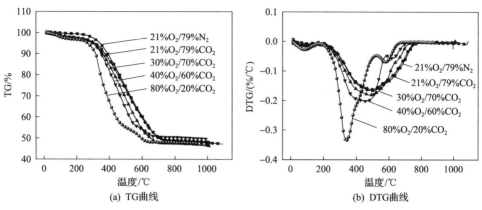

图 6-13　元宝山褐煤在不同气氛下燃烧的 TG 及 DTG 曲线

表 6-4　煤样燃烧特征参数

燃烧特征参数	煤种	$21\%O_2/79\%N_2$	$21\%O_2/79\%CO_2$	$30\%O_2/70\%CO_2$	$40\%O_2/60\%CO_2$	$80\%O_2/20\%CO_2$
最大失重率/ （mg/min）	龙岩 无烟煤	0.1756	0.1534	0.2001	0.3633	0.4686
	贵州烟煤	0.1866	0.1743	0.2429	0.2719	0.4141
	元宝山 褐煤	0.1661	0.1618	0.1808	0.2012	0.3342
最大失重 温度/℃	龙岩 无烟煤	678.13	683.4	670.67	654.4	577.97
	贵州烟煤	578.57	570.73	560.13	551.33	495.17
	元宝山 褐煤	489.5	489.6	481.77	448.53	341.93
平均失重率/ （%/℃）	龙岩 无烟煤	0.07746	0.06556	0.08668	0.15372	0.20595
	贵州烟煤	0.08002	0.07097	0.10418	0.12065	0.17086
	元宝山 褐煤	0.06569	0.06362	0.06903	0.06438	0.07846

　　从实验结果可以看出，在 O_2/CO_2 气氛下，随着 O_2 浓度的增加，DTG 曲线向低温区发生明显偏移，且煤样燃烧最大失重率显著增大，这说明提高 O_2 浓度可改善煤中易燃物质在 O_2/CO_2 气氛下的整体分解及燃烧速率，缩短煤样从开始着火到燃尽所需的时间，使煤的反应活性得到改善[10]。

　　在模拟空气气氛及较低 O_2 浓度的 O_2/CO_2 气氛下，挥发分含量较低的无烟煤和烟煤的燃烧过程中，挥发分析出燃烧过程与残焦燃烧具有明显的分界，表现为 DTG 曲线上存在 2 个不同的失重峰。但随着 O_2 浓度的增加，残焦燃烧与挥发分析出燃烧阶段的分界逐渐变得模糊。其主要在于高浓度的氧气使得煤中易燃物质分解燃烧得更加剧烈，为残焦燃烧提供了良好的着火及燃烧条件。

6.2.5　煤尘着火与燃尽的影响因素分析

　　着火温度、燃尽温度是煤燃烧过程中重要的特征参数，着火温度反映了煤样着火的难易程度，掌握煤种的着火温度对于实际工程中煤的点燃和稳燃有着重要的指导意义。燃尽温度是煤样基本燃尽时的温度，燃尽温度越低，表明燃尽时间越短，煤样越容易燃尽。

　　煤粉燃烧试验中确定着火点及燃尽点的方法有很多种[11]，本节着火温度的确定采用了较常用的 TG-DTG 法，如图 6-14 所示，即在 DTG 曲线上过峰值作垂线交 TG 曲线于一点 A，过 A 点作 TG 曲线的切线，该切线交 TG 曲线上开始失重时的平直线于一点 C，则 C 点对应的温度定义为着火温度 T_i；而燃尽温度 T_b 定义为试样失重占总失重 99%时对应的温度。

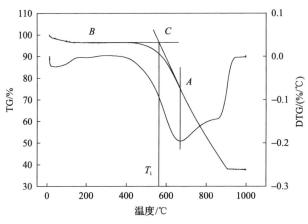

图 6-14　着火温度的确定

　　图 6-15、图 6-16 为典型工况下（30℃/min）煤样在 O_2/N_2 气氛和 O_2/CO_2 气氛下的着火温度和燃尽温度随 O_2 浓度的变化曲线。从图 6-15 和图 6-16 中可以看出，在三种不同品质的煤样的燃烧过程中，21%O_2/79%CO_2 气氛下的着火温度比21%O_2/79%N_2 气氛下着火温度稍有提高；而在 O_2/CO_2 气氛下燃尽温度明显高于后者。在热重反应条件下，以 CO_2 取代 N_2 主要改变了气态产物的扩散过程以及降低了高温气化时颗粒的温度，从而使得两种气氛下煤样的燃烧过程存在明显的不同。

　　在 O_2/CO_2 气氛下，随着 O_2 浓度的增加，三种煤样的着火温度、燃尽温度均呈现下降趋势，但着火温度的降低较为平缓，表明 O_2 浓度的变化对 O_2/CO_2 气氛下挥发分的初始分解析出及着火燃烧影响较小[12]；但 O_2 浓度的增加可大大降低残焦燃尽温度，使得煤样的燃烧过程可在较低的温度区域内完成，其将有利于残焦燃烧及燃尽，即在高 O_2 浓度存在的 O_2/CO_2 条件下，相对较低的温度即可达到煤粉稳定燃烧的条件[13-15]。

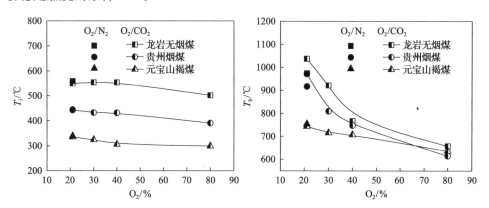

图 6-15　氧气浓度对三种煤着火温度的影响　图 6-16　氧气浓度对三种煤燃尽温度的影响

　　图 6-17 为煤样的燃尽时间随 O_2 浓度的变化曲线。从图 6-17 可以看出，当 O_2 浓度为 21%～40%时，随着 O_2 浓度的增加，龙岩无烟煤、贵州烟煤的燃尽温度明显降低，从而使得燃尽时间大为缩短；之后随着 O_2 浓度的变化燃尽温度变化趋于平缓。结果表明 O_2 浓度的提高改善了 21%O_2/79%CO_2 气氛下煤样的燃烧过程，使得整体燃烧速率提高，燃尽时间缩短。元宝山褐煤由于挥发分含量较高，煤样整体燃烧速率受试样中易燃物质化学动力控制较大，在满足化学反应当量的条件下，提高 O_2 浓度对整体反应的影响较小，燃尽时间的变化趋于平缓。

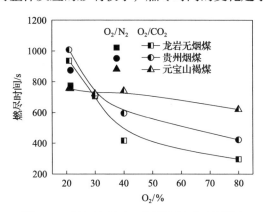

图 6-17　氧气浓度对三种煤燃尽时间的影响

　　由以上实验可知，21%O_2/79%CO_2 气氛下煤焦燃烧及燃尽过程与 21%O_2/79%N_2 气氛下明显不同。煤焦燃烧速率用 n 级 Arrhenius 模型表示，如式(6-1)所示：

$$q = k_S(T_P)P_{O_2,S}^n \tag{6-1}$$

式中，k_S 为反应速率常数，即 $k_S(T_P) = A \cdot \exp(-E/RT_P)$；$n$ 为反应级数；T_P 为颗粒温度；A 为指前因子，min^{-1}；$P_{O_2,S}$ 为环境气氛中的 O_2 分压力；E 为活化能，$\mathrm{kJ/mol}$；R 为气体反应常数，取 $8.314 \times 10^{-3} \mathrm{kJ/(mol \cdot K)}$。

通常，颗粒燃烧进展的快慢受可燃物的活性、燃烧热的释放及环境气氛热容等影响。CO_2 气体本身的特性致使 O_2/CO_2 气氛的密度、比热、辐射特性及物质的传输较 O_2/N_2 气氛下有显著的差别，在 O_2/CO_2 气氛下，高温阶段（>800℃）CO_2 的气化效应使得颗粒的燃烧温度、挥发分的析出及产物的扩散速率较 O_2/N_2 气氛下燃烧时降低。由煤焦燃烧速率公式[式(6-1)]可知，O_2/CO_2 气氛下较低的颗粒温度导致其燃烧速率较 O_2/N_2 气氛下燃烧时缓慢，燃烧时间延长，但该影响随着 O_2 浓度的提高有所缓解（O_2 的质量比热容与 N_2 较为接近）[12]。

另外，O_2/CO_2 气氛煤粉燃烧的主要代价在于空分制氧成本上的消耗，提高 O_2 浓度虽然可以大幅度地改善煤的燃烧过程，降低燃尽温度、缩短燃尽时间和提高残焦的燃尽率，但过高的 O_2 浓度将使得 O_2/CO_2 气氛燃煤电站的运行成本大大增加，因此，不少研究者提出的工程实际中以 30%O_2 浓度来改善 O_2/CO_2 气氛下煤粉的燃烧过程是合理的[16]。

6.2.6 基于特性指数分析的煤尘燃烧评价

本节通过以下燃烧特性指数来反映不同煤种燃烧特性的情况：

(1) 可燃性指数 $C = (\mathrm{d}W/\mathrm{d}t)_{\max}/T_i^2$，反映了反应前期达到着火温度后的反应能力。

(2) 燃尽特性指数 $C_b = (f_1 \times f_2)/\tau_0$。式中，$f_1$ 为着火点煤样失重量和煤中可燃质含量的比值，为初始燃尽率，反映挥发分相对含量对煤着火性能的影响；f_2 为后期燃尽率，反映煤中碳的燃尽性能；τ_0 为燃尽时间，即煤样从燃烧开始到燃烧 99%可燃质所用时间。C_b 综合了煤的燃尽和稳燃因素对着火的影响，其值越大燃尽性能越佳。

定义燃料燃烧特性的方法有很多种，为全面评价煤粉的燃烧特性，本节采用文献[11]提出的煤粉燃烧特性的综合判别指标 S 对试样的燃烧进行了描述，如式(6-2)所示：

$$S = \frac{R}{E} \cdot \frac{\mathrm{d}}{\mathrm{d}T}\left(\frac{\mathrm{d}W}{\mathrm{d}t}\right)_{T=T_i} \cdot \frac{(\mathrm{d}W/\mathrm{d}t)_{\max}}{(\mathrm{d}W/\mathrm{d}t)_{T=T_i}} \cdot \frac{(\mathrm{d}W/\mathrm{d}t)_{\mathrm{mean}}}{T_b} = \frac{(\mathrm{d}W/\mathrm{d}t)_{\max}(\mathrm{d}W/\mathrm{d}t)_{\mathrm{mean}}}{T_i^2 T_b}$$

$$(6-2)$$

式中，$\left(\dfrac{\mathrm{d}W}{\mathrm{d}t}\right)_{\max}$ 为最大燃烧速度；$\left(\dfrac{\mathrm{d}W}{\mathrm{d}t}\right)_{T=T_i}$ 为着火温度下的燃烧速度；$\left(\dfrac{\mathrm{d}W}{\mathrm{d}t}\right)_{\mathrm{mean}}$ 为平均燃烧速度；T_b 为燃尽温度；T_i 为着火温度。

式(6-2)等号右边可作如下解释：$\dfrac{R}{E}$ 表示煤的活性，E 值越小表明煤的反应能

力越高；$\dfrac{\mathrm{d}}{\mathrm{d}T}\left(\dfrac{\mathrm{d}W}{\mathrm{d}t}\right)_{T=T_i}$ 为燃烧速度在着火点的转化率，其值越大表明着火越猛烈；

$\dfrac{(\mathrm{d}W/\mathrm{d}t)_{\max}}{(\mathrm{d}W/\mathrm{d}t)_{T=T_i}}$ 为燃烧速度峰值与着火时的燃烧速度之比；$\dfrac{(\mathrm{d}W/\mathrm{d}t)_{\mathrm{mean}}}{T_{\mathrm{b}}}$ 为平均燃

烧速度与燃尽温度之比，其值越大表明燃尽越快。其各项的乘积综合反映了煤的
着火与燃烧特性，将其定义为综合燃烧特性指数 S，S 越大表明煤的燃烧特性越佳。

图 6-18、图 6-19 为氧气浓度与可燃性指数及燃尽指数的变化关系，从图中可
以看出，与 $21\%\mathrm{O_2}/79\%\mathrm{N_2}$ 气氛的燃烧相比，相同氧气浓度的 $\mathrm{O_2}/\mathrm{CO_2}$ 气氛下三种

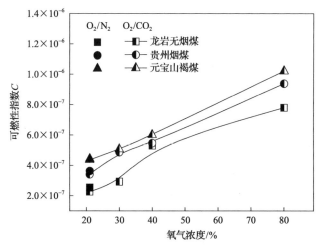

图 6-18　氧气浓度对三种煤可燃性指数 C 的影响

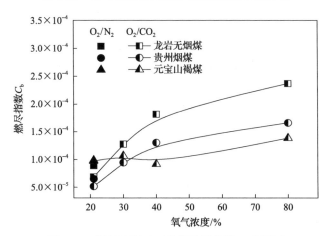

图 6-19　氧气浓度对三种煤燃尽指数 C_{b} 的影响

不同品质的煤样的可燃性指数略有降低，但基本相当，相应的着火温度稍有提高，而龙岩无烟煤和贵州烟煤的燃尽指数则明显小于元宝山褐煤，燃尽温度大为提高。实验结果表明，高浓度 CO_2 的存在对煤样挥发分的初始分解析出及着火影响较小，其主要作用在于改变了挥发分析出及燃烧速率和煤焦燃烧过程[15]，其可使煤焦燃尽温度提高，整体燃烧速率下降。该负面效应对低挥发分含量的煤种影响更为明显。因此，仅仅以 CO_2 取代 N_2 来参与燃烧过程将不利于煤焦的燃烧及燃尽。

图 6-20 为根据试验数据求出的三种煤的综合燃烧特性指数 S 随燃烧气氛及气氛中 O_2 浓度的变化关系。由图 6-20 可知，21%O_2/79%CO_2 气氛下的综合燃烧特性指数较相同 O_2 浓度的 O_2/N_2 气氛下的综合燃烧特性指数低，但随着 O_2 浓度的提高，三种煤在 O_2/CO_2 气氛下的综合燃烧特性指数均有不同程度的增加，其中以龙岩无烟煤和贵州烟煤的增加较为显著，主要为高的 O_2 浓度改善了残焦燃烧过程。

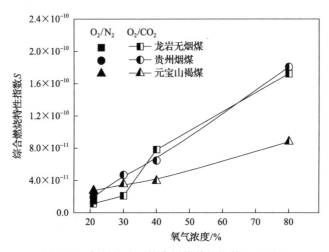

图 6-20　氧气浓度对综合燃烧特性指数 S 的影响

在 O_2/CO_2 气氛下随着 O_2 浓度的增加，三种煤样的综合燃烧特性指数均有不同程度的改善，煤样的着火温度及燃尽温度明显降低，这表明 O_2 浓度的增加可大大改善 O_2/CO_2 气氛下煤样的燃烧过程，使得煤样的燃烧可在较低的温度区域内完成，有利于残焦燃尽，但在 O_2 浓度高于 40%后，燃尽指数随 O_2 浓度的变化趋于平缓。

6.3　煤尘燃烧反应的动力学分析

6.3.1　燃烧反应动力学模型

化学反应动力的研究工作始于 19 世纪后期，从 Wilhelmy 于 1891 年发现蔗糖在酸性条件下的转化速率与剩余蔗糖量成正比这一事实而建立的起始动力学方程到 Guldberg 和 Waage 于 1899 年正式提出质量作用定律；从 Van't Hoff 于 1884 年提出的反应级数的概念到 Arrhenius 于 1889 年发现的各种速率常数关系式，描述等温条件下均相反应的动力学方程在 19 世纪末基本完成，即

$$\frac{\mathrm{d}\alpha}{\mathrm{d}t} = Kf(\alpha) \tag{6-3}$$

式中，$f(\alpha)$ 为反应机理函数，一般取为 $f(\alpha) = (1-\alpha)^n$，n 为反应级数；K 为反应速率常数的温度关系式，与温度有着非常密切的关系，有趣的是其几乎是同时在 19 世纪末由 Arrhenius 和 van't Hoff 等提出，但其中 Arrhenius 通过模拟所提出的速率常数–温度关系式的形式最为常用：

$$K = A\exp\left[-E/(RT)\right] \tag{6-4}$$

式中，A 为指前因子，min^{-1}；E 为活化能，kJ/mol；R 为气体反应常数，取 $8.314 \times 10^{-3}\mathrm{kJ/(mol \cdot K)}$；$T$ 为温度。

到 20 世纪初，Honda 开始尝试采用非等温法来跟踪非均相反应速率，但用这种方法获得的结果来进行动力学的评价直到 19 世纪 30 年代以后才开始。热分析技术的广泛应用无疑在促进非等温动力学的发展中起了很大的作用。由于它采用等升温速率的方法进行实验，即升温速率 $\beta = \dfrac{\mathrm{d}T}{\mathrm{d}t}$ 为常数，Vallet 于 1915 年将动力学方程改写为

$$\frac{\mathrm{d}\alpha}{\mathrm{d}t} = (1-\alpha)^n \frac{A}{\beta} \exp\left[\frac{-E}{(RT)}\right] \tag{6-5}$$

试样的转化率 α 可由非等温实验的 TG 曲线求得：$\alpha = \dfrac{(W_0 - W_t)}{(W_0 - W_\infty)}$，其中，$W_0$ 为试样的初始质量(mg)，W_∞ 为试样反应最终的质量(mg)，W_t 为 t 时刻试样的质量(mg)。

为了求得式(6-5)的解，本节采用 Coats-Redfern 提出的指数积分法对式(6-5)进行积分并利用 P 级数的近似展开式(取前两项近似值)可得到以下公式。

(1)当 $n \neq 1$ 时：

$$\ln\left[\frac{1-(1-\alpha)^{1-n}}{T^2(1-n)}\right] = \ln\left[\frac{AR}{\beta E}\left(1-\frac{2RT}{E}\right)\right] - \frac{E}{RT} \tag{6-6}$$

(2)当 $n = 1$ 时：

$$\ln\left[\frac{-\ln(1-\alpha)}{T^2}\right] = \ln\left[\frac{AR}{\beta E}\left(1-\frac{2RT}{E}\right)\right] - \frac{E}{RT} \tag{6-7}$$

选取不同的反应级数 n，令式(6-6)、式(6-7)等号左边为 Y，等号右边 $1/T$ 为 X 作图，直至所取的 n 值使得到的图像接近直线，此时的 n 值即为所求的反应级数，根据最小二乘法回归所得直线的斜率和截距可求得活化能 E 和指前因子 A。

6.3.2　反应动力学参数

煤样从室温被加热的初始阶段，由于温度较低，煤样没有发生化学反应，TG 曲线较为平缓；当温度升高至一定程度，煤样开始着火，DTG 曲线迅速下降并很快达到失重最大值；在煤的燃尽阶段，TG 曲线几乎呈平直形，失重可忽略不计。因此，数据处理中只选取了从煤样着火失重至燃尽温度间的部分，在此区间内煤样燃烧失去绝大部分可燃物，去掉开始与最后的平直段对正确处理数据影响不大。同时，在分析过程中将该燃烧阶段分为两段：即低温段 I，指从着火温度到最大失重温度；高温段 II，指从最大失重温度到燃尽温度。

对于煤的燃烧机理已有不少学者做过研究，本节处理中发现 I 级反应[14]可适用于本实验煤样的燃烧反应，拟合的线性相关性较好，如图 6-21～图 6-23 所示，计算所得动力学参数见表 6-5。两个温度段活化能的大小反映了煤在达到最高燃烧温度前后的难易程度，对于模拟空气气氛下的燃烧而言，三种煤在低温段 I 的活化能高于高温段 II，而在 O_2/CO_2 气氛下燃烧时则有明显不同；同时，在不同 O_2 浓度的 O_2/CO_2 气氛下，三种煤的活化能由小到大依次为：元宝山褐煤→贵州烟煤→龙岩无烟煤，与空气气氛下一致，这反映了三种煤在不同气氛下燃烧的难易程度。

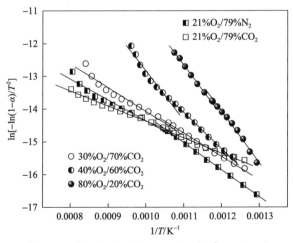

图 6-21　龙岩无烟煤的 $\ln[-\ln(1-\alpha)/T^2]$-$1/T$ 曲线

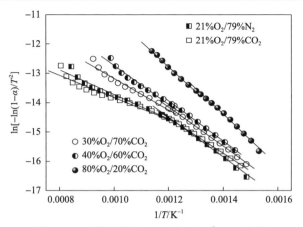

图 6-22   贵州烟煤的 $\ln[-\ln(1-\alpha)/T^2]$-$1/T$ 曲线

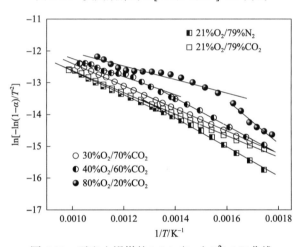

图 6-23   元宝山褐煤的 $\ln[-\ln(1-\alpha)/T^2]$-$1/T$ 曲线

表 6-5   不同气氛下煤燃烧的动力学参数

煤样	气氛	T/℃	$Y=A'+B'\times X$	E/(kJ/mol)	A'/ s^{-1}	R^2
龙岩 无烟煤	21%O$_2$/79%N$_2$	500~678	$Y=-5.924-8274X$	68.79	663.63	0.99978
		678~980	$Y=-7.979-6383X$	53.07	65.616	0.97736
	21%O$_2$/79%CO$_2$	520~683	$Y=-7.269-6736X$	56.01	140.83	0.99590
		683~1000	$Y=-9.738-4638X$	38.56	8.2063	0.99062
	30%O$_2$/70%CO$_2$	520~670	$Y=-6.885-7136X$	59.33	219.06	0.99801
		670~925	$Y=-6.842-7232X$	60.13	231.74	0.97595
	40%O$_2$/60%CO$_2$	540~654	$Y=-1.884-11108X$	92.35	50646	0.99868
		654~769	$Y=2.131-14972X$	124.5	3782940	0.98018
	80%O$_2$/20%CO$_2$	500~577	$Y=4.884-15793X$	131.3	62615687	0.99484
		577~660	$Y=4.259-15382X$	127.9	32663143	0.99847

煤样	气氛	T/℃	Y=A'+B'×X	E/(kJ/mol)	A'/s⁻¹	R²
贵州烟煤	21%O₂/79%N₂	400~578	$Y=-6.359-6781X$	56.38	352.26	0.99757
		578~920	$Y=-9.528-4192X$	34.85	9.1529	0.97498
	21%O₂/79%CO₂	410~570	$Y=-7.236-6064X$	50.42	130.99	0.9988
		570~980	$Y=-10.05-3772X$	31.36	4.8686	0.96507
	30%O₂/70%CO₂	400~560	$Y=-6.122-6687X$	55.59	440.14	0.9995
		560~809	$Y=-7.807-5366X$	44.61	65.480	0.98385
	40%O₂/60%CO₂	420~551	$Y=-5.659-6893X$	57.31	720.73	0.99973
		551~749	$Y=-6.105-6624X$	55.07	443.27	0.98603
	80%O₂/20%CO₂	380~495	$Y=-2.122-8766X$	72.88	31508	0.99799
		495~620	$Y=-2.527-8544X$	71.04	20470	0.99729
元宝山褐煤	21%O₂/79%N₂	300~489	$Y=-7.672-4593X$	38.18	64.147	0.99804
		489~760	$Y=-8.876-3753X$	31.19	15.724	0.99735
	21%O₂/79%CO₂	300~489	$Y=-9.227-3400X$	28.27	10.028	0.99914
		489~759	$Y=-9.115-3499X$	29.09	11.551	0.99677
	30%O₂/70%CO₂	299~481	$Y=-8.861-3537X$	29.40	15.047	0.99942
		481~729	$Y=-8.866-3527X$	29.32	14.927	0.99605
	40%O₂/60%CO₂	300~448	$Y=-7.347-4379X$	36.41	84.668	0.99907
		448~710	$Y=-9.395-2845X$	23.65	7.0948	0.98229
	80%O₂/20%CO₂	290~341	$Y=-2.759-6748X$	56.11	12828	0.97643
		341~640	$Y=-9.902-2142X$	17.81	3.2197	0.96375

6.4　基于 TG-FTIR 的燃烧气态产物析出特性

6.4.1　FTIR 三维谱峰解析及归属

　　为了解程控升温条件下煤样在 O_2/CO_2 气氛下燃烧过程中气体的释放情况，试验中采用了 TG-FTIR 联用分析技术，即将升温煤样的出口气体直接连接到 FTIR 上，每 4s 记录一次光谱数据，根据光谱图上某种气体的特征峰的位置和吸光率的大小，可定性判断煤燃烧过程中的气体释放情况及其随时间(温度)的变化规律，从而对煤的燃烧过程有更深入的认识。

　　为了消除以 CO_2 气氛为背景时高浓度 CO_2 气体对其他气体吸光率的影响，同时也考虑升温燃烧过程中需考查的释放气体种类(如 SO_2、HCN、NH_3、NO、CO 等)及其波数范围，FTIR 的三维谱图选取了气体波数在 $800\sim2200cm^{-1}$ 范围内的释放情况。

　　图 6-24～图 6-26 为三种实验煤种在模拟空气气氛($21\%O_2/79\%N_2$)、$21\%O_2/$
$79\%CO_2$ 气氛以及 $30\%O_2/70\%CO_2$ 气氛下燃烧气态产物析出的三维 FTIR 谱图（波
数范围：$800\sim2200cm^{-1}$）。由图 6-24～图 6-26 可知，不同气氛下煤样燃烧过程的
气态产物有着明显的不同，无论是燃烧中释放的气体物质的种类还是浓度大小都
有较大的差异。在试样升温初期，释放的气体主要为煤样吸附的气体和少量氧化
产物，如 CO、CH_4 等，污染物 SO_2 的释放主要在 $300\sim900℃$时，与模拟空气气
氛下的燃烧过程相比，在 O_2/CO_2 气氛下，SO_2 及 NO 的释放量明显减少，主要在
于以 CO_2 替代 N_2 来参与燃烧，避免了热力 NO_x 及快速 NO_x 的产生；同时，高比
热性 CO_2 的存在使得燃烧气氛的热容量及气态物质的扩散能力发生明显改变，
导致 O_2/CO_2 气氛下燃烧过程与常规气氛下的燃烧存在差异。

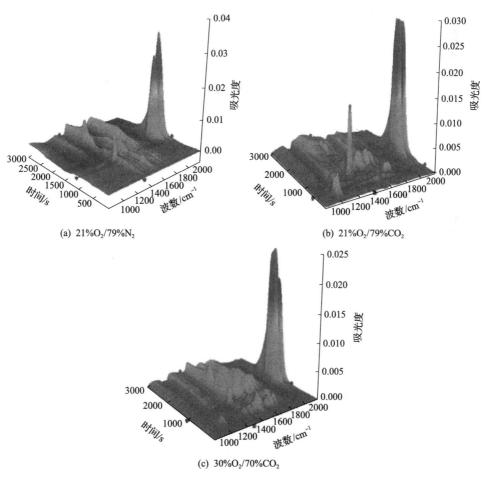

(a) $21\%O_2/79\%N_2$　　　　　　　　　　(b) $21\%O_2/79\%CO_2$

(c) $30\%O_2/70\%CO_2$

图 6-24　龙岩无烟煤在三种气氛下的燃烧产物红外谱图（波数：$800\sim2200cm^{-1}$）

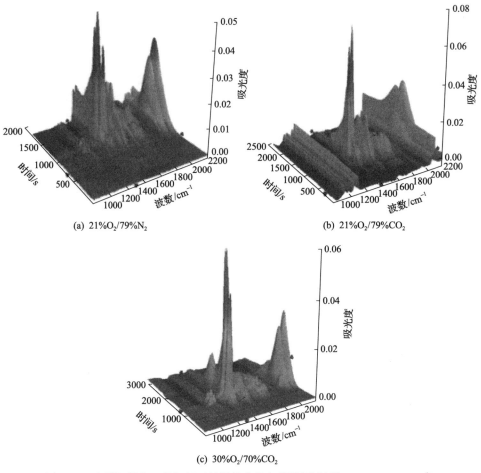

(a) 21%O$_2$/79%N$_2$

(b) 21%O$_2$/79%CO$_2$

(c) 30%O$_2$/70%CO$_2$

图 6-25　贵州烟煤在三种气氛下的燃烧产物红外谱图 (波数：800～2200cm^{-1})

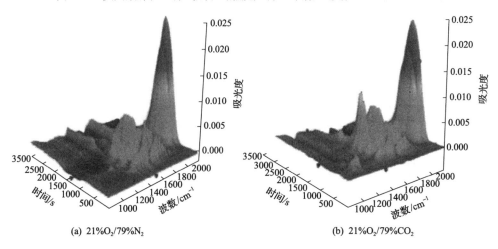

(a) 21%O$_2$/79%N$_2$

(b) 21%O$_2$/79%CO$_2$

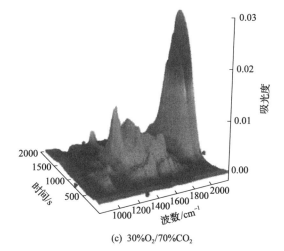

(c) 30%O$_2$/70%CO$_2$

图 6-26　元宝山褐煤在三种气氛下的燃烧产物红外谱图（波数：800~2200cm^{-1}）

6.4.2　不同条件下气态产物的对比分析

图 6-27~图 6-29 给出了在三种气氛下不同温度（着火温度、最大失重温度、燃尽温度）时试样燃烧气态产物的析出情况，可以明显看出，燃烧气氛的差异使煤粉在不同特征点的气体析出明显不同，在 CO$_2$ 气氛下，燃烧产物中 CO 的含量显著高于模拟空气气氛的情况，也暗示了不同气氛下煤粉燃烧过程的差异。

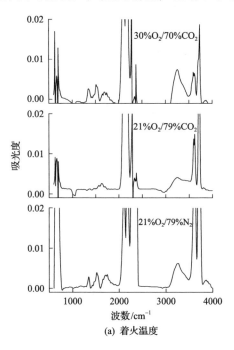

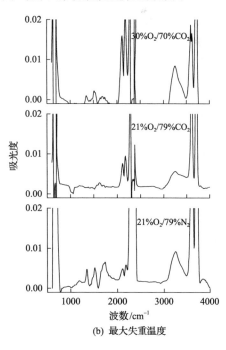

(a) 着火温度　　　　　　　　　　　　　(b) 最大失重温度

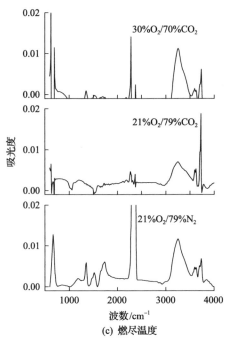

(c) 燃尽温度

图 6-27　龙岩无烟煤在三种气氛下不同温度时燃烧产物的红外谱图

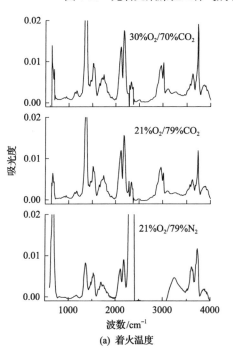

(a) 着火温度

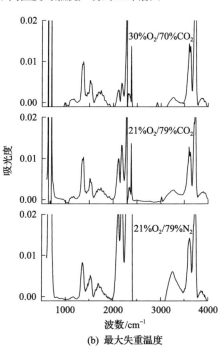

(b) 最大失重温度

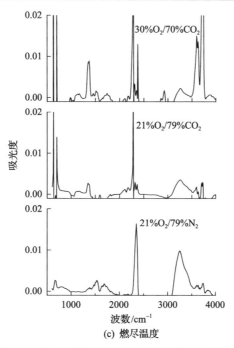

(c) 燃尽温度

图 6-28　贵州烟煤在三种气氛下不同温度时燃烧产物的红外谱图

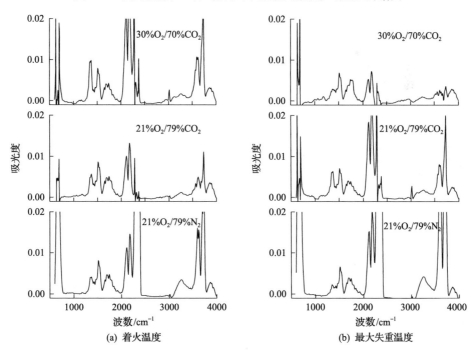

(a) 着火温度　　　　　　　　　　　　　　　　(b) 最大失重温度

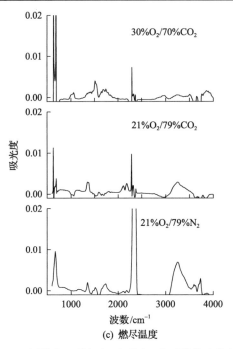

图 6-29　元宝山褐煤在三种气氛下不同温度时燃烧产物的红外谱图

6.5　本 章 小 结

　　本章简述了热分析及其联用技术原理，系统研究了热分析慢速升温条件下不同煤在不同气氛条件下的反应动力学特性、着火与燃尽的特征参数及其关键影响因素，构建了煤尘燃烧反应特性的评价指标，建立了煤尘反应的动力学模型并确定了不同气氛环境下煤尘反应的动力学参数，基于 TG-FTIR 联用分析技术，对比分析了煤在不同气氛条件下热反应的气态产物析出特性，研究结果为揭示慢速升温条件下煤尘的反应动力学过程及机理提供了理论基础。

参 考 文 献

[1] 徐朝芬, 孙学信, 胡松. 基于 TGA-DSC-FTIR 联用技术研究煤粉的燃烧特性[J]. 热能动力工程, 2005, 20(3): 288-290.

[2] 何启林, 王德明. TG-DTA-FTIR 技术对煤氧化过程的规律性研究[J]. 煤炭学报, 2005, 30(1): 53-57.

[3] Eigenmann F, Maciejewski M, Baiker A. Quantitative calibration of spectroscopic signals in combined TG-FTIR system[J]. Thermochimica Acta, 2006, 440(1): 81-92.

[4] Charland J P, Macphee J A, Giroux L, et al. Application of TG-FTIR to the determination of oxygen content of coals[J]. Fuel Processing Technology, 2003, 81(3): 211-221.

[5] 杨昌炎, 杨学民, 吕雪松, 等. 分级处理秸秆的热解过程[J]. 过程工程学报, 2005, 5(4): 379-383.

[6] 杨景标, 蔡宁生. 应用 TG-FTIR 联用研究催化剂对煤热解的影响[J]. 燃料化学学报, 2006, 34(6): 650-654.

[7] Chen Y, Mori S, Pan W P. Studying the mechanisms of ignition of coal particles by TG-DTA[J]. Thermochim Acta, 1996, 275(1): 149-158.

[8] Kimura N, Omata K, Kiga T, et al. The characteristics of pulverized coal combustion in O₂/CO₂ mixtures for CO₂ recovery [J]. Energy Conversion and Management, 1995, 36(6-9): 805-808.

[9] Kiga T, Takano S, Kimura N, et al. Characteristic of pulverized-coal combustion in the system of oxygen/recycled flue gas combustion [J]. Energy Conversion and Management, 1997, 38(1): 129-134.

[10] 许晋源, 徐通模. 燃烧学: 第 2 版[M]. 北京: 机械工业出版社, 1990.

[11] 孙学信. 燃煤锅炉燃烧试验技术与方法[M]. 北京: 中国电力出版社, 2002.

[12] Molina A, Shaddix C R. Ignition and devolatilization of pulverized bituminous coal particles during oxygen/carbon dioxide coal combustion[J]. Proceedings of the Combustion Institute, 2007, 21(2): 1905-1912.

[13] Liu H, Ramlan Z, Bernard M G. Comparisons of pulverized coal combustion in air and in mixtures of O₂/CO₂[J]. Fuel, 2005, 84(7-8): 833-840.

[14] Liu H, Ramlan Z, Bernard M G. Pulverized coal combustion in air and in O₂/CO₂ mixtures with NOₓ recycle[J]. Fuel, 2005, 84(16): 2109-2115.

[15] Klas A, Filip J. Flame and radiation characteristics of gas-fired O₂/CO₂ combustion[J]. Fuel, 2007, 86(5-6): 656-668.

[16] Murphy J, Shaddix C R. Combustion kinetics of coal chars in oxygen-enriched environments[J]. Combustion and Flame, 2006, 144(4): 710-729.

第7章 快速升温条件下煤尘的燃烧特性

煤(尘)是一种多孔性固体燃料,其利用过程无论是煤的热解、气化还是燃烧均是在固体孔隙的表面上进行。燃烧过程极大地改变着煤焦的孔隙结构,同时孔隙结构的变化对煤焦的燃烧过程又有着显著影响。孔隙结构对煤焦反应特性的影响体现在以下三个方面:挥发分的析出、煤焦的氧化及灰分与污染物的生成。在煤热解过程中,挥发分的析出是煤焦孔隙结构形成的一个关键阶段,同时煤焦内部孔隙结构的生成也决定了挥发分物质的扩散传输特性。对于实际的煤焦燃烧过程,其氧化反应大多处于扩散控制区或动力与扩散的联合控制区,因此热解过程所形成的孔隙与表面特性对于后续煤焦的燃烧过程有着极大的影响,煤焦孔隙结构决定了氧化剂可达的活性表面和气态产物的扩散,拥有丰富孔隙结构的煤焦则表现出更好的挥发分的析出和燃尽特性。此外,多孔煤焦的燃烧对于颗粒的破碎、灰分的形成、超细颗粒物的排放以及气态污染物如 NO_x 的生成都有着极其重要的影响。

因此,本章研究分析了不同条件下[燃烧气氛、温度、沉降炉(drop tube furnace, DTF)的停留时间等]煤(尘)受热过程中孔隙结构的差异及其随燃尽过程的变化规律,对于深入揭示煤尘结构与反应性的关系将具有极其重要的意义。

7.1 基于沉降炉装置的煤尘燃尽率分析

7.1.1 快速升温粉体燃烧实验系统

为了能够准确模拟煤粉炉内快速升温的实际反应情况,进行了快速升温条件下的煤尘燃烧试验。试验过程中颗粒在沉降炉内的加热速率一般可以达到 $10^4 \sim 10^5 \mathrm{K/s}$,反应温度一般可高于 1300K,炉内的反应特性非常接近实际的工业煤粉炉内的燃烧状况。因此,沉降炉已成为研究煤焦燃烧特性最为常用的一种设备。

早在20世纪六七十年代,英国 BCURA 实验室的 Field 等以及澳大利亚 CSIRO 实验室的 Smith 等都采用沉降炉对煤粉的燃烧特性进行了大量的研究,煤粉或煤焦的反应程度则主要通过在不同采样点位置的气相成分分析或利用"灰示踪"法得到。80 年代后,随着沉降炉测试技术的进步,新的振动式流化床给粉、螺旋式或注射式给粉都可以小剂量(0.025~0.5g/min)地连续稳定给粉,从而保证了炉内颗粒的稀相燃烧。如前所述,为了保证燃烧测试采样的准确、可靠,本实验的沉降炉装置配置了日本 Sankyo Piotech 公司的 MFEV-1VO 型微量给粉器,经多次调整和标定,该加料器可保证均匀、连续且稳定地微量给料,完全满足沉降炉实验的要求。本实验所用的一维沉降炉实验装置如图 7-1 所示。

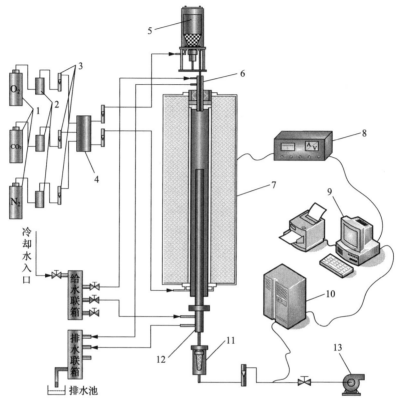

图 7-1　沉降炉实验系统示意图

1-配气钢瓶；2-稳压器；3-流量计；4-稳压混合器；5-微量给粉器；6-水冷下料管；7-沉降炉本体；8-温控仪；
9-实时数据采集系统；10-烟气分析仪；11-固体颗粒过滤器；12-水冷采样枪；13-真空泵

系统的设计及建造过程综合考虑了沉降炉内的气流分布、温度场、气固混合及固体试样的跟随情况、固体试样的受热过程及停留时间等因素的影响。实验系统主要包括沉降炉本体、微量给粉器、实验配气系统、采样及分析系统和冷却水系统五部分。

1. 沉降炉本体

沉降炉本体是该实验装置的核心部分，其实物如图 7-2(a)所示。由内层刚玉管反应管、硅碳加热管、外层刚玉保护套管、保温层以及电源和温控系统等组成。系统反应管内径 50mm，总长 1000mm，有效反应段(恒温段)长度约 600mm；双螺旋结构的加热元件便于对电源接线端的封闭小室进行水冷，从而避免因长时间的加热而导致接线端子温度过高而烧毁；沉降炉的温控热电偶由上端经匀流器后从内外层刚玉管的环形间隙插入至恒温段，其所测定的温度经标定与内层刚玉反应管的恒温段温差小于 5℃，此种方式在保证准确测温的同时避免了热电偶插入内层刚玉反应管时对给粉、气固流动及混合、采样等产生影响，炉温的标定结果如图 7-3 所示。

　　(a) 沉降炉本体　　　　　　　(b) 微量给粉器　　　　　　(c) 实验配气系统

图 7-2　沉降实验系统实物照片

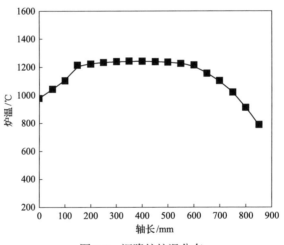

图 7-3　沉降炉炉温分布

2. 微量给粉器

微量给粉器是沉降炉实验系统的重要组成部分，是沉降炉实验能否顺利进行的关键，其实物如图 7-2(b)所示。本系统配备的微量给粉器(MFEV-1VO 型)购于日本 Sankyo Piotech 公司，该微量给粉器的主要结构是一级刮板、边缘刮板和二级刮板。粉体物料从给料斗出口流到旋转平台上，通过一级刮板使物料在旋转平台上形成一个厚度均匀一致的物料薄层，然后经边缘刮板刮去薄层边缘处的不均匀物料，消除边缘不均匀粉体的扰动，最后由二级刮板把给料注入出粉口，并经一次风送入炉内。微量给粉器的给料量由一级刮板与旋转台间的间隙、二级刮板的高度及其偏转角度、旋转台的转速和所加物料的性质共同决定。通过多次调整和标定(图 7-4), 该加料器可保证均匀、连续且稳定地微量给料。

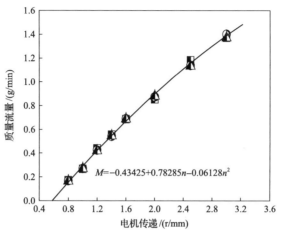

图 7-4　MFEV-1VO 型微量给粉器标定结果

n-电机转速

3. 实验配气系统

如图 7-2(c)所示, 实验所需的反应气氛均由高纯度(99.99%)钢瓶气经流量计控制来配制。反应气体经缓冲罐后分为两路, 一路作为送粉风, 用于携带煤粉从炉顶部经水冷下料管进入炉膛; 另一路由炉体下部经内外层刚玉管之间的间隙通入, 气体被预热后经顶部的匀流器进入炉膛。反应过程则通过调整水冷采样枪伸入炉膛的高度以获得不同燃尽程度的试样。

4. 采样及分析系统

水冷采样枪是获取沉降炉实验时固体反应过程中间试样的关键部件, 如图 7-5所示, 水冷采样枪由外层刚玉保护套管、取样芯管、水冷套管以及填充于外层刚玉保护套管和水冷套管间的高性能保温材料构成。实验过程中通过调整水冷采样枪插入炉内的深度来获取不同停留时间(反应时间)的气体(固体)试样, 通过过滤型气固分离器来获取实验所需的固体试样, 而过滤后的气体试样则送入在线烟气分析仪进行成分测定。

燃烧产生的烟气经过滤器后由德国 MRU 的 VARIO PLUS 增强型烟气分析仪在线分析 O_2、CO_2、CO、NO 及 SO_2 等气体的浓度, 其中 CO_2 浓度由该仪器所配的红外分析单元进行测定。

5. 冷却水系统

在本沉降炉实验系统的设计中, 采用水冷却的部分共计包括: 加热元件的接

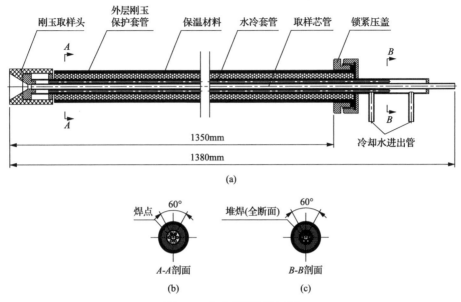

图 7-5　水冷采样枪装置图

B-B 断面应封实，以免两侧水流相通

线密封室、给粉管以及采样枪。加热元件的接线密封室的冷却主要在于避免接线端子长时间加热而发生高温烧毁；给粉管的冷却主要在于避免固体试样在未进入炉膛前受热而发生反应，从而保证了加料的稳定和顺利，更重要的是保证了煤粉的初始反应点是在煤粉进入炉膛处开始；采样枪的冷却一是避免了采样枪长时间插入炉膛时发生高温烧毁，二是保证了固体试样在进入采样枪后即停止发生化学反应，将有利于确定固体试样在炉内的停留时间(反应时间)。

7.1.2　不同气氛下煤尘的燃尽特性

所取煤焦试样在 GW-300 型箱式电阻炉上按《煤的工业分析方法》(GB/T 212—2008)测定其灰分含量，按照如式(7-1)所示的"灰分示踪法"计算其燃尽率：

$$B = \left(1 - \frac{A_0}{1 - A_0} \times \frac{1 - A_i}{A_i}\right) \times 100\%　　　　(7-1)$$

式中，B 为煤焦燃尽率；A_0 为原煤中工业分析的灰分含量；A_i 为所取煤焦试样中的灰分含量。

龙岩无烟煤焦和贵州烟煤焦在不同燃烧气氛下的燃尽率随停留时间的变化关系如图 7-6 所示。由图 7-6 可知，不同品质的煤种表现出不同的燃尽特性。在相同燃烧温度(1200℃)和停留时间的情况下，高变质程度的龙岩无烟煤焦在两种气氛下均表现出较低的燃尽率。随着燃烧反应的进行，两种气氛下各煤样的燃尽率都有不同程度的增加，但停留时间至 1s 后贵州烟煤焦的增加速率趋于变缓，主要在于此时贵州烟煤已处于燃尽阶段。由于实验条件的限制，贵州烟煤焦在初始采样点的燃尽率已较高，实验过程所取的试样中残留物基本为较难燃的物质。同时，与模拟空气气氛下煤粉的燃烧状况相比，在高浓度 CO_2 气氛下煤粉的快速升温燃烧特性与其有着较大的差别。在实验选取的燃烧温度和 O_2 浓度条件下，煤焦在 O_2/CO_2 气氛下的燃尽率均小于相同 O_2 浓度的 O_2/N_2 气氛下煤焦的燃尽率，表现出较难燃烧和燃尽的特性。其主要原因在于 O_2/CO_2 气氛下大量高比热性 CO_2 气体的存在使得沉降炉内煤粒本身的燃烧温度较低，反应速率较慢，相同停留时间内的转化率较低；同时，与 O_2/N_2 气氛相比，高浓度 CO_2 的存在造成的气态物质在其中的扩散能力的差异也抑制了煤粒的反应，主要是由 CO_2 与 N_2 分子量的差别造成的混合气体产物密度的差异所致，如图 7-7 所示[1,2]。

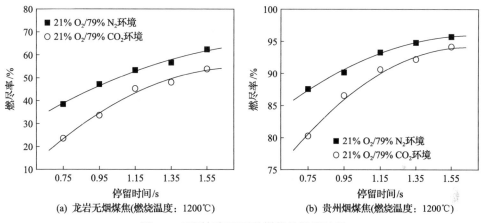

(a) 龙岩无烟煤焦(燃烧温度：1200℃)　　　　(b) 贵州烟煤焦(燃烧温度：1200℃)

图 7-6　不同气氛下两种煤粉的燃尽过程

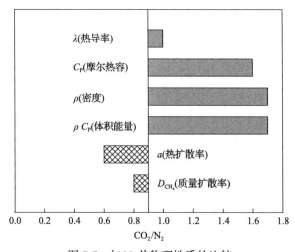

图 7-7　与 N_2 热物理性质的比较

7.1.3　不同气氛下煤尘的燃烧速率的差异

煤焦的燃烧速率(R_C)定义为单位质量煤焦中可燃性物质的消耗速率：

$$R_C = -\frac{1}{m} \times \frac{\mathrm{d}m}{\mathrm{d}t} = -\frac{1}{1-B} \times \frac{\mathrm{d}(1-B)}{\mathrm{d}t} \tag{7-2}$$

式中，R_C 为煤焦燃烧速率；m 为煤焦在 t 时刻的质量；B 为煤焦燃尽率。

燃尽过程中煤焦燃烧速率的变化如图 7-8 所示。由于煤质的差异，所取的煤焦试样在相同的停留时间段内燃烧速率的变化规律有所不同，相比于较低煤变质程度的贵州烟煤焦来讲，高煤变质程度的龙岩无烟煤焦在相同燃尽率时的燃烧速率均较小。对于同一种煤焦，在相同 O_2 浓度的两种气氛下燃烧速率虽表现出相似的变化规律，但在 O_2/CO_2 气氛下的总体燃烧速率小于模拟空气气氛下的情况，由此导致在高浓度 CO_2 存在时的燃尽率较低。

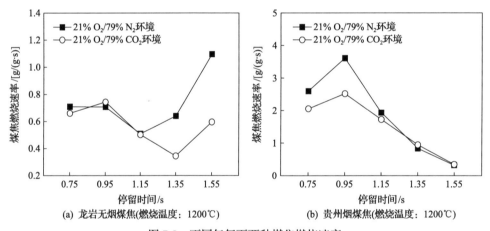

(a) 龙岩无烟煤焦(燃烧温度：1200℃)　　　　(b) 贵州烟煤焦(燃烧温度：1200℃)

图 7-8　不同气氛下两种煤焦燃烧速率

7.1.4　燃烧温度对两种气氛下煤尘燃尽特性的影响

两种气氛下不同燃烧温度时煤焦的燃尽率如图 7-9 所示。由图 7-9 可知，不同品质的煤种表现出不同的燃尽特性，在相同燃烧温度和停留时间(1.15s)的情况下，高变质程度的龙岩无烟煤焦在两种气氛下均表现出较低的燃尽率，但随着燃烧温度的升高，两种煤焦燃尽率都有不同程度的增加；同时，与模拟空气气氛下煤粉的燃烧状况相比，高浓度 CO_2 气氛下煤粉的燃烧特性有着较大的差别。在实验选取的温度范围(1000~1300℃)内，相同的燃烧温度和 O_2 浓度条件下，煤粉在 O_2/CO_2 气氛下的燃尽率较低，表现出较难燃尽的特性。在 O_2/CO_2 气氛下，大量高比热性 CO_2 气体的存在使得煤粒本身的燃烧温度较低，反应速率较慢，相同停留时间内的转化率较低；与 O_2/N_2 气氛下相比，高浓度 CO_2 的存在造成的气态物质在其中的扩散能力的差异也抑制了煤粒的反应，但随着燃烧温度的升高，两种气氛下煤焦燃尽率的差异趋于缩小，主要原因在于高温条件下 CO_2 对煤焦的气化反应加剧，加快了煤粒的反应速率，使得煤粒燃尽程度增加。

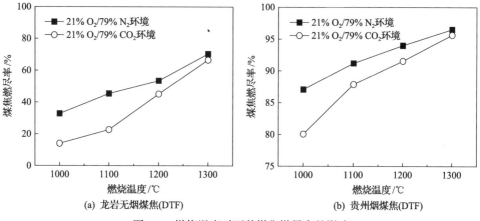

(a) 龙岩无烟煤焦(DTF)　　　　　　　(b) 贵州烟煤焦(DTF)

图 7-9　燃烧温度对两种煤焦燃尽率的影响

7.2　煤焦孔隙结构演化及其受控因素分析

前述研究利用热力工况与实际煤粉炉相似的沉降炉获取了不同燃烧气氛以及不同停留时间的煤焦试样，现采用液氮吸附法测定并分析了煤焦试样的孔隙状况。

在沉降炉快速升温条件下，两种气氛(O_2/N_2 和 O_2/CO_2)、不同 O_2 浓度以及不同停留时间下获得试样的吸附等温线如图 7-10～图 7-12 所示。

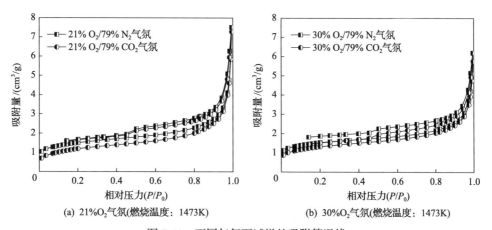

(a) 21%O_2气氛(燃烧温度: 1473K)　　　(b) 30%O_2气氛(燃烧温度: 1473K)

图 7-10　不同气氛下试样的吸附等温线

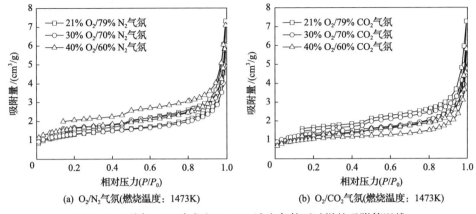

(a) O_2/N_2气氛(燃烧温度：1473K)　　　　　　(b) O_2/CO_2气氛(燃烧温度：1473K)

图 7-11　不同 O_2/N_2 浓度和 O_2/CO_2 浓度条件下试样的吸附等温线

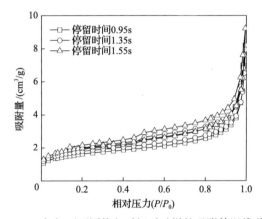

图 7-12　21%O_2+79%CO_2气氛下不同停留时间时试样的吸附等温线(燃烧温度：1473K)

　　由测试结果可知，在不同 O_2 浓度的 O_2/N_2、O_2/CO_2 气氛下焦样的吸附等温线在形态上虽稍有差别，但基本都呈反 S 形，即 BDDT 分类中的第 Ⅱ 类。曲线的前半段上升缓慢，呈上凸的形状，表明煤焦孔隙表面在由单分子层吸附向多分子层吸附过渡，而后阶段吸附曲线的急剧上升表明在煤焦内的大孔中发生了毛细凝聚现象。该类型曲线意味着煤焦中的孔隙是小至分子级的孔隙(孔径约 0.86nm)、大至无上限孔隙(相对)的较连续的完整的孔隙体系。实验结果表明，在所有气氛下及不同的停留时间时所取的煤焦均具有完整且类似的孔隙结构，燃烧气氛的改变并未使得煤焦燃烧过程孔隙的形成与发展发生显著的变化，但与 O_2/N_2 气氛下煤焦的吸附等温线相比，在 O_2/CO_2 气氛下所取煤焦的吸附等温线存在的细微差别则表明了各煤焦存在着不同的孔径分布，即意味着煤焦在 O_2/CO_2 气氛的燃烧特性与常规空气气氛下(O_2/N_2气氛)的燃烧过程有一定的差别。

　　由图 7-10～图 7-12 可知，本次实验获得的煤焦试样的吸附等温线的特点是吸附回线较小，吸附曲线与脱附曲线的分离在 P/P_0=0.4～0.5 的位置，并且在相当长的一段区间内,吸附与脱附分支相平行,回线均为典型的 IUPAC 分类中的 H3 型或 H3 与 H4 型吸附回线的复合类型。根据吸附回线的类型可以推断,煤焦试样的孔隙可能是大量不产生吸附回线的一端封闭的盲孔(一端封闭的圆筒孔、一端封闭的平行板状或劈尖状孔)以及部分产生 H3、H4 型吸附回线的裂缝孔隙。实验在不同的燃烧气氛(O_2/N_2、O_2/CO_2)、不同的 O_2 浓度(21%、30%、40%)以及不同的停留时间条件下获得的煤焦的吸附回线稍有差别但形态基本一致,表明燃烧气氛的差异以及燃烧时间的长短使得试样中各种孔隙的比例及孔隙容积发生了改变,而孔隙的形态基本变化不大。

7.2.1　燃烧气氛的影响

由前述研究可知,燃烧气氛的改变使得两种气氛下煤粉及煤焦的燃烧特性存在一定程度的差异。对于沉降炉反应器特别是实际的煤粉炉而言,快速的升温条件使得煤粉及煤焦的燃烧大多处于扩散控制区,因此,煤焦的孔隙特性对其多孔结构体的燃烧及燃尽特性有着极其重要的影响。

在考察燃烧气氛对煤焦孔隙结构影响的实验中,煤焦的制备条件如下:燃烧温度 1200℃、炉内的停留时间 1.15s,燃烧气氛分别为 10%、21%、30%、40%O_2 浓度的 O_2/N_2 和 O_2/CO_2 气氛。

1. 不同燃烧气氛下煤焦的 BET 比表面积、BJH 比孔容积及其平均孔径

煤焦的多相燃烧反应主要发生在固体颗粒的表面,比表面积、比孔容积及平均孔径是其物理结构的主要部分,其大小直接影响着煤焦的化学反应速率,对燃烧过程有着显著影响。通过液氮吸附法测定的多孔煤焦的吸附数据,采用合适的孔隙结构参数的计算模型,获得了不同制备条件下煤焦的孔隙结构参数及其孔径分布情况。

对于多孔介质的介孔表面积及其分布,最多的是采用 BET 法,其等温吸附方程为

$$\frac{P}{V(P_0-P)} = \frac{1}{V_m C} + \frac{C-1}{V_m C} \cdot \frac{P}{P_0} = i + s \cdot \frac{P}{P_0} \tag{7-3}$$

式中,P_0 为吸附温度下吸附介质的饱和蒸汽压;V_m 为单分子层饱和吸附量;C 为 BET 方程常数,$C = \exp\left[(E_1 - E_2)/RT\right]$,对于选定的吸附质、吸附剂以及吸附平衡温度;$P$ 为吸附压力;V 为吸附体积。

根据吸附理论,对 P/P_0 在 0.05~0.35 的等温吸附数据以 $1/[V(P_0/P-1)]$ 对 P/P_0 作图可得一条直线,其中斜率 s 为 $(C-1)/V_m C$,截距 i 为 $1/V_m C$。

由斜率和截距即可求得单分子层饱和吸附量 V_m 以及 BET 比表面积 S_{BET},即

$$V_{\mathrm{m}} = \frac{1}{s+i} \tag{7-4}$$

$$S_{\mathrm{BET}} = \frac{V_{\mathrm{m}}N}{22.414} A_{\mathrm{CS}} \tag{7-5}$$

式中，N 为阿伏伽德罗常数；A_{CS} 为分子截面积。

煤焦中孔的比孔容积的计算采用 BJH 方程[3]，该法以 Kelvin 和 Halsey 方程为基础，在对中孔（2~50nm）的描述上有着较高的精度。

平均孔径 d_{avg} 的计算以 BET 比表面积 S_{BET}、BJH 比孔容积 V_{BJH} 为基础，则有：

$\bar{r} = \dfrac{2V_{\mathrm{BJH}}}{S_{\mathrm{BET}}}$。

以液氮吸附法测得的数据为基础，通过以上方法计算了不同煤焦试样的孔隙结构参数，相应的结果如图 7-13、图 7-14 所示。

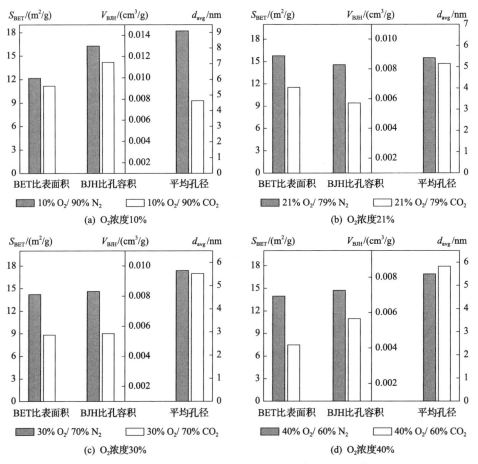

图 7-13 龙岩无烟煤焦在不同气氛下的孔隙结构参数

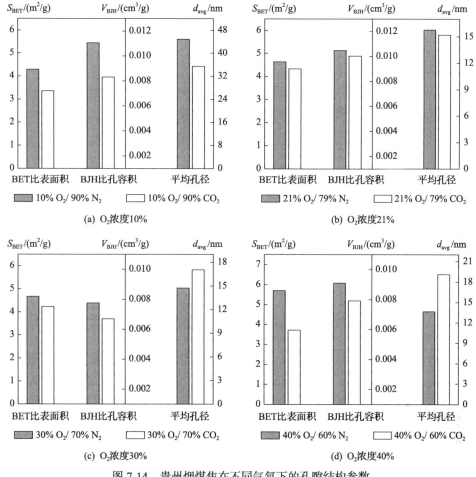

图 7-14　贵州烟煤焦在不同气氛下的孔隙结构参数

在实验选取的典型工况下，煤焦的孔隙结构参数如图 7-13、图 7-14 所示。由图 7-13、图 7-14 可知，在相同的实验条件下，相同 O_2 浓度的 O_2/CO_2 气氛下煤焦的孔隙结构参数（S_{BET}、V_{BJH} 和 d_{avg}）基本上较模拟空气气氛下的小，这表明 O_2/CO_2 气氛下高浓度 CO_2 的存在不利于燃烧过程煤焦孔隙结构的形成与发展。

根据已有的研究结果，在快速升温的实验条件下多孔煤焦表面的燃烧大多处于扩散与化学动力反应联合控制区，其反应速率可表示为[4]

$$\rho_m = \eta S_P R_i P_S^n \tag{7-6}$$

式中，S_P 为煤焦的比表面积；P_S 为孔隙表面的 O_2 分压力；n 为相对应 O_2 分压力的反应级数；R_i 为由化学结构所决定的本征反应活性；η 为真实反应与本征反应活性的比例系数。

由此可知，高浓度 CO_2 的存在降低了颗粒的燃烧反应速率及颗粒温度，从而使得停留时间相同时 O_2/CO_2 气氛下煤焦燃尽率有所下降，这是导致其孔隙结构最终产生差异的根本性因素。

2. 不同燃烧气氛下煤焦的 BET 比表面积、BJH 比孔容积及其分布

孔径分布是多孔固体表征的一个重要参数，本节采用基于 Kelvin 和 Halsey 方程[5,6]的 BJH 模型，通过解析脱附曲线获得了多孔煤焦中孔隙结构的孔径分布。

图 7-15、图 7-16 分别为两种煤焦在 1200℃、不同燃烧气氛条件下（O_2/N_2 气氛和 O_2/CO_2 气氛）的孔比表面积及其分布的曲线。

由图 7-15 可知，龙岩无烟煤焦的孔比表面积分布曲线在两种气氛下大体相似，曲线的起始部分上翘，对应于 2nm 的微孔的贡献，表明燃烧过程中微孔的比表面

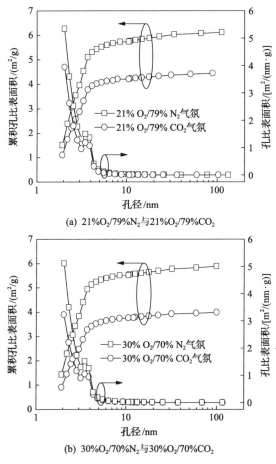

(a) 21%O₂/79%N₂ 与 21%O₂/79%CO₂

(b) 30%O₂/70%N₂ 与 30%O₂/70%CO₂

图 7-15　龙岩无烟煤焦的孔比表面积及其分布

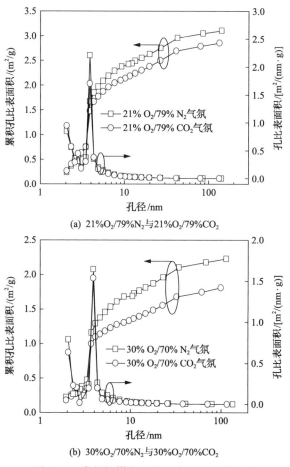

(a) 21%O$_2$/79%N$_2$ 与 21%O$_2$/79%CO$_2$

(b) 30%O$_2$/70%N$_2$ 与 30%O$_2$/70%CO$_2$

图 7-16　贵州烟煤焦的孔比表面积及其分布

积大大增大；同时，两种气氛下分布曲线均在 3～4nm 出现峰值。而图 7-16 所示的贵州烟煤焦的孔比表面积分布曲线与龙岩无烟煤则明显不同，两种气氛下的分布曲线均在 3～4nm 出现峰值且明显高于起始部分的上翘值，表明贵州烟煤燃烧过程中孔比表面积增加的贡献主要是处于该范围内中孔增加的结果。图 7-17、图 7-18 为两种煤在不同气氛下的比孔容积及其分布的变化情况，与孔比表面积的变化有较为类似的趋势，两种煤的比孔容积及其分布也存在着较大差别。

　　此外，由图 7-15～图 7-18 可以看出，燃烧气氛的变化对燃烧过程中煤焦孔隙结构的变化有着较为显著的影响。与 O$_2$/N$_2$ 气氛下的燃烧相比，在相同 O$_2$ 浓度的 O$_2$/CO$_2$ 气氛下，相同停留时间(1.15s)时煤焦的比表面积及比孔容积均较小，表明在 O$_2$/CO$_2$ 气氛下，大量高比热性 CO$_2$ 气体的存在不利于煤焦颗粒的燃烧及其孔隙结构的发展，同时孔隙结构又抑制了气态反应产物的扩散，从而使得 O$_2$/CO$_2$ 气氛下煤粒本身的燃烧温度较低，反应速率相对较慢。

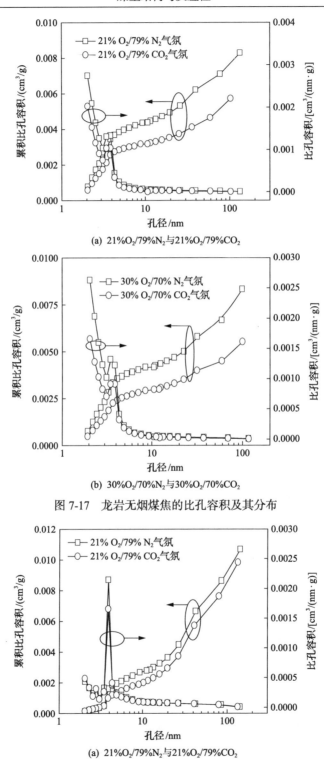

(a) 21%O₂/79%N₂与21%O₂/79%CO₂

(b) 30%O₂/70%N₂与30%O₂/70%CO₂

图 7-17 龙岩无烟煤焦的比孔容积及其分布

(a) 21%O₂/79%N₂与21%O₂/79%CO₂

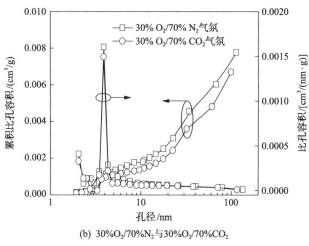

(b) 30%O$_2$/70%N$_2$与30%O$_2$/70%CO$_2$

图 7-18　贵州烟煤焦的比孔容积及其分布

利用 SIRION 场发射扫描电镜(FESEM)对典型工况下(21%O$_2$/79%N$_2$ 气氛和 21%O$_2$/79%CO$_2$气氛)所取的试样进行了表面形貌测定,测定前对样品进行喷金处理以获取清晰的扫描电子图像。在两种不同气氛下停留时间相同时的两种煤焦试样的 FESEM 图像如图 7-19、图 7-20 所示。

在放大倍率为 10000 倍的情况下,O$_2$/N$_2$ 气氛下的试样具有较大的烧蚀坑洞和丰富的孔隙结构,不仅包含有利于反应气体传输的大孔,而且具有能够为燃烧反应提供足够反应场所的丰富的小孔;相比之下,在相同 O$_2$ 浓度的 O$_2$/CO$_2$ 气氛下试样的孔隙却较少,表面的孔隙结构致密且似乎被熔融状烧结物所堵塞,其表面形态不利于燃烧反应的进行。结合图 7-15～图 7-18 可知,FESEM 的定性分析结果与液氮吸附法的定量测量吻合程度较好。

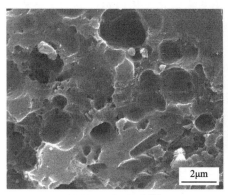

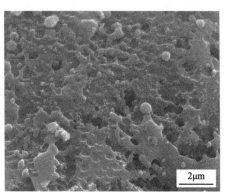

(a) 21%O$_2$/79%N$_2$气氛　　　　　　　　(b) 21%O$_2$/79%CO$_2$气氛

图 7-19　龙岩无烟煤焦的 FESEM 图像

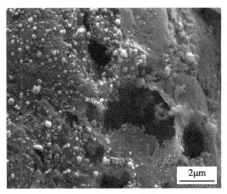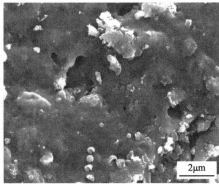

　　(a) 21%O$_2$/79%N$_2$气氛　　　　　　　　　　(b) 21%O$_2$/79%CO$_2$气氛

图 7-20　贵州烟煤焦的 FESEM 图像

7.2.2　燃烧温度的影响

　　为了考察两种煤焦在相同停留时间(所有工况煤焦的停留时间均为 1.15s)时燃烧温度对其孔隙结构的影响，实验中获取了两种气氛下(21%O$_2$/79%N$_2$ 和 21%O$_2$/79%CO$_2$)的煤焦试样并进行了孔隙结构的液氮吸附测试，分析了不同燃烧温度时煤焦孔隙结构参数及其孔径分布的差异。

　　1. 不同燃烧温度煤焦的 BET 比表面积、BJH 比孔容积及其平均孔径

　　两种气氛下煤焦孔隙结构参数随燃烧温度的变化规律如图 7-21～图 7-23 所示。由图 7-21～图 7-23 可知，O$_2$/CO$_2$ 气氛下所获取的煤焦试样的比表面积、比孔容积基本小于相同 O$_2$ 浓度的 O$_2$/N$_2$ 气氛下的煤焦试样。

　　煤在受热过程中，随着挥发分的析出产生了附加的孔隙和表面积，使得有些封闭的孔隙被打开，有些开放的孔隙被扩大；同时挥发分的析出破坏了煤焦内部

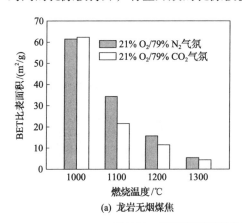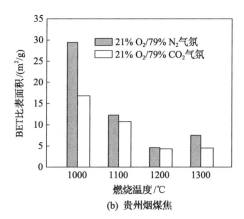

　　(a) 龙岩无烟煤焦　　　　　　　　　　　　(b) 贵州烟煤焦

图 7-21　燃烧温度对两种煤焦 BET 比表面积的影响

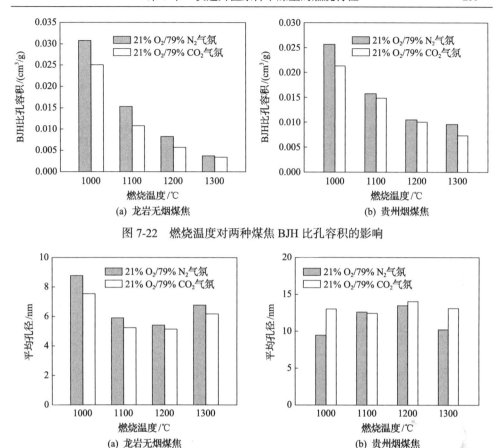

图 7-22　燃烧温度对两种煤焦 BJH 比孔容积的影响

图 7-23　燃烧温度对两种煤焦平均孔径的影响

的一些交联键，使得内部的芳香区域更加有序化，与此同时也丧失了一些开放的孔隙和表面积。在较低的温度下，煤的受热过程以挥发分的析出为主；当温度进一步升高时，挥发分的析出较少，于是交联键的破坏和晶体的有序化占主要地位，其结果使得煤焦的表面积和开放孔体积的丧失变得显著。从实验结果可以看出，在相同停留时间下，随着燃烧温度的升高，两种煤焦的 BET 比表面积、BJH 比孔容积表现为逐渐减小的趋势。在沉降炉快速升温的条件下，提高燃烧温度不仅缩短了煤焦挥发分的析出过程，而且加快了煤焦的着火与燃尽，提高了煤焦试样的燃尽程度，使得煤焦中可燃有机物化学交联键的破坏加剧、晶体有序化程度加深；同时，较高的燃尽程度加速了煤焦颗粒原有孔隙结构的坍塌、破碎。从平均孔径的变化情况来看(图 7-23)，两种煤焦平均孔径的变化情况略有不同，龙岩无烟煤焦平均孔径表现为先减小后增大的趋势，而高 CO_2 浓度气氛下贵州烟煤焦的平均孔径基本一致，其主要原因可能在于两种煤焦的燃尽程度以及颗粒的破碎程度不同，两种气氛下煤焦颗粒的破碎情况将在后续部分进行讨论。

2. 不同燃烧温度时煤焦的 BET 孔比表面积、BJH 比孔容积及其分布

从图 7-24、图 7-25 可以看出，21%O$_2$/79%CO$_2$气氛下不同实验温度条件获取的煤焦试样孔隙结构的差异主要表现在小于 5nm 的区域，特别是从 3nm 到 2nm 的变化趋势可以推断出该结论。

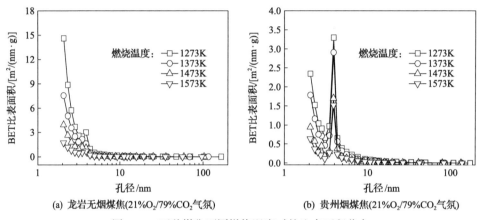

(a) 龙岩无烟煤焦(21%O$_2$/79%CO$_2$气氛)　　(b) 贵州烟煤焦(21%O$_2$/79%CO$_2$气氛)

图 7-24　两种煤焦不同燃烧温度时的比表面积分布

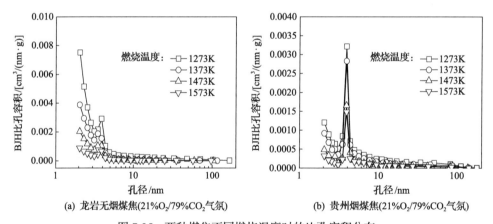

(a) 龙岩无烟煤焦(21%O$_2$/79%CO$_2$气氛)　　(b) 贵州烟煤焦(21%O$_2$/79%CO$_2$气氛)

图 7-25　两种煤焦不同燃烧温度时的比孔容积分布

煤粉在受热燃烧的初期，由于挥发分的析出和固相有机质的消耗产生了大量的新孔，同时原有的小孔不断扩张，但随着燃尽率的提高，煤中大量有机质的消耗使得煤焦表面微孔减少、大孔坍塌，从而使得煤的比表面积减小。由比表面积及比孔容积的变化趋势可以看出，随着燃烧温度的增加，比表面积呈降低的趋势，且主要表现在微孔区域孔隙结构的减少。结果表明，低温下燃烧反应相对缓和，可使得挥发分充分释放，便于微孔的形成，且反应条件可使得孔隙结构保持相对稳定，不易出现孔隙的崩塌现象，有利于比表面积的形成。

通过 FESEM(图 7-26,图 7-27)可以发现,在燃烧温度较低的情况,所获取的煤焦试样表现出明显的棱角特征,但高温时煤焦表面变得较为光滑,其主要原因在于高温燃烧的颗粒受到较大的热应力而发生明显的塑性变形;同时也是煤焦表面的烧结以及内部孔隙结构的坍塌所致[7-9]。文献[10]也发现,煤焦的表面特征主要受升温速率和终温的影响。

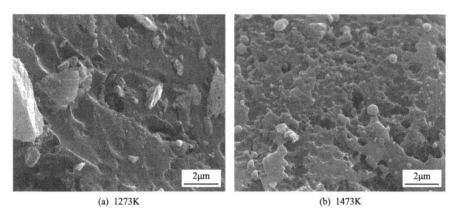

(a) 1273K　　　　　　　　　　　　　　(b) 1473K

图 7-26　21%O_2/79%CO_2气氛下龙岩无烟煤焦的 FESEM 图像

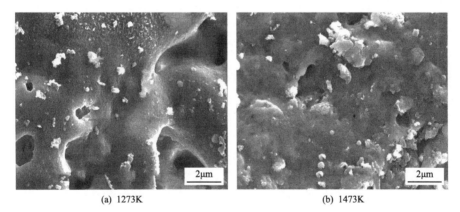

(a) 1273K　　　　　　　　　　　　　　(b) 1473K

图 7-27　21%O_2/79%CO_2气氛下贵州烟煤焦的 FESEM 图像

7.2.3　燃烧时间的影响

煤焦在沉降炉内停留时间的确定主要考虑炉内的流动形态、速度、实验时的炉温、实验煤粉的粒度以及水冷采样枪在炉内的插入位置等因素的影响,以流体动力学 FLUENT 软件模拟煤焦在炉内的运动情况来近似获得煤焦的停留时间。

1. 不同停留时间时煤焦的 BET 比表面积、BJH 比孔容积及其平均孔径

煤焦的 BET 比表面积和 BJH 比孔容积是表征煤焦孔隙结构的重要参数,两种

煤在两种不同气氛下燃烧过程中孔隙结构参数的变化规律如图 7-28～图 7-30 所示。

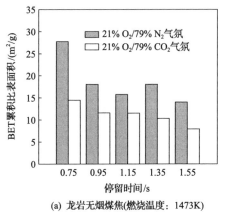

(a) 龙岩无烟煤焦(燃烧温度：1473K)

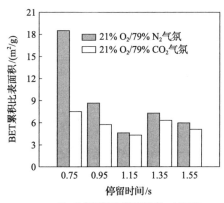

(b) 贵州烟煤焦(燃烧温度：1473K)

图 7-28　不同停留时间煤焦的 BET 比表面积

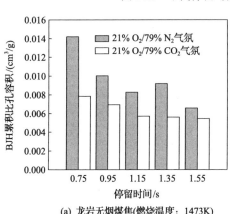

(a) 龙岩无烟煤焦(燃烧温度：1473K)

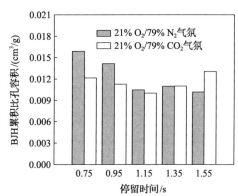

(b) 贵州烟煤焦(燃烧温度：1473K)

图 7-29　不同停留时间煤焦的 BJH 比孔容积

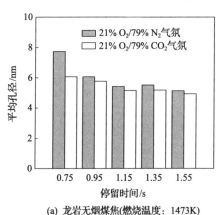

(a) 龙岩无烟煤焦(燃烧温度：1473K)

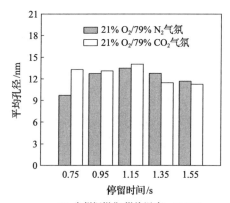

(b) 贵州烟煤焦(燃烧温度：1473K)

图 7-30　不同停留时间煤焦的平均孔径

由图 7-28 和图 7-29 可知，在相同停留时间情况下，两种煤焦在 O_2/CO_2 气氛下所得煤焦试样的 BET 比表面积和 BJH 比孔容积基本小于相同 O_2 浓度的 O_2/N_2 气氛下的煤焦试样，且原煤煤质对两种气氛间的差异有着较大的影响。其主要原因在于，在高浓度 CO_2 存在的混合气体中，燃烧颗粒本身的温度较 N_2 环境低，致使由温度及气体析出引起的颗粒的膨胀及破碎较小，燃烧进行及孔隙结构的发展较为缓慢。

此外，在相同 O_2 浓度的两种气氛下，各实验煤焦燃尽过程中的 BET 比表面积 S_{BET} 和 BJH 比孔容积 V_{BJH} 均呈减小趋势。煤焦燃烧过程孔隙结构的变化主要受挥发分析出及颗粒受热变形、膨胀及破碎等的影响，在慢速升温条件下结构参数大多呈现出先增加后减小的规律。在沉降炉实验台上进行的煤焦快速升温燃烧的条件下，煤焦挥发分析出及燃烧过程在极短的时间内即已完成，受实验条件的限制，本试样所取煤焦试样未能观测到挥发分析出对孔隙结构参数的影响。

两种煤焦在 $21\%O_2/79\%CO_2$ 气氛下不同停留时间(反应时间)煤焦试样的表面形态变化如图 7-31、图 7-32 所示，可以看出：三个不同停留时间的煤焦试样孔隙经历了先变小而后增大的过程。在燃烧反应的后期，由于煤焦颗粒的燃烧及 CO_2 的气化作用，颗粒呈现较为丰富且均匀的孔隙结构，BJH 比孔容积较前期有所增加。结合图 7-28～图 7-30 可知，FESEM 的定性分析结果与液氮吸附法的定量测量吻合程度较好。

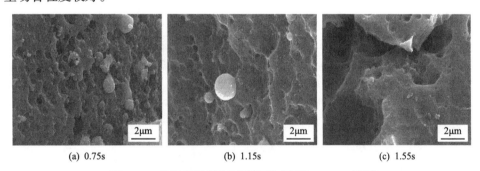

(a) 0.75s　　　　　　　(b) 1.15s　　　　　　　(c) 1.55s

图 7-31　龙岩无烟煤焦不同停留时间的 FESEM 图像

(a) 0.75s　　　　　　　(b) 1.15s　　　　　　　(c) 1.55s

图 7-32　贵州烟煤焦不同停留时间的 FESEM 图像

2. 不同停留时间时煤焦的 BET 比表面积、BJH 比孔容积及其分布

两种气氛下不同煤焦的 BET 比表面积分布曲线和 BJH 比孔容积分布曲线分别如图 7-33 和图 7-34 所示。由图 7-33 和图 7-34 可知，燃烧过程中煤焦孔径变化主要发生在小于 50nm 的中孔及微孔范围内，但由于原煤煤质的差异，不同煤种燃烧过程煤焦的孔径分布变化也有所不同。龙岩无烟煤焦各试样的孔径分布曲线在起始部分均上翘，对应小于 3nm 的孔隙的贡献。随着孔径的增大，在 4nm 左右出现孔径分布的又一尖峰，但其高度小于第一尖峰贡献的效果。随着燃烧时间的延长和燃尽程度的增加，原煤由于挥发分析出而使得所生成煤焦的微孔不断扩大、连通，不同尺寸孔隙的相对比例也发生变化，主要表现在小于 5nm 的孔隙不断减少，曲线初始阶段的两个尖峰高度均降低。而对于贵州烟煤来讲亦有相似的变化

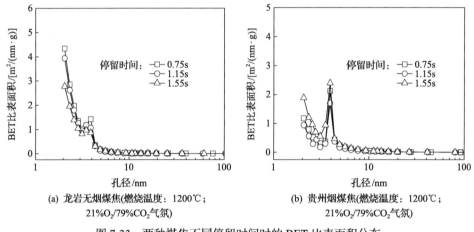

图 7-33　两种煤焦不同停留时间时的 BET 比表面积分布

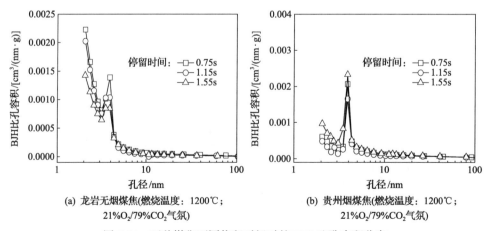

图 7-34　两种煤焦不同停留时间时的 BJH 比孔容积分布

规律，燃烧过程孔径的变化也主要体现在小于 5nm 的孔隙的相对比例的变化，但与龙岩无烟煤焦不同的是其煤焦试样在燃烧后期，小于 5nm 的孔隙的比例又有所增加，其主要原因在于贵州烟煤煤化程度较龙岩无烟煤低，煤粉及煤焦的着火和燃烧相对易于进行，在燃烧初期由于孔径增加微孔比例不断减少，但随着燃烧的进一步深入，燃烧的颗粒发生收缩甚至破碎重新使得小颗粒中微孔区所占的比例增加，从而导致此区域内的孔径分布曲线再次上翘。

7.2.4　煤焦孔隙结构与燃尽率

实验过程中通过调整水冷采样枪的位置获取了不同停留时间的煤焦试样，其孔隙结构参数随燃尽率的变化关系如图 7-35～图 7-37 所示。由实验结果可以发现，燃尽过程中煤焦的孔隙结构参数(S_{BET}、V_{BJH} 和 d_{pore})随燃尽率的增加均呈减小趋势；同时，在相同燃尽率条件下，O_2/CO_2 气氛下煤焦的孔隙结构参数总小于 O_2/N_2 气氛下时的煤焦。

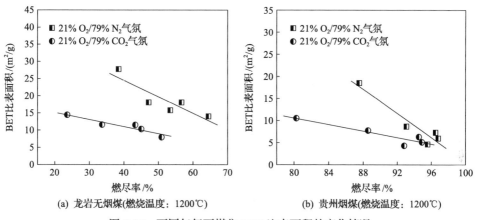

(a) 龙岩无烟煤(燃烧温度：1200℃)　　　　　(b) 贵州烟煤(燃烧温度：1200℃)

图 7-35　不同气氛下煤焦 BET 比表面积的变化情况

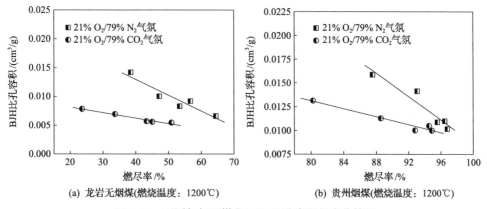

(a) 龙岩无烟煤(燃烧温度：1200℃)　　　　　(b) 贵州烟煤(燃烧温度：1200℃)

图 7-36　不同气氛下煤焦 BJH 比孔容积的变化情况

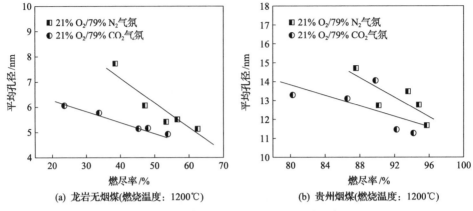

(a) 龙岩无烟煤(燃烧温度: 1200℃)　　　　　(b) 贵州烟煤(燃烧温度: 1200℃)

图 7-37　不同气氛下煤焦平均孔径的变化情况

在沉降炉快速升温的实验条件下，煤粉及煤焦的燃烧大多处于扩散控制区或动力与扩散联合控制区。可以看出，燃尽率的不同是导致颗粒孔隙差异的主要因素；相反，颗粒孔隙结构内 CO_2 等气态产物的扩散对颗粒的燃烧速率也有着极其重要的影响。此外，高温条件下 CO_2 对煤焦的气化效应使得相同条件的 O_2/CO_2 气氛下煤焦颗粒的实际温度较 O_2/N_2 气氛下要低，这是影响颗粒燃烧速率及其孔隙结构发展的根本性因素。

煤焦燃烧过程孔隙结构的变化主要受挥发分析出及颗粒受热变形、膨胀及破碎等的影响，在慢速升温条件下孔隙结构参数大多呈现出先增加后减小的规律。在沉降炉实验台上进行的煤焦快速升温燃烧的条件下，煤焦挥发分的析出及燃烧过程在极短的时间内即已完成，受实验条件的限制，本试样所取煤焦试样未能观测到由于挥发分析出对孔隙结构参数的影响。在煤焦燃烧过程中，颗粒在高温环境下受表面应力的影响产生的塑性变形将导致原有孔径缩小甚至导致孔隙关闭，同时燃烧过程中伴随的微孔结构的扩大、贯通及坍塌也将使得其孔隙结构参数减小。

按照孔隙结构的分类标准，对于小于 O_2 分子平均自由程 $(5 \times 10^{-7}\text{m})$ 的小孔，O_2 在其中将以 Knudsen 扩散而非分子扩散的形式发生，扩散系数可表示为[11]

$$D_e = 9.7 \times 10^3 \times d_{\text{pore}} \times \left(\frac{T_P}{M}\right)^{0.5} \times \left(\frac{\varphi}{\tau}\right) \qquad (7\text{-}7)$$

式中，d_{pore} 为孔隙的平均孔径；φ 和 τ 为煤焦的孔隙率及孔隙结构的曲折程度；T_P 为煤焦颗粒温度；M 为 O_2 的分子量。

由两种气氛下平均孔径的测定结果可知，O_2/CO_2 气氛下形成的较小的孔径不利于反应气体的扩散，从而导致该种气氛下煤焦的燃尽反应受到抑制。

7.3　煤焦颗粒孔隙结构的非线性特征

煤焦的燃烧过程是发生在气固表面的非均相反应，煤焦燃烧机理特别是在新型燃烧方式(O_2/CO_2 燃烧方式)下的燃烧机理研究的难点在于燃烧过程中煤焦结构变化的不确定性难以进行定量描述。大量研究表明，在挥发分析出以及后续煤焦燃烧过程中都伴随着颗粒表面及内部孔隙结构的变化，同时孔隙结构的改变又极大地影响着煤焦燃烧过程。

对于煤焦颗粒表面形态的研究，最为直接的方法就是扫描电子显微镜法，但煤焦颗粒表面的无序性孔隙结构及其发展的非线性特征使得传统的数学方法已无法对其进行准确描述。

非线性科学是继牛顿力学和量子力学之后发展起来的一门新兴学科，其宗旨在于揭示非线性系统的共同性质、基本特征和运动规律。非线性科学的内容十分广泛，包括分形、逾渗(percolation)等。

本节在第 3 章利用吸附法对颗粒的内部孔隙结构进行分析的基础之上，结合分形理论以及传统的 SEM 图像分析方法，对不同工况下的煤焦试样进行了表征。

7.3.1　分形理论简介及其应用

1. 分形理论简介

分形理论是从几何学的角度，研究欧氏空间中一类不可积的复杂系统，此类系统在结构、形状等方面具有自相似性。分形理论是在 20 世纪 70 年代由 Mandelbort[12]创立的，他在对"不列颠群岛的海岸线有多长"这一问题进行深入思考和分析时发现：任何海岸线在一定意义上都是无限长的。而从另一角度分析，结果依赖于测量海岸线所用尺子的长度。尺子长度越小，测得的海岸线的长度越大。测量尺度无限小，则海岸线尺度无限长。因此，描述光滑曲线长度的数学模型无法用来描述这种变化曲折的海岸线。

Mandelbort 进一步研究发现欧氏测定不能抓住不规则形状的本质，因此其开始转向尺度对称性和尺度变换下的不变量——维数的研究。他总结出了自然界的很多现象的自相似性，即跨越不同尺度的对称性。1975 年，Mandelbort 把关于大自然和数学史的探索汇集成一书，出版了《分形图：形状、机遇和维数》，这标志着分形几何学的诞生。1982 年《自然界的分形几何》这一著作出版之后，分形概念便在全世界广为传播，进而迅速深入许多科学领域，特别是用在被 19 世纪数学家称为"病态"结构的不光滑、不规则的集合和函数中，如著名的科赫(Koch)曲线和谢尔平斯基(Sierpinski)海绵。

　　自相似是非线性复杂系统的一个重要特征[13]，自相似是指某些结构或过程的特征从不同的空间尺寸或时间尺寸来看都是相似的，或者某系统或结构的局部结构与整体相似，另外整体与整体之间、部分与部分之间会存在自相似性。一般情况下，自相似有复杂的表现形式，不是局部放大一定的倍数后简单地与整体完全重合，而是表征自相似系统或结构的定量性质(如分形维数)并不会因放大或缩小等操作而变化，所改变的仅仅是外部表现形式。

　　非线性系统的另一个重要特征是标度不变性，标度不变性是指在分形体上任选一局部区域对它进行放大，这时放大的图像仍然可以显示出原图像的特征(如形态、复杂程度、不规则性等)。

　　分形几何结构的一个重要参数是分形维数，其反映了几何结构的不规则程度。在欧氏空间，维数通常是整数，即几何结构是光滑和规则的；而对于分形结构来说，维数通常是分数，即几何结构是不光滑和不规则的。在分形系统中，许多物理化学性质都与其分形特性密切相关，如分形孔隙结构中的化学反应能力、反应活性点分布及反应气体在孔隙中的传递等都与其分形特性有关[14]。目前分形维数的确定主要通过实验测定的方法[15-19]，如液氮吸附法、压汞法、X射线小角度散射、扫描电镜法等来确定。Avnir等[15,16]利用分形系统的无标度性即在一定范围内维数是恒定的，用气体分子物理吸附的方法测定了许多固体材料表面的分形维数，发现自然界许多物质的表面结构具有分形特性，且分形维数在2~3。当分形维数为2时，结构是光滑和规则的；当分形维数接近3时，结构完全是无序紊乱的。

　　由于分形理论能够更为真实、客观、细致地反映复杂系统的内在本质，目前其已在包括多孔介质在内的许多研究领域中得到较广泛的应用。

2. 分形孔隙结构的形态

　　Su-Ⅱ和Chang-Kyu[20]、Mougin等[21]等认为分形多孔结构表面的不规则特性导致孔隙的轴线以及弯曲因子具有分形特性，并且孔隙结构表面的分形特性会影响到气体分子扩散运动的路线，导致分子运动的路线也具有分形特性；同时他们根据分形结构的无标度性，提出了确定分形孔隙通道的表面积的方法，认为分形孔表面积的大小与吸附分子的大小有关，对于不同直径的吸附分子来说，分形孔隙通道的表面积不同。Erden-Senatalar和Tather[22]的实验表明：当分形维数大于2时，分形孔隙通道的表面积随吸附剂分子直径的增加而减少；当分形维数小于2时，分形孔隙通道的表面积随吸附剂分子直径的增加而增加，所以对于分形孔介质来讲，其通道的表面积并不是确定值，而是与吸附介质有关的一个参数。

3. 多孔介质中气体的扩散反应特性

　　在非均相气固反应中，反应气体及气态产物在孔隙内的扩散是非常重要的，孔隙结构的扩散特性决定了气体在其中的浓度分布，其直接影响到孔隙内各点的化学反应速率。

多孔固体内的气体扩散机理一般有三种：分子扩散、克努森(Knudsen)扩散和表面扩散[23]。对于多孔介质来说，孔径通常小于分子的平均自由程，气体分子对孔壁的碰撞概率要比分子之间的相互碰撞概率大得多，孔壁对扩散分子的影响较大，因此其扩散机理主要是属于 Knudsen 扩散[24]。

描述气体在孔隙结构中扩散特性的参数称为扩散系数。Mason 等[25]根据分子热运动理论，推导了气体分子在规则的光滑圆柱孔中的扩散系数。Feng 和 Stewart[26]从多孔介质的孔径分布出发提出了计算综合扩散系数的方法。Yu 和 Sotirchos[27]在他们的研究的基础上，结合 Jackson[28]提出的平均场近似方法(MFA 法)，即孔隙通道中的气体浓度场用多孔介质上的宏观浓度场来近似表示，推导出了气体在多孔介质中的有效扩散系数。Burganos 和 Sotirchos[29]认为：由 MFA 法计算的扩散系数往往高于多孔介质中的实际有效扩散系数，其根据传导与扩散的关系，改进了 MFA 法，并提出了一种有效介质理论，即有效介质理论–平均场近似(EMT-MFA)法，而 Sotirchos 和 Zarkanities[30]按照 EMT-MFA 法导出了扩散系数的具体表达式。Nakano 等[31]、Hollewand 和 Gladden[32]采用蒙特卡罗(Monte-Carlo)模拟法计算了气体分子在固体孔隙中的扩散系数。

分形理论的创立，给人们展示了一类具有标度不变性的新世界。近年来，更多的研究者开始研究分形结构上的反应和扩散过程的新规律。近年来大量的研究表明，经典的气体传质理论已不能够描述气体在复杂、不规则分形介质中的扩散行为。分形孔隙通道中的弯曲性和内表面的凸凹性极大地影响了分子的扩散运动，用经典的扩散理论计算的扩散系数要比用非线性扩散模型计算的结果大，且分形维数越大，两者之间的差值越大。

Kopelman[33]对分形结构中的反应速率进行了大量而系统的理论和实验研究，认为反应速率常数随反应时间而变化，并在流动和浓度梯度之间存在非线性关系的基础上推出了非线性扩散的本构方程，该方程中除了考虑分形的影响外，还考虑了分子扩散过程中的吸附作用，但方程的构造非常复杂，且参数较多，很难给出或求出方程的解。

由于分形结构的复杂性，虽然对分形结构的扩散反应动力学的研究已得到了很多重要的结果，但是具有普遍性的处理分形特性的一般性理论，还有待于进一步发展。

7.3.2　煤焦颗粒的分形特征及其测定方法

1. 煤焦颗粒的分形特征

已有研究表明，煤焦颗粒体现了多重分形特征，其粗糙褶皱的表面(包括外表面和内孔表面)可以是表面分形；孔隙的类似树枝状的拓扑结构可以是孔隙分形。煤焦颗粒往往同时具有这两种分形特征(图 7-38)。

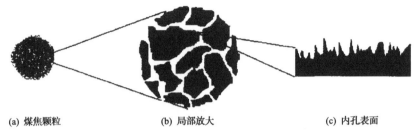

(a) 煤焦颗粒　　　　　　　　(b) 局部放大　　　　　　　　(c) 内孔表面

图 7-38　煤焦颗粒的非线性(分形)特征示意图

分形在煤结构方面的应用：一方面是对孔隙的描述，包括孔隙的拓扑结构和内孔表面(如果尺寸足够小)；另一方面是对颗粒形貌即颗粒表面粗糙度的描述。诚然，这两者之间具有密切的联系，其维数均为表面的分形维数，但前者主要是针对贯穿整个颗粒的孔隙结构，主要适合用吸附法来测量；而后者则仅针对外表面的形态，主要适合用扫描电镜来测量。

对于快速升温条件下煤粉的燃烧过程而言，燃烧反应主要受扩散控制或扩散与化学动力学的联合控制。在有内孔扩散参与控制的时候，孔隙结构的几何特性即孔隙的大小、孔隙本身的粗糙程度以及有孔隙交叉或分支体现出的拓扑结构的自相似的分形结构对燃烧过程产生主要影响。即使在化学反应动力学控制区，由于反应速率涉及气体分子与固体表面之间的化学作用，表面本身即孔隙的结合特征对活性表面反应也有着较大的影响。

2. 煤焦颗粒的分形维数的测定方法

分形体的一个独特的性质就是它的量度 $M(L)$ 与测量的尺度 L 服从如下标度关系：

$$M(L) \propto L^D \tag{7-8}$$

式中，D 为分形维数。对于多孔材料而言，$M(L)$ 可以是孔隙的体积、孔径的分布、孔隙的面积或孔隙通道的曲线长度等，L 为测量的尺度。

分形体可分为有规则分形和无规则分形两类[34]，多孔材料的分形大多属于无规则分形，其自相似性只有在一定的尺度范围内才能成立，且属于统计意义下的自相似性[35]。已有研究表明[36,37]，可以用孔隙的分形维数来描述这些材料的微孔通道及其相关的物理化学性能。

常用于描述多孔结构的分形维数有：孔隙面积分形维数和孔隙通道曲线的分形维数[18](图 7-39)。在对多孔结构的分形分析中，不同的分形维数具有不同的物理意义，并且分形维数的计算方法也有所不同。曲线的分形维数只能用盒维数法来测量，而多孔材料孔隙面积分形维数的测定方法有很多种，如液氮吸附法、压汞法、X 射线小角散射、SEM 法以及核磁共振法等[38-40]。

(a) 孔隙面积分形维数   (b) 孔隙通道曲线的分形维数

图 7-39 两类典型多孔材料的分形维数

液氮吸附法、压汞法都假设多孔介质的孔隙为圆柱形且表面比较光滑，这可使得孔隙内各处的接触角及表面张力近似看作常数。对于测定孔径分布而言，此种假设不会引起太大的误差，然而对于测定孔隙内表面的分形维数来讲，则必然会产生一定的影响。利用 SEM 法和核磁共振法测定煤焦孔隙结构的分形维数则可以在一定程度上弥补上述两种方法的不足。SEM 法使用扫描电子显微镜将煤的表面拍摄下来，然后采用相应的方法进行分析，显然更贴近实际情况，但其缺陷在于无法测量煤焦内部的结构。核磁共振法可以分析煤焦内部的分形结构，获得的分形维数主要反映煤内部孔隙的曲折度和分布情况，但其测量的孔径范围较大，并且测量成本较高。

3. 基于液氮吸附法表征的煤焦颗粒孔隙结构的分形特性

最早将液氮吸附法用以测定多孔介质内部孔隙结构分形维数的方法是由 Avnir 等[16]及 Pfeifer 和 Avnir[41]提出的，该法基于吸附剂孔隙表面的单层吸附容量来计算多孔介质内部孔隙结构的分形维数，方法简单，但由该法确定的分形维数不能保持一致，特别是当表面吸收分子的定位不同时，存在着对单层吸附容量的评价和合适吸附剂的选取问题，并且必须讨论不同分子尺寸、不同被吸附物的单分子容量。要选用不同半径的分子作为吸收剂，通过测定单层吸附的分子数 n'，将单层吸附的分子数 n' 与吸附分子半径 r 进行关联，即

$$n' \propto r^{-D_f} \tag{7-9}$$

式中，D_f 为分形结构的分形维数，对于光滑表面 $D_f=2$。

1989 年，Avnir 在吸附实验中发现，当被吸附气体的相对压力 P/P_0 在小于 0.37 的范围以内时，可以认为气体分子主要在微孔内发生单层吸附，其吸附情况能够反映固体的表面结构特征。其表面分形维数可将分形孔隙结构的孔容积与吸附的

相对压力进行关联[42]，即

$$V / V_0 = k[\ln(P_0 / P)]^{-(3-D_f)} \tag{7-10}$$

式中，V/V_0 为相对吸附量；k 为吸附常数；P、P_0 分别为吸附气体的平衡压力和吸附气体的饱和蒸汽压，Pa；D_f 为分形结构的分形维数。

依据液氮吸附测得的数据，作 $\ln(V/V_0) \sim \ln[\ln(P_0/P)]$ 图可得一条直线，由直线的斜率 k 即可得出分形结构的分形维数 D_f。

7.3.3　孔隙结构分形特征及其演化

1. 不同气氛下煤焦孔隙结构分形维数的比较

实验中对不同 O_2 浓度（21%、30%）的 O_2/N_2 及 O_2/CO_2 气氛下（燃烧温度 1200℃、停留时间 1.15s）所取的煤焦试样进行液氮吸附测试，依据液氮吸附测定的各试样的吸附数据，由 Avnir 公式进行拟合，如图 7-40 所示，并求得各试样的微孔表面分形维数，相关处理结果如表 7-1 所示。

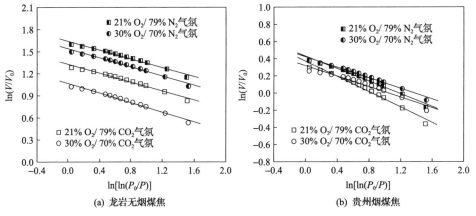

图 7-40　不同燃烧气氛下煤焦的 $\ln(V/V_0)$-$\ln[\ln(P_0/P)]$ 曲线

表 7-1　煤焦微孔的分形结构分析

煤种	燃烧气氛	分形维数 D_f	吸附常数 k	相关系数 R
龙岩无烟煤焦	$21\%O_2/79\%N_2$	2.699	5.1667	0.9902
	$21\%O_2/79\%CO_2$	2.687	3.7731	0.9899
	$30\%O_2/70\%N_2$	2.688	4.6711	0.9911
	$30\%O_2/70\%CO_2$	2.674	2.9073	0.9923
贵州烟煤焦	$21\%O_2/79\%N_2$	2.633	1.5391	0.9916
	$21\%O_2/79\%CO_2$	2.554	1.4508	0.9887
	$30\%O_2/70\%N_2$	2.692	1.5266	0.9904
	$30\%O_2/70\%CO_2$	2.687	1.3757	0.9769

由表 7-1 可知,两种煤焦的气体吸附特性符合 Avnir 公式,拟合的相关系数均大于 0.97,拟合效率较高,分形维数 D_f 均在 2～3。微孔是煤焦燃烧反应的主要场所,微孔越多,孔比表面积越大,燃烧反应越充分;同时微孔越多,煤焦的孔隙结构越复杂,分形维数越大。在 O_2/CO_2 气氛下所取煤焦试样的分形维数均小于相同 O_2 浓度的 O_2/N_2 气氛下所取煤焦试样的分形维数。由此可以推测,高浓度 CO_2 气体的存在抑制了煤焦颗粒微孔结构的形成,不利于复杂孔隙结构的发展和煤焦燃烧反应的进行。研究结果也表明,煤焦的燃烧反应不仅依赖于反应条件,而且与煤焦颗粒本身的物理结构也有着紧密的关系,借助于分形工具能够准确描述煤焦的微孔结构。

2. 燃烧温度对煤焦孔隙结构分形维数的影响

依据液氮吸附测试的结果,由不同燃烧温度下获取的煤焦试样的 $\ln(V/V_0)$-$\ln[\ln(P_0/P)]$ 拟合曲线求得相应实验条件煤焦的分形维数随燃烧温度的变化如图 7-41 所示。

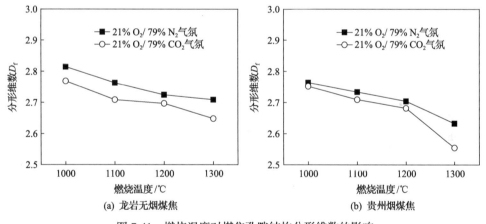

图 7-41　燃烧温度对煤焦孔隙结构分形维数的影响

由实验结果可以看出,在两种不同的燃烧气氛下,煤焦内孔隙结构分形维数随燃烧温度变化表现出类似的规律。在相同的实验条件下,高温煤焦的分形维数较低温时要小。主要原因在于相同炉内停留时间情况下,高温燃烧时煤焦的燃尽程度较高,煤中的微孔结构由原始的不规则性分布随着可燃碳的消失而趋于均匀化;同时,燃烧温度较高时,煤焦颗粒本身所受的热应力较大,颗粒的塑性形变也使得颗粒的内孔表面趋于光滑,从而使得高温燃烧情况下其内孔分形维数降低。

3. 燃烧过程煤焦孔隙结构分形维数的变化

从分形处理的相关结果(表 7-2)来看,在不同实验条件下煤焦的内孔分形维数在燃尽过程中稍有降低,但变化幅度并不显著,主要因为本实验中燃烧后期所取煤焦的燃尽程度稍高,颗粒中的灰分含量也较高,其对液氮吸附法测量的孔隙结构有一定的影响;但可以看出,在燃尽过程中随着停留时间的延长和煤焦燃尽率的增加,煤焦内孔分形维数呈现降低趋势,表明在燃尽过程中,作为主要反应场所和物质传输通道的内孔表面及其通道发生了明显变化,由于孔隙间的交错、合并以及表面热应力的作用内孔结构随着可燃碳基质的消失而趋于光滑和一致,从而使得其内孔分形维数随着燃尽程度的增加呈现出降低的趋势。

表 7-2　不同停留时间的煤焦内孔分形维数

煤种	停留时间/s	燃烧气氛	
		$21\%O_2/79\%N_2$	$21\%O_2/79\%CO_2$
龙岩无烟煤焦	0.75	2.75	2.72
	1.15	2.70	2.69
	1.55	2.66	2.63
贵州烟煤焦	0.75	2.79	2.65
	1.15	2.63	2.55
	1.55	2.62	2.51

7.4　煤焦颗粒表面形态的非线性特征

对于燃煤颗粒的表面状况,最为直接和有效的方法就是采用 SEM。通过 SEM 不仅能观察颗粒的外表形貌,还能进行外表形貌的分维测量,其主要原理是根据二次电子灰度的影像法,将电镜图像采用计算机系统提取灰度值,利用灰度的分布来求取分维。

SEM 图像主要反映固体表面的三维形貌特征,表面二次电子发射量与电子束对固体表面法线夹角 θ 的余弦倒数($1/\cos\theta$)成正比,即二次电子信号强度 I_s 与入射电子束强度 I_p 的关系为

$$I_s = C \cdot I_p / \cos\theta \tag{7-11}$$

式中,C 为常数。颗粒表面凹凸起伏程度不同,使得入射电子束呈现不同程度的倾斜,因而由各像点发射的二次电子也就有所不同。这样,在统计意义上,粗糙表面的不规则程度与 SEM 图像的灰度值存在差异,二者在区域分布的不规则程度上是一致的。分形表面必然产生分形的 SEM 图像,可以运用该图像来求取煤焦颗粒孔洞的分形维数[43]。

7.4.1　煤焦颗粒 SEM 图像的定性描述

1. 煤焦颗粒表面的形态特征

前述采用液氮吸附法对煤焦颗粒内部孔隙结构进行分析的同时也穿插描述了不同试样条件下(燃烧温度、气氛、停留时间等)、不同煤种煤焦的表面特征，而本节则主要采用 SEM 图像的数字化处理对煤焦颗粒表面的形态进行进一步的深入分析。

2. 煤焦表面 SEM 图像的自相似性

自相似性是分形理论中重要的概念，一个系统的自相似性是指某种结构或过程的特征从不同的空间尺度或时间尺度来看都是相似的，或者某系统或结构的局域性和局域结构与整体类似。另外，在整体与整体之间或部分与部分之间，也会存在自相似性。一般情况下，自相似性有比较复杂的表现形式，而不是局域放大一定倍数以后简单地和整体完全重合。但是，表征自相似系统或结构的定量性质，如分形维数，并不会因为放大或缩小等操作而变化，所改变的只是其外部的表现形式。

在 n 维欧氏空间中，如果有界集 A 是由 N 个不相重叠的自身拷贝组成的，而这些拷贝是按小于 1 的比例系数缩小的，则有界集 A 就是自相似的，如 Koch 曲线、Sierpinski 毯、康托尔(Cantor)尘等都具有严格的自相似性质。

具有严格的自相似性的分形集通常称为规则分形。然而在自然界中的分形，其自相似性并不是严格的，而是在统计意义下的自相似性。满足统计自相似性的分形称为不规则分形。一个具有自相似性的系统必定满足标度不变性，或者说该系统没有特征长度。所谓标度不变性，是指在分形上任选一局部区域，对它进行放大，这时得到的放大图又会显示出原图的形态特征。因此，对于分形，不论将其放大还是缩小，它的形态、复杂程度、不规则性等各种特性均不会发生变化，所以标度不变性又称为伸缩对称性。以云为例，当用某一倍数的望远镜来观察云时，会看到某种复杂的不规则的凹凸形态；如果继续用较高倍数的望远镜来观察云的一个局部时，还会看到同样复杂而不规则的形态，与前面看到的图像完全类似；如果再用更高倍数的望远镜来观察，情况仍旧如此。对于实际的自然分形来说，这种标度不变性只在一定范围内适用。研究表明对自然分形而言，测量的分形维数随码尺 δ 而变化，也就是说，对同一分形体由于选取的码尺不同，会得到不同的分形维数值，其不确定性的原因是实际存在的分形体并不具有无限层次的自相似性结构。把适用于无限层次分形体的公式用于实际的分形体，将产生分形维数的不确定性。所以，测量码尺 δ 存在一个合理的取值范围，即 $\delta_0 \leqslant \delta \leqslant \delta_{max}$（$\delta_0$ 为初始值，δ_{max} 为最大值）。

　　根据本章在实验过程中所取试样的 SEM 图像(由图 7-42 以及前人的研究结果)可知,焦炭结构形态的随机性和无序性以及其形成的物理化学过程都在一定程度上具有非线性的动力学特性。当然,要证明煤焦的表面形态结构是一种分形体,还需得到其在某种标度变换下的自相似性。

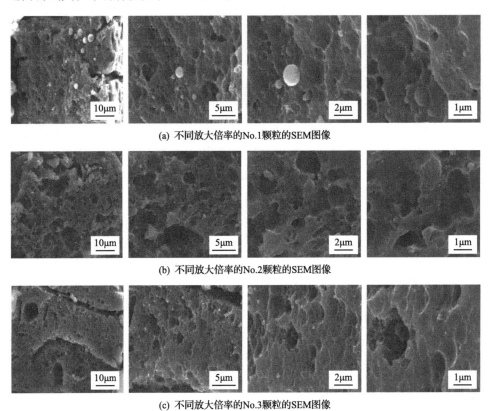

(a) 不同放大倍率的No.1颗粒的SEM图像

(b) 不同放大倍率的No.2颗粒的SEM图像

(c) 不同放大倍率的No.3颗粒的SEM图像

图 7-42　不同放大倍率下煤焦 SEM 图像的比较

　　通过图像处理系统对试样不同放大倍率的 SEM 图像进行图像灰度分析,可以看出,图像的灰度分布具有极其相似的统计规律,典型图像的灰度分布如图 7-43 所示,由于图像的灰度变化值直接反映了煤焦颗粒表面的起伏状况,以上的分析可以说明在一定的放大尺度范围内(≤10000 倍),煤焦的表面结构具有自相似的分形特性(后续部分所分析的 SEM 图像的放大倍率均为 10000 倍)。

7.4.2　煤焦表面 SEM 图像的经典统计分析

　　统计学方法是描述多孔介质孔隙结构空间分布的复杂性和无序性的一种有效方法,如孔径、孔隙面积、渗透率等均是统计学分析的参数,这些参数不仅能帮助我们了解多孔介质的物理特性,而且能对某类多孔介质的分类提供依据,但

SEM 图像的统计分析的不足之处在于其表面孔隙的统计性规律并不能反映多孔介质空间的分布规律。

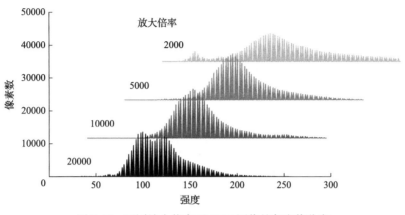

图 7-43　不同放大倍率下 SEM 图像的灰度值分布

1. 煤焦表面 SEM 图像的处理方法

1) SEM 图像的预处理

首先通过图像处理软件对 SEM 原始图像进行亮度、对比度的调整，背景平滑和校正(提高测量的精度)以及图像的弱化(有利于图像的分割)等处理，并将其转变为灰度值为 0~255 范围内的可处理图像，以便用于图像的统计分析和分形研究，其中图像的灰度值反映颗粒表面的形态变化情况。

2) 图像的分割(二值化)

设 $f(x,y)$ 为灰度图像中 (x,y) 处的灰度值，t 为灰度等级 $Z_1 \sim Z_k$ 的某一阈值，通过设定的阈值 t 来提取图像中的孔隙信息：

$$f(x,y) = \begin{cases} 0 & (f(x,y) \leqslant t) \\ 1 & (f(x,y) > t) \end{cases} \tag{7-12}$$

在图像的分割过程中，图像上的每一像素点均转变为或黑或白两种，同时也把该二值化的图像转化为了一个可处理的数据文件。

图像的分割处理是对其进行统计分析的前提，其关键是分割的结果能够真实地反映孔隙结构的原始信息。因此，分割阈值的选取是其关键。对于灰度直方图为双峰结构的图像可由图像处理软件自动确定分割阈值，但对于灰度直方图为单峰结构的图像，分割阈值只能根据目标对象与背景的灰度差，根据目视进行选取。对于任意一幅 SEM 图像，其分割阈值并非一个绝对值，而是存在一个合理的范围，在这一合理范围内进行阈值的选取即可获得有效的分割图像。

3)孔隙边界的提取

此处所指的"孔隙"与第 3 章液氮吸附所测的"内孔"有所不同，但分割后的 SEM 图像仍表现为"孔隙"的形式，故此处仍以"孔隙"的称谓来对其进行描述。

多孔结构体 SEM 图像的特征就是不同大小的孔隙在 SEM 图像上的灰度值有所不同。因此，根据 SEM 图像中的灰度值的差异对孔隙进行区分就很容易，且结果也较直观。在 SEM 图像中，对于大孔区域，由于其在图像中显得较暗且与其他区域的灰度值相差较大，可采用极小点阈值法，通过图像的二值化处理可将其提取出来，因此把这类孔隙叫作大尺度(宏观尺度)裂纹。而对于那些较小的孔隙，由于其灰度跟周围的灰度梯度相差较小，用二值化的分割方法误差较大或无法分割，对此一般采用分割灰度梯度很小的 Prewitt 算子来监测其边缘线，一般由此即可分割出较小尺度(但仍属于宏观尺度的范畴，可监测的最小孔径约为 0.01μm)的孔隙。

在 MATLAB 软件中执行"edge"命令，对格式转换后的图像进行边际线的提取以得到图像中孔隙的边缘轮廓线，从而将图像中的"实体"与"虚空"部分用确定的边界线进行区分，同时尝试用坎尼(Canny)、高斯(Gaussian)、Sobel 等算法对图像进行消除噪声处理以获得比较清晰的边缘轮廓线。

通过处理后的图像(图 7-44)即可由软件统计计算出试样表面各个孔隙面积、

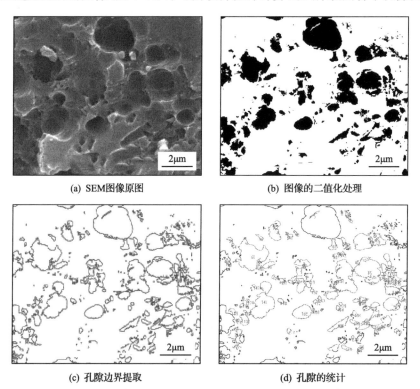

(a) SEM图像原图　　　　　　　　　　　(b) 图像的二值化处理

(c) 孔隙边界提取　　　　　　　　　　　(d) 孔隙的统计

图 7-44　煤焦表面 SEM 图像的处理过程

周长和平均直径，统计孔隙数目可得到孔径、孔隙面积的分布以及孔隙的长短径比的分布情况，如图 7-45 所示。其中孔隙平均直径的测量采取 180°等分法，即每隔 2°过孔隙形心引直线与孔边相交，通过测量并计算平均直线的长度以得到孔隙的平均直径。

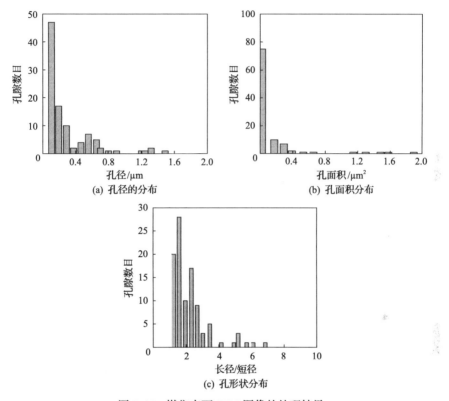

图 7-45　煤焦表面 SEM 图像的处理结果

2. 不同燃烧工况下煤焦表面孔隙的分布情况

1)燃烧气氛对煤焦表面孔隙情况的影响

不同气氛下煤焦 SEM 图像的分析结果如图 7-46、图 7-47 所示，从图中可以看出，燃烧气氛变化对煤焦颗粒表面的孔隙情况有一定程度的影响。

从孔径及孔隙面积的分布总体来看，随着孔径或孔隙面积的增大，相应的孔隙数目均呈现减少的趋势。对比龙岩无烟煤焦在 $21\%O_2/79\%N_2$ 和 $21\%O_2/79\%CO_2$ 两种气氛下的孔径分布情况可知，在 $21\%O_2/79\%N_2$ 气氛下煤焦颗粒表面孔径分布基本在小于 $1.0\mu m$ 的范围，而 $21\%O_2/79\%CO_2$ 气氛下煤焦颗粒表面的孔径较相同 O_2 浓度的 O_2/N_2 气氛下要小，其孔径分布主要集中在小于 $0.5\mu m$ 的范围内。至于孔隙面积的分布基本类似，且这种规律在燃尽程度较低的龙岩无烟煤焦中更为显著。相比之下，贵州烟煤焦由于燃尽程度较高，煤焦颗粒灰分含量较高，表面孔径虽有一定的变化，但不太显著。

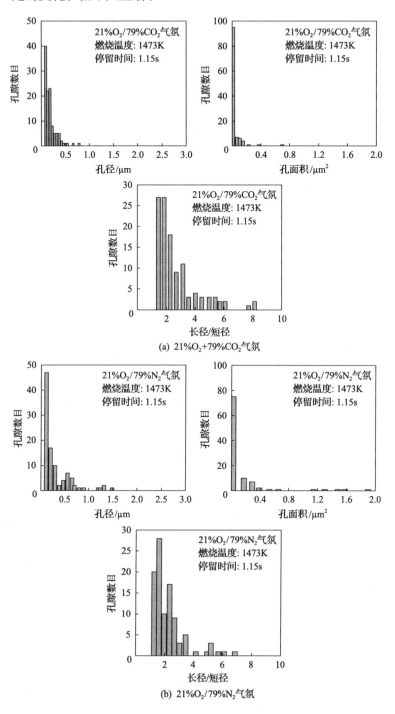

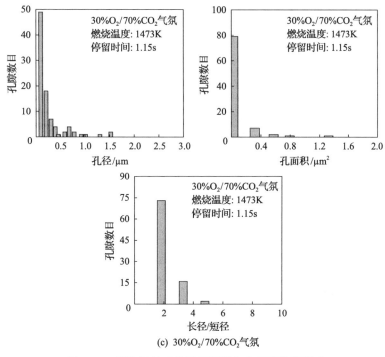

(c) 30%O₂/70%CO₂气氛

图 7-46　燃烧气氛对龙岩无烟煤焦表面孔隙的影响

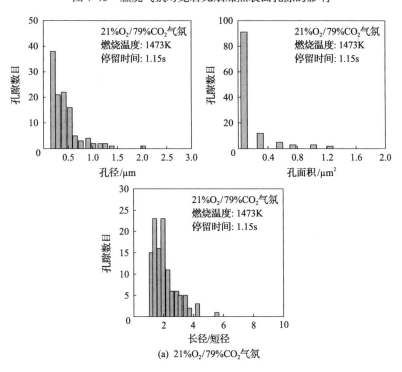

(a) 21%O₂/79%CO₂气氛

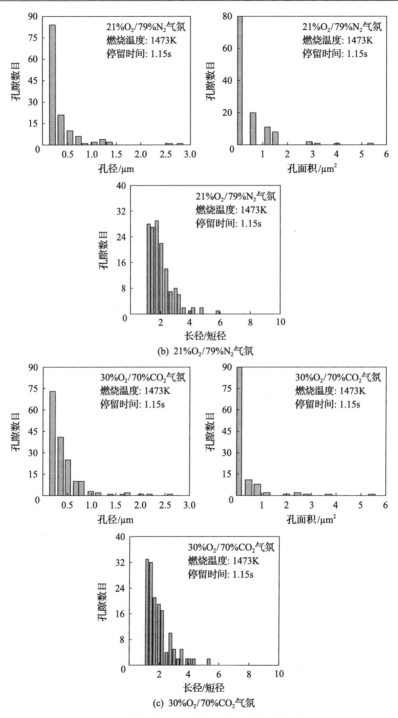

图 7-47　燃烧气氛对贵州烟煤焦表面孔隙的影响

此外，从孔隙的长径/短径来看，两种气氛下煤焦表面的孔形基本类似。随着 O_2 浓度的提高，两种煤焦在 30%O_2/70%CO_2 和 21%O_2/79%N_2 气氛下颗粒表面的孔径及孔隙面积的分布情况在很大程度上具有一致性，这一点在贵州烟煤焦的 SEM 分析结果中表现得更为明显。总之，从煤焦表面孔径的分布情况来看，煤在两种气氛下的燃烧情况存在一定程度的差异，但随着燃烧气氛中 O_2 浓度的提高这种差别可得到改善，这一点也可以由煤焦的 SEM 分析结果得到一定程度的印证。

2) 燃烧温度对煤焦表面孔隙情况的影响

比较图 7-48 和图 7-49 可以看出，不同燃烧温度下两种煤焦的表面孔隙有所不同，其主要原因在于两者煤质的不同以及由此导致的相同实验条件下煤焦燃尽率的差异。总体来看，两种煤焦的表面孔径分布基本呈现"双曲线型"分布，这一点与胡松[35]的研究结果一致。对于燃尽率较低的龙岩无烟煤焦来讲，由于其燃尽率较低，表面结构主要表现为原煤颗粒表面固有的大孔以及挥发分析出所形成的小孔结构。在燃烧过程中，孔隙结构的形成一方面在于挥发分的受热、膨胀、破裂析出所造成的煤焦颗粒表面中等尺度的孔隙增加；另一方面，煤中大量封闭的孔隙也会在燃尽过程中转变为有效孔隙而到达煤焦颗粒的表面。由于龙岩无烟煤的煤化程度较高，挥发分含量少，相同的实验条件下燃尽程度较贵州烟煤低，高的燃烧温度加速了煤粒的燃尽过程并提高了煤焦颗粒的燃尽程度，更多地打开了煤中封闭的小孔，从孔径分布来看，主要表现为小孔的数量密度增加。而对于

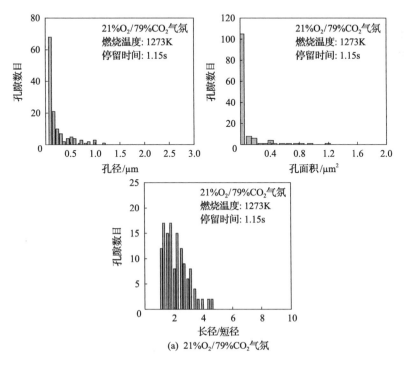

(a) 21%O_2/79%CO_2气氛

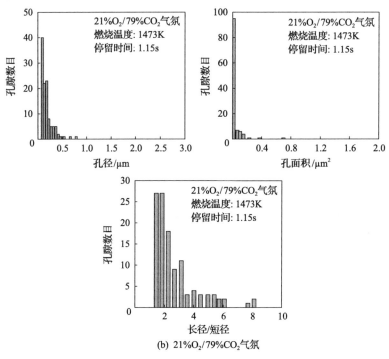

(b) 21%O₂/79%CO₂气氛

图 7-48 燃烧温度对龙岩无烟煤焦表面孔隙的影响

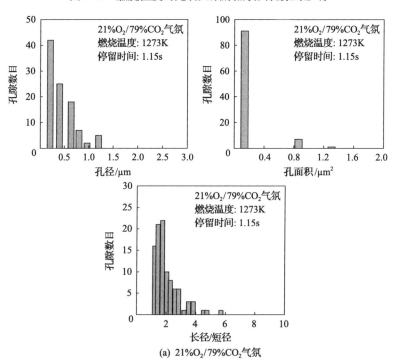

(a) 21%O₂/79%CO₂气氛

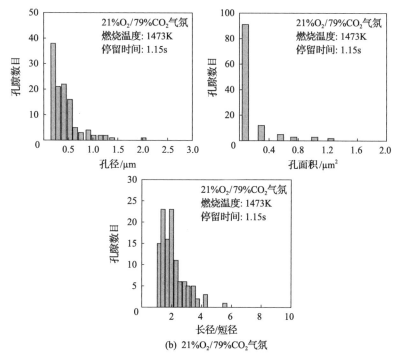

(b)　21%O_2/79%CO_2气氛

图 7-49　燃烧温度对贵州烟煤焦表面孔隙的影响

贵州烟煤来讲，情况则有所不同，对于所取的两个煤焦试样来讲，其均处于燃尽过程的后期，燃尽程度均较高(燃尽率分别为 0.88 和 0.92)。因此，燃烧温度对两者表面孔隙的影响不太明显，表明在燃尽过程的后期，较高灰分含量的颗粒表面孔隙结构已基本保持稳定，这主要与大孔的形成机理相关，如塑性组分变形、膨胀以及挥发分的析出等。

7.4.3　煤焦颗粒表面孔隙的形状因子及其分布

对于大多数的煤焦来讲，其表面的孔隙形状极不规则，以圆形孔为参考，定义孔隙的形状因子 S_P 为[35,44]

$$S_P = 4\pi \cdot \frac{A_P}{P_P^2} \tag{7-13}$$

式中，A_P 为表面孔的面积；P_P 为表面孔的周长。其均可由前面的统计分析得到。其中 $0 \leqslant S_P \leqslant 1$，当 $S_P \to 0$ 时为极不规则的孔隙，当 $S_P = 1$ 时为圆形孔。

根据煤焦颗粒表面孔隙结构处理的结果,对大量有关孔隙结构的统计数据(孔隙的面积、周长等)进行回归分析,拟合后可得煤焦颗粒表面孔隙的形状因子的分布函数 $F(S_P)$ 为

$$F(S_P) = a - (a-b)e^{-(k' \cdot S_P)^d} \quad (0 \leqslant S_P \leqslant 1) \tag{7-14}$$

式中，S_P 为形状因子；a、b、k'、d 为拟合所得的常数。

不同工况下煤焦表面孔隙形状因子的拟合分布曲线如图 7-50～图 7-53 所示，由图可知，拟合相关性较好，误差较小。

总体来看，不同煤种、不同实验工况(不同燃烧气氛、不同燃烧温度等)下所获取的煤焦试样表面孔隙形状因子有着类似的分布规律。从图 7-50～图 7-53 中可以看出，对于不同的煤焦试样，其表面"孔洞"的形状因子在 0.2～1.0 均有分布，表明煤焦颗粒表面分布着大小、形状各不相同的"孔洞"。从孔隙形状因子的加权平均值(根据所统计的孔径分布进行计算所得)(表 7-3)来看，燃烧温度对孔隙形状有明显的影响，高温煤焦表面孔隙形状因子的加权平均值明显高于低温时的情

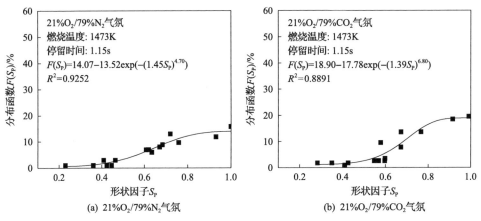

图 7-50　典型工况下龙岩无烟煤焦表面孔隙形状因子及其分布

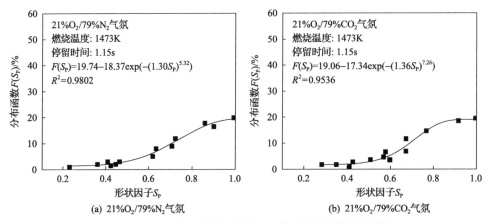

图 7-51　典型工况下贵州烟煤焦表面孔隙形状因子及其分布

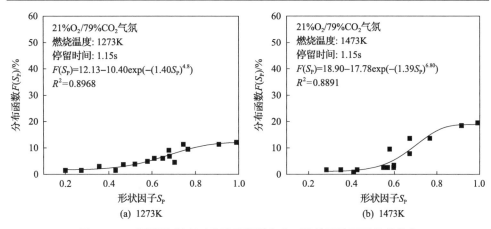

图 7-52　不同燃烧温度时龙岩无烟煤焦表面孔隙形状因子及其分布

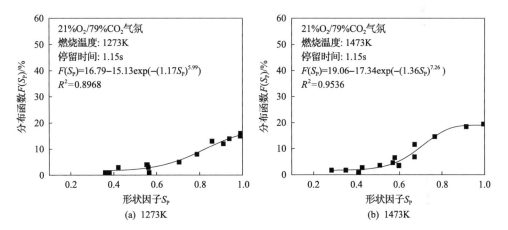

图 7-53　不同燃烧温度时贵州烟煤焦表面孔隙形状因子及其分布

表 7-3　不同实验工况下煤焦表面孔隙形状因子的加权平均值

煤种	燃烧温度/K	21%O_2/79%N_2	21%O_2/79%CO_2
龙岩无烟煤焦	1273	—	0.6867
	1473	0.7134	0.7657
贵州烟煤焦	1273	—	0.7502
	1473	0.7771	0.8441

况, 表明高温燃烧有利于颗粒表面孔隙的圆形化。同时, 由于 CO_2 气体对煤焦的气化效果, 在相同 O_2 浓度的 O_2/CO_2 气氛下煤焦表面孔隙形状因子的加权平均值较相同条件 O_2/N_2 气氛下稍高, 即 CO_2 的气化效果使得 O_2/CO_2 气氛下煤焦表面的孔隙形状更规则、更趋于圆形化。

7.5　本　章　小　结

　　本章基于沉降炉实验平台，研究了在快速升温条件下，不同煤尘在不同气氛条件下的着火及燃尽特性，对比分析了快速升温条件下不同燃烧气氛对煤尘燃尽率、煤焦颗粒孔隙结构演化的规律及燃烧气氛、燃烧温度、燃尽时间等关键受控因素的影响。阐述了固相颗粒孔隙结构及表面形态的分形研究理论，并基于分形理论对颗粒的孔隙结构及表面形态的非线性特征进行了分析，获得了颗粒孔隙分形维数及表面孔隙形状因子及其分布规律。

参 考 文 献

[1] Kee R J, Miller J A, Coltrin M E, et al. A Fortran Program for Modeling Steady Laminar One-Dimensional Premixed Flames[R]. Sandia National Labs., California, 1986.

[2] Kühl H, Kashani-Motlagh M M, Mühlen H J, et al. Controlled gasification of different carbon materials and development of pore structure[J]. Fuel, 1992, 71(8): 879-882.

[3] 严继民, 张启元, 高敬琮. 吸附与凝聚-固体的表面与孔[M]. 北京: 科学出版社, 1979: 10.

[4] Smith I W. The Combustion rates of Coal Chars: A review[J]. Symposium (Interna tional) on Combustion, 1982, 19(1): 1045-1065.

[5] Lowell S, Shields J E. Powder Surface Area and Porosity[M]. 3rd ed. New York: Chapman and Hall, 1991: 119.

[6] 赵振国. 吸附作用应用原理[M]. 北京: 化学工业出版社, 2005: 481.

[7] 丘纪华. 煤粉在热分解过程中比表面积和孔隙结构的变化[J]. 燃料化学学报, 1994, 22(3): 316-319.

[8] 谢克昌. 煤的结构与反应性[M]. 北京: 科学出版社, 2002.

[9] Davini P, Ghetti P, Bonfanti L, et al. Investigation of the combustion of particles of coal[J]. Fuel, 1996, 75(9): 1083-1088.

[10] 周军, 张海, 吕俊复, 等. 高温热解温度对煤焦孔隙结构的影响[J]. 燃料化学学报, 2007, 35(2): 155-159.

[11] Davis K A, Hurt R H, Yang N Y C, et al. Evolution of char chemistry, crystallinity, and ultrafine structure during pulverized-coal combustion[J]. Combustion and Flame, 1995, 100(1-2): 31-40.

[12] Mandelbort B B. The Fractal Geometry of Nature: Updated and Augmented[M]. New York: W. H. Freeman & Co., 1983.

[13] 辛厚文. 分形理论及其应用[M]. 合肥:中国科学技术大学出版社, 1993.

[14] Coppen M O, Froment G F. Diffusion and reaction in a fractal catalyst pore, II-Diffusion and first order reaction[J]. Chemical Engineering Science, 1995, 50(6): 1027-1039.

[15] Avnir D, Farin D, Pfeifer P. Chemical in noninterger dimension between two and three-II. Fractal surface of adsorbents [J]. The Journal of Chemical Physics, 1983, 79(1): 3566-3571.

[16] Avnir D, Farin D, Pfeifer P. Molecular fractal surface[J]. Nature, 1984, 308: 261-263.

[17] 汪富泉, 李厚强. 分形几何与动力系统[M]. 哈尔滨. 黑龙江教育出版社, 1993.

[18] Avnir D, Farin D, Pfeifer P. A discussion of some aspects of surface fractality and of its determination[J]. New Journal of Chemistry, 1992, 16: 439-449.

[19] Friesen W I, Laidlaw W G. Porosimetry of fractal surface[J]. Journal of Colloid & Interface Science, 1993, 160: 226-235.

[20] Su-II P, Chang-Kyu R. An investigation of fractal characteristics of mesoporous carbon electrodes with various pore structures[J]. Electrochimica Acta, 2004, 49(30): 4171-4180.

[21] Mougin P, Michel P, Villermanx J, et al. Reaction and diffusion at an artificial fractal interface envidence for a new diffusional regime[J]. Chemical Engineering Science, 1996, 51(10): 2293-2302.

[22] Erden-Senatalar A, Tather M. Effect of fractality on the accessible surface area values of zeolite and adsorbents[J]. Chaos, Solitons & Fractals, 2000, 11(6): 953-960.

[23] 《化学工程手册》编辑委员会. 化学工程手册[M]. 北京: 化学工业出版社, 1989.

[24] 塞克利 J. 埃文斯 J W, 索恩 HY. 气-固反应[M]. 胡道和, 译. 王荣年, 沈慧贤, 校. 北京: 中国建筑工业出版社, 1986.

[25] Mason E A, Malinanskas A P, Evans R B. Flow and diffusion of gases in porous media[J]. The Journal of Chemical Physics, 1967, 46(4): 253-261.

[26] Feng C, Stewart W E. Practical models for isothermal diffusion and flow in porous solids[J]. Industrial & Engineering Chemistry Research, 1973, 12(2): 153-162.

[27] Yu H C, Sotirchos S V. A generalization pore model for gas solid reactions exhibiting pore closure[J]. American Institute of Chemical Engineers Journal, 1987, 33(3): 382-393.

[28] Jackson R. Transport in Porous Catalysts[M]. Amsterdam: Elsevier, 1977.

[29] Burganos V N, Sotirchos S V. Diffusion in pore networks: effective medium theory and smooth field approximation [J]. American Institute of Chemical Engineers Journal, 1987, 33(10): 1678.

[30] Sotirchos S V, Zarkanitis S. A distributed pore size and length model for porous media reacting with diminishing porosity[J]. Chemical Engineering Science, 1993, 48(8): 1487.

[31] Nakano Y, Iwamoto S, Yoshinaga I, et al. The effect of pore necking on Knudsen diffusivity and collision frequency of gas molecules with pore walls[J]. Chemical Engineering Science, 1987, 42(7): 1577-1583.

[32] Hollewand M P, Gladden I F. Modeling of diffusion and reaction in porous catalysts using a random three-dimensional network model[J]. Chemical Engineering Science, 1992, 47(7): 761-770.

[33] Kopelman R. Fractal reaction-kinnetics[J]. Science, 1988, 241(4873): 1620-1626.

[34] 褚武扬, 等. 材料科学中的分形[M]. 北京: 化学工业出版社, 2004.

[35] 胡松. 煤焦颗粒的物理结构及其在燃烧过程中非线性特性的试验研究[D]. 武汉: 华中科技大学, 2002: 41-43.

[36] Thompson A H, Katz A J, Krohn C E. Themico-geometry and transport properties of Sedimentary rock[J]. Advances in Physics, 1987, 36(5): 625.

[37] Perfect E, Rasiah V, Kay B D. Fractal dimensions of soil aggregate-size distributions calculated by number and mass[J]. Soil Science Society of America Journal, 1992, 56(5): 1407-1409.

[38] 徐龙君, 张代钧, 鲜学福. 煤微孔的分形结构特征及其研究方法[J]. 煤炭转化, 1995, 18(1): 31-38.

[39] 朱纪磊, 奚正平, 汤慧萍, 等. 多孔结构表征及分形理论研究简况[J]. 稀有金属材料与工程, 2006, 35(2): 452-456.

[40] 缪缓钰, 蒋友新, 常捷. 分形在煤粉燃烧中的研究进展[J]. 煤炭学报, 2007, 32(9): 967-970.

[41] Pfeifer P, Avnir D. Chemistry in noninteger dimensions between two and three. I. Fractal theory of heterogeneous surface[J]. The Journal of Chemical Physics, 1983, 79(7): 3558-3565.

[42] Avnir D, Jaroniec M. An isotherm equation for adsorption on fractal surfaces of heterogeneous porous materials[J]. Langmuir, 1989, 56(6): 1431-1433.

[43] 任有中, 符建, 陈智波, 等. 焦炭结构的电镜分析及其分形描述[J]. 燃烧科学与技术, 1996, 2(1): 8-14.

[44] 顾璠, 徐晋源. 煤颗粒燃烧的形状特性和理论[J]. 中国科学(A辑), 1994, 24(9): 1001-1008.

第8章　煤尘燃烧固相微结构演化特性

物质对红外光的吸收会激发分子振动和转动并伴随偶极距的变化，这种振动和转动的频率与红外电磁波的范围一致。对于不同的化学键和官能团，其振动能级从基态跃迁至激发态所需的能量不同，因此不同的物质吸收的红外光也有所不同，故其将在不同的波段上出现吸收峰，这就是相应物质的红外光谱。根据分子红外光谱的特征吸收谱带的位置、强度和形状，可以推测被测物质中所含的官能团种类及其分子结构。XRD 分析技术是目前研究晶体结构最为深入和可靠的手段之一。XRD 分析技术成功地应用于煤的化学结构的研究开始于 20 世纪 40 年代，其优点在于有助于人们对煤的芳碳骨架结构及其聚集状态的了解。60 年代，晏德福等将 XRD 分析技术用于石油沥青等的研究，对阐明沥青的分子结构起到了重要的作用；70 年代，又将 XRD 分析技术用于油页岩等结构的研究。本章采用 FTIR 技术和 XRD 分析技术，详细地研究了不同采样条件下煤焦表面化学结构及其类微晶结构的微观特征。

8.1　煤焦表面化学结构及其演化

在 20 世纪 70 年代后期，FTIR 出现后，由于电子计算机与红外仪器的联用大大提高了红外光谱测试的准确性，从而扩大了红外光谱法新的应用领域[1]。由于红外光谱法具有分析时间短、耗样量少、不破坏样品且制作简便、测试样品不受晶质和非晶质限制等优点，在煤的化学结构研究中，根据红外光谱图上吸收带的分析，可了解煤中有机质的化学结构及其变化[2]。目前，FTIR 主要用来分析煤的煤化程度、煤岩组成和煤的成因类型等[3-9]。大量的研究也已证实碳材料多具有"乱层"的微晶结构，焦炭也不例外。XRD 分析技术可在不破坏样品的条件下，直接获得有关碳骨架结构特别是芳碳结构的部分信息。我国在 60 年代初开始将其用于煤结构的研究[10]。

从材料学的角度看，材料的性质主要由其宏观特性和微观结构共同决定[11]。对于焦炭，前者主要是指焦炭的内部孔隙、表面形态以及光学组织等结构，而后者则指焦炭的显微结构，包括其表面化学特性、类石墨的微晶结构及其空间排列方式等。这两个层次之间以及内部各元素之间都有着紧密的联系。

8.1.1 表面化学结构的 FTIR 测试方法

1. VECTOR22 型 FTIR

本实验中所用的 FTIR 为德国 Bruker 公司生产的 VECTOR22 型 FTIR，其波数范围为 $400\sim4000cm^{-1}$，分辨率优于 $1cm^{-1}$，信噪比为 3000∶1。仪器主要由光学监测(包括光源、干涉仪和检测器)和计算机两大系统组成，采用 Ge/KBr 分束器。仪器的实物照片及系统原理如图 8-1 所示。

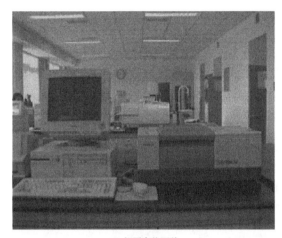

(a) 仪器实物照片

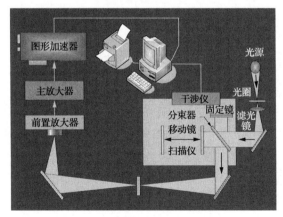

(b) 系统工作原理图

图 8-1 FTIR 实物照片及系统工作原理图

2. 样品的制备及 FTIR 光谱的测试

实验测试的两种煤焦试样(龙岩无烟煤焦和贵州烟煤焦)的制备是在沉降炉快

速升温的条件下进行的,其中燃烧温度 1473K,炉内气氛分别为 100%N₂、100%CO₂、5%O₂/95%N₂ 和 5%O₂/95%CO₂,煤焦在炉内的停留时间约为 1.15s。

煤焦红外光谱的分析采用溴化钾(KBr)压片法进行,将实验中所取的煤焦试样与干燥处理后的 KBr 以 1:120 的质量进行配比并一起放入玛瑙研钵内,充分磨细并使之混合均匀,采用压片模具和压片机将样品压制成 0.1~1.0mm 厚的薄片,置于 FTIR 测试室的样品架上进行测试,制样工具如图 8-2 所示。

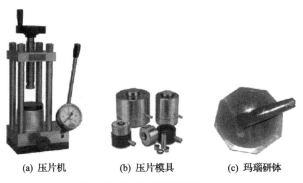

(a) 压片机　　　(b) 压片模具　　　(c) 玛瑙研钵

图 8-2　FTIR 附属制样工具

FTIR 的测试工作在德国 Bruker 公司生产的 VECTOR22 型 FTIR 上进行,测试条件为:光通量 15000lm,波数范围 400~4000cm⁻¹,仪器分辨率为 4cm⁻¹,样品扫描次数为 32 次,同时对比空白 KBr 片 32 次的背景扫描,以获得扣除背景影响的高质量光谱。

8.1.2　煤焦表面 FTIR 的测试结果及其定性分析

按照前述的固体试样红外测试方法,部分工况下煤焦 FTIR 的测试结果如图 8-3~图 8-5 所示,可以看出,快速升温热解(气化)过程对煤焦的表面化学结构影响极大。

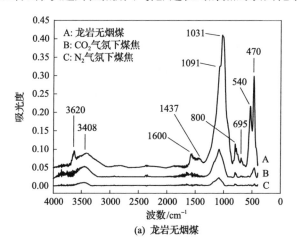

(a) 龙岩无烟煤

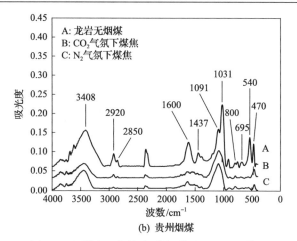

(b) 贵州烟煤

图 8-3　原煤与不同气氛热解煤焦的 FTIR 谱图

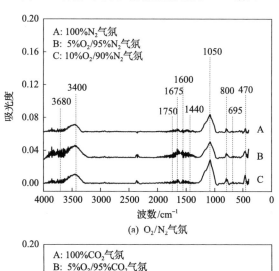

(a) O_2/N_2 气氛

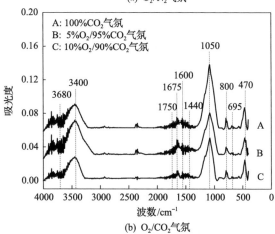

(b) O_2/CO_2 气氛

图 8-4　不同气氛下龙岩无烟煤焦的 FTIR 谱图

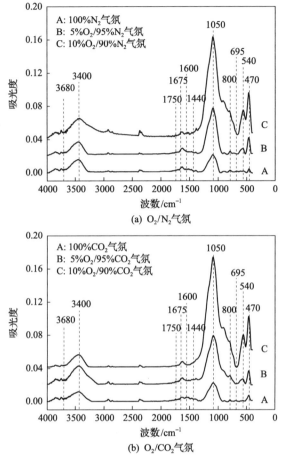

图 8-5　不同气氛下贵州烟煤焦的 FTIR 谱图

　　根据红外定量分析的朗伯-比尔定律：$A = \lg(1/T) = K \cdot b \cdot c$（即吸光度 A 与含有吸光介质的物质浓度 c 及吸收层厚度 b 成正比，K 为摩尔吸光系数），从定性分析的角度来看，FTIR 谱峰的相对强度在某种程度上反映了其所含有的物质（官能团）浓度。

　　从红外光谱所示的化学结构可以看出，高变质程度的龙岩无烟煤中芳香类化合物（$700 \sim 900 \mathrm{cm}^{-1}$）的吸收峰强度明显高于贵州烟煤中的情况；同时，龙岩无烟煤中脂肪类 C—H（$2700 \sim 3000 \mathrm{cm}^{-1}$）的含量较少，相对而言其在贵州烟煤中含量较高。在绝氧热处理过程中，脂肪类 C—H 物质基本随挥发分物质的析出消失殆尽[12]，因此煤焦中此波段的 FTIR 谱图基本较为平坦。对于两种原煤含氧基团（$1000 \sim 1800 \mathrm{cm}^{-1}$）的吸光度而言，贵州烟煤中含氧基团的含量稍高于龙岩无烟煤的情况，煤中含氧基团的存在一方面反映了该煤种的低变质程度，另一方面也增加了煤的氧化反应活性[13]。总体来看，热解过程中所有的 C—H、C—O 类官能团基本均会随着挥发分一起析出，特别是含 O 及脂肪类结构基本消失，表现为所属波段的吸收峰的强度均不同程度减弱，煤焦官能团的变化在一定程度上反映了煤焦的氧化反应活性。

　　对比两种气氛下煤焦的红外谱图，可以发现其在相应波数的谱峰基本差别不大，但在特定位置区域（如芳香类苯环面外振动区域 700～900cm^{-1}）峰的吸光强度稍有不同，意味着其中相应物质浓度存在差异，从某种意义上也反映了热解气氛的不同对煤焦结构的影响。不同含 O_2 气氛下热处理时煤焦结构的差异基本与此类似，主要差别多集中于低波数区（700～900cm^{-1}）。

8.1.3　红外谱峰的归属及解析

　　为了对各种煤样 400～4000cm^{-1} 波数区进行具体的分析，把整个 FTIR 谱图划分为四个部分，分别为煤中的羟基吸收峰（3000～3600cm^{-1}）、脂肪烃吸收峰（2700～3000cm^{-1}）、含氧官能团吸收峰（1000～1800cm^{-1}）和芳香烃吸收峰（700～900cm^{-1}），有关煤中各官能团的 FTIR 吸收峰的归属如表 8-1 所示[14,15]。

表 8-1　煤结构中各官能团的 FTIR 吸收峰归属

序号	位置	波动范围	吸收峰的振动形式及其对应结构
1	3680	3600～3685	游离的—OH—，判断醇类、酚类和有机酸类的重要依据
2	3550	3500～3600	OH 自缔合氢键，醚 O 与 OH 形成的氢键
3	3400	3200～3550	酚、醇、羧酸、过氧化物、水中的 OH 伸缩振动
4	3330	3310～3350	—NH_2—、—NH—键（游离或缔合）伸缩振动
5	3030	3030～3050	芳香次甲基 CH 的伸缩振动
6	2950	2950～2975	环烷或脂肪族中的 CH_3 反对称伸缩振动
7	2920	2915～2935	环烷或脂肪族中的亚甲基 CH_2 反对称伸缩振动
8	2870	2860～2875	CH_3 对称伸缩振动
9	2850	2840～2860	环烷或脂肪族中的次甲基 CH_2 对称伸缩振动
10	2560	2550～2600	SH 键的伸缩振动
11	1750	1720～1770	脂肪族中酸酐 C=O 伸缩振动
12	1700	1690～1715	羧基 COOH 的伸缩振动，是判断羧基的特征频率
13	1675	1660～1690	醌中 C=O 的伸缩振动
14	1600	1595～1605	芳香 C=C 的伸缩振动，是苯环的骨架振动
15	1470	1465～1480	环烷或脂肪族中的次甲基 CH_2 反对称变形振动
16	1440	1435～1460	CH_3 反对称变形振动，是 CH_3 基的特征吸收
17	1380	1370～1385	CH_3 对称弯曲振动
18	1320	1260～1338	Ar—O—C 伸缩振动
19	1150	1120～1160	C—O—C 伸缩振动

序号	吸收峰/cm⁻¹		吸收峰的振动形式及其对应结构
	位置	波动范围	
20	1110	1080~1120	S=O 伸缩振动
21	1050	1020~1060	Si—O—Si 或 Si—O—C 的伸缩振动
22	950	921~979	羧酸中 OH 弯曲振动
23	870	850~900	单个 H 原子被取代的苯环中 CH 的面外变形振动
24	820	800~825	3 个相邻 H 原子被取代的苯环中 CH 的面外变形振动
25	750	730~770	5 个相邻 H 原子被取代的苯环中 CH 的面外变形振动
26	720	730~740	正烷烃侧链上骨架$(CH_2)_n$的面内摇摆振动

由于煤中的许多官能团的吸收带都对红外光谱有贡献，波段既宽且广，很容易在某一位置产生多个谱峰的叠加，叠加量的多少在红外光谱图上无法直接考察，也难以确定某一位置的官能团的吸收强度。因此，需要使用数据处理工具对其叠加峰进行谱图的分解处理并进行谱峰曲线的拟合，进而计算吸收峰的强度，从而了解煤样的性质。

本书煤(煤焦)FTIR 谱图叠加峰的分解主要通过数据软件 Origin 8.0 来进行，拟合过程根据各个谱图的二阶导数来确定初始解叠峰的大概位置和数目，通过选取合适的峰形函数[洛伦兹(Lorentzian)或 Gaussian]，用最小二乘法迭代求解各个单峰的位置、峰宽、峰面积等相关参数。为了获得较好的拟合效果，不同波段内分峰的个数主要参照相关文献推荐的结果。例如，芳香类 C—H 段(700~900cm⁻¹)：6(煤)和 9(焦)；含氧官能团(1000~1800cm⁻¹)：16~19 个；脂肪类 C—H 段(2700~3000cm⁻¹)：5(煤)和 8(焦)等[16-18]。

此处以龙岩无烟煤原煤的 FTIR 谱图的处理为例给出了谱图的分峰拟合情况，相应的结果如图 8-6 所示，其余工况各种煤焦的处理基本方法类似，在后续的分析中将不再赘述。

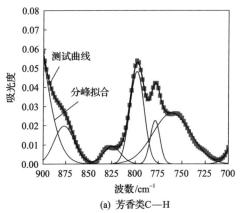

(a) 芳香类 C—H

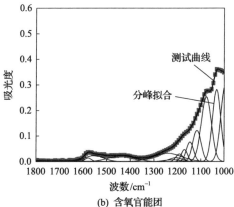

(b) 含氧官能团

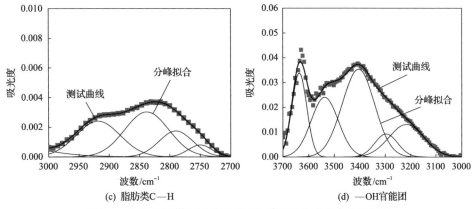

(c) 脂肪类C—H　　　　　　(d) —OH官能团

图 8-6　龙岩无烟煤不同波段 FTIR 谱图的分峰拟合处理情况

8.1.4　芳氢与脂氢比及芳香度

根据红外谱峰的解叠结果, 本节采用 Solomon 和 Carangelo[19,20] 及 Ibarra 等[16] 提出的芳氢与脂氢比 (H_{ar}/H_{al}) 以及芳香度 (f_a) 来描述煤成焦过程中大分子结构的变化情况。

芳氢和脂氢的含量可根据吸光度由式 (8-1) 求得

$$H_{ar} = \frac{A_{ar}}{a_{ar}}, \quad H_{al} = \frac{A_{al}}{a_{al}} \tag{8-1}$$

式中, A_{ar} 和 A_{al} 分别为芳氢 $(700\sim900\mathrm{cm^{-1}})$ 和脂氢 $(2700\sim3000\mathrm{cm^{-1}})$ 波段内吸光度的积分面积; a_{ar} 和 a_{al} 分别为芳氢和脂氢的消光系数, 用于将吸光度积分面积转化为浓度含量。对于褐煤和次烟煤来讲, a_{ar} 为 541abs①/cm, a_{al} 为 710abs/cm; 对于烟煤及煤焦来讲, a_{ar} 为 684abs/cm, a_{al} 为 744abs/cm。

芳香度的计算根据 Brown 和 Lander[21] 提出的式 (8-2) 与式 (8-3) 所求:

$$f_a = 1 - C_{al}/C \tag{8-2}$$

$$C_{al}/C = (H_{al}/H)(H/C)/(H_{al}/C_{al}) \tag{8-3}$$

式中, C_{al}/C 为脂肪碳的含量; H/C 为氢碳原子数之比, 可由元素分析求得; H_{al}/H 为总氢中脂氢所占的比例; H_{al}/C_{al} 为脂类基团中的氢碳比, 对于煤来讲一般取 1.8[16]。

相关的参数计算结果如表 8-2、表 8-3 所示。从表 8-2、表 8-3 中可以看出, 无论是热解还是燃烧过程, 煤焦中的脂肪类氢、碳基团更容易分解而析出, 表现为试样中芳碳相对含量增加, 焦样表观的芳香度升高。

---

① abs：表示吸光度 (Absorbtion)。

表 8-2　龙岩无烟煤（焦）的红外结构参数

样品	H/C	$H_{ar}/\%$	$H_{al}/\%$	H_{ar}/H_{al}	H_{al}/H	$C_{al}/\%$	$C_{ar}/\%$	f_a
龙岩原煤	0.282	0.531	0.779	0.68	0.594	5.19	50.5	0.907
100%N$_2$煤焦	0.225	0.634	0.474	1.34	0.428	3.16	55.9	0.946
100%CO$_2$煤焦	0.221	0.589	0.546	1.08	0.481	3.64	56.9	0.936
5%O$_2$/95%N$_2$煤焦	0.195	0.697	0.193	3.61	0.217	1.29	53.4	0.976
5%O$_2$/95%CO$_2$煤焦	0.206	0.652	0.318	2.05	0.328	2.12	54.3	0.962

注：C_{al}表示芳香碳。

表 8-3　贵州烟煤（焦）的红外结构参数

样品	H/C	$H_{ar}/\%$	$H_{al}/\%$	H_{ar}/H_{al}	H_{al}/H	$C_{al}/\%$	$C_{ar}/\%$	f_a
贵州原煤	0.697	1.27	2.29	0.55	0.643	15.3	46.1	0.751
100%N$_2$煤焦	0.212	0.725	0.260	2.79	0.264	1.73	53.9	0.962
100%CO$_2$煤焦	0.196	0.654	0.263	2.48	0.287	1.75	54.4	0.948
5%O$_2$/95%N$_2$煤焦	0.188	0.462	0.153	3.02	0.249	1.02	38.2	0.973
5%O$_2$/95%CO$_2$煤焦	0.265	0.635	0.232	2.73	0.267	1.54	37.6	0.960

　　总体来看，不同气氛下两种煤焦的表面化学结构参数表现出类似的变化规律。在高浓度的 CO$_2$ 气氛下，由于 CO$_2$ 对煤焦颗粒的气化效应，颗粒的实际温度较 N$_2$ 气氛时降低，使得煤焦中有机物的分解及析出过程有所延缓，表现为 CO$_2$ 气氛下颗粒的芳氢与脂氢比（H_{ar}/H_{al}）稍低于 N$_2$ 气氛时的情况，其相应的芳香度也有所降低。由此可知，燃烧气氛改变的关键是影响了煤焦反应的外在物理环境（颗粒温度及有机物分解析出气态产物的扩散特性），而温度则是影响其有机物分解析出的关键影响因素。

8.2　基于 XRD 分析的煤焦微晶结构特征

8.2.1　XRD 实验仪器及测试方法

　　X 射线衍射仪是利用 X 射线轰击样品，通过测量由衍射所产生的 X 射线强度的空间分布来确定样品的微观结构的仪器。通过 XRD 测量，可以获取多孔煤焦微晶结构方面的有关数据，获得类石墨结构的微晶大小及其排列等相关方面的信息。

　　布拉格（Bragg）公式晶面间距 $d = \lambda / 2\sin\theta$（$\lambda$ 表示波长，θ 表示衍射角）是 XRD 分析测试的理论基础，依据校正后的 (002) 衍射峰的位置可求得类石墨微晶层面间距 d_{002}；微晶的大小可由衍射线的半峰宽求得，微晶越大其对应的衍射峰就越尖锐[22-24]。

煤焦的 XRD 实验在日本岛津公司的 XD-3A 型 X 射线衍射仪上(图 8-7)进行。实验条件为：Cu 靶辐射，射线管电压为 40kV，管电流为 30mA。仪器连续扫描角度范围(2θ)为 10°～90°，扫描速度为 1°/min，测角精度为 0.02°，X 射线波长为 0.15418nm。

(a)　　　　　　　　　　(b)

图 8-7　XD-3A 型 X 射线衍射仪

8.2.2　X 射线衍射原始谱图的处理

为了对不同实验条件下的 XRD 谱图进行定量的分析比较，需要把 X 射线衍射仪直接获取的谱图进行必要的校正并将原有的强度单位转变为电子单位。本节所采用的谱图处理方法及相关晶构参数的计算主要源自文献[10, 25-28]，本节将以实验用煤——龙岩无烟煤原煤(经脱灰处理)XRD 谱图的处理为例详细介绍 XRD 原始谱图的处理过程。

1. X 射线衍射强度的偏极化校正

X 射线衍射强度(diffraction intensity)的实验测量值记录的是以 cps[①]为单位的相对强度，在换算为以电子单位表示的强度之前，需对其进行偏极化校正、吸收校正、空气散射校正、多重散射校正等[29]，其中最主要的是进行偏极化校正，其余几项影响相对较小，为了简化可忽略不计。

先将原始谱图中的横坐标 2θ 换算为 $\sin\theta / \lambda$，对于 CuKa，取 $\lambda = 0.15418\text{nm}$。由于使用了热解石墨晶体单色器，偏极化因子 P 的计算公式为

$$P = \frac{1 + \cos^2 2\alpha \cos^2 2\theta}{2} \tag{8-4}$$

式中，2α 为单色晶体的布拉格角，对于 CuKa 石墨单色器，取 2α=26.57°。因此：

$$P = 0.5 + 0.4\cos^2 2\theta \tag{8-5}$$

---

① cps：计数单位，counts per second(次/秒)。

测量强度 I_M 经过偏极化校正后的强度 I'_A 为

$$I'_A = I_M \cdot P^{-1} \tag{8-6}$$

式中，I_M 与 I'_A 均为相对强度，用 cps 表示。

2. 相对衍射强度与绝对衍射强度的换算

本节采用文献[30]中提出的高角度拟合法，将以 cps 表示的相对衍射强度 I'_A 换算为以电子单位表示的绝对衍射强度 I_A。在以下的计算中，忽略碳原子以外的少量杂原子的影响，具体的计算步骤如下：

(1) 从 X 射线晶体学国际用表中查得不同衍射角下碳原子的散射因子 $f_0^{[31,32]}$，按 $I_D = f_0^2$ 计算碳原子的独立相干散射强度 I_D，其值如图 8-8 线中的曲线 D 所示。

(2) 从前述资料中查得碳原子的康普顿散射强度 I_C（非相干散射），其值如图 8-8 中的曲线 C 所示，其间忽略对康普敦散射强度的反弹因子的修正。

(3) 将不同衍射角的 I_D 和 I_C 值相加，得到碳原子的独立散射强度 I_B，其值如图 8-8 中的曲线 B 所示。

(4) 在高衍射角时，对于由碳这样的轻原子组成的样品，在 $\sin\theta/\lambda \geqslant 0.5\text{Å}^{-1}$ 时，以电子单位表示的衍射强度曲线将接近碳原子总的独立散射曲线。将经偏极化校正后的测量强度乘以系数 β 即可将高角度部位的两条曲线拟合在一起。在 $\sin\theta/\lambda \geqslant 0.5\text{Å}^{-1}$ 时，得到 I_B 与 I'_A 的比值为 β，故：

$$I_A = \beta \cdot I'_A \tag{8-7}$$

式中，I_A 为以电子单位表示的绝对衍射强度，其值如图 8-8 曲线 A 所示。

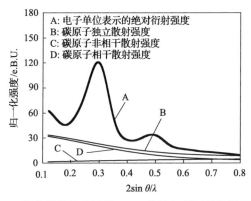

图 8-8　以电子单位表示的 XRD 曲线与碳原子的散射曲线

3. 折合衍射强度的计算

将 I_A 减去康普顿散射强度 I_C，再除以相干散射强度 I_D 即可得到折合衍射强度

I_R 以便于研究晶体结构，即

$$I_R = (I_A - I_C) / I_D \tag{8-8}$$

如此得出的衍射曲线如图 8-9 所示。

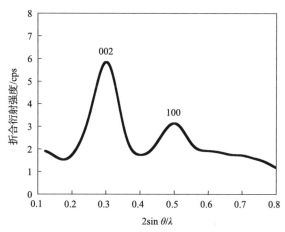

图 8-9　折合衍射强度表示的 XRD 曲线

8.2.3　煤焦 XRD 谱图的定性分析

煤（焦）的 XRD 谱图显得非常弥散，表明它是一种无定形物质，多称为非晶质碳，但在微小尺度下有类似于石墨但与之并不完全相同的碳网结构。描述非晶质碳结构的理论有 1917 年德拜（Debye）与谢乐（Scherrer）提出的微晶理论和 1941 年沃伦（Warren）提出的乱层碳结构模型等[33]。

不同实验条件下获取的煤焦试样，经脱灰处理后分别进行 XRD 测试，XRD 谱图按照 8.2.2 节所述方法进行校正后的结果如图 8-10、图 8-11 所示。

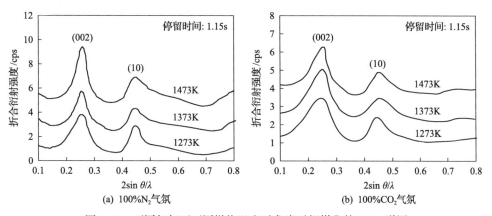

图 8-10　不同气氛下不同燃烧温度时龙岩无烟煤焦的 XRD 谱图

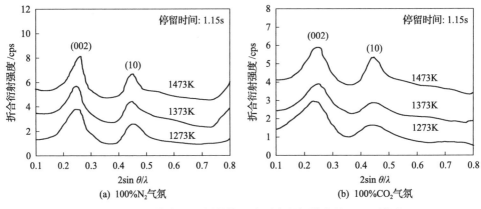

图 8-11　不同气氛下不同燃烧温度时贵州烟煤焦的 XRD 谱图

　　从实验结果可以发现，不同条件下煤焦的 XRD 谱图有着一定的相似性。对于热解煤焦而言，其 XRD 谱图均表现出两个不同强度的衍射峰(002)衍射峰(表示微晶中芳香碳网的定向程度)和(10)衍射峰(表示微晶中芳香碳网的大小)，而在较大布拉格角处的(100)衍射峰、(004)衍射峰和(110)衍射峰并未出现[33]。其中(002)衍射峰越高越窄，表示微晶层片的定向程度越好，(10)峰越高越窄表示微晶层片的直径越大(芳香核的缩合程度越高)[11]。

　　此外，可以明显看出，不同燃烧温度下煤焦的衍射峰有着显著的差别。随着热解温度的提高，煤焦的乱层碳结构不同程度地逐步趋于有序化[34]，表现为 XRD 谱图上的(002)衍射峰显得更为尖锐，表明燃烧温度对于煤焦结构的石墨化程度有着重要的影响。对比两种不同品质的原煤所获得的煤焦样品可以发现，相同条件下龙岩无烟煤焦的(002)衍射峰显得较尖锐些，其原因可能为龙岩无烟煤煤化程度较高，具有较为深入的类石墨化结构。至于两种气氛下(100%N$_2$ 和 100%CO$_2$)热解煤焦的差异，从图 8-10 中可以看出，相同条件下 N$_2$ 气氛下煤焦的(002)衍射峰稍尖锐些，其主要原因可能为气体特性的差异而导致热解颗粒本身温度不同。CO$_2$ 气体为一种高密度、高比热的气体，加之在高温下(≥800℃)煤焦颗粒与 CO$_2$ 的气化效应，使得在高浓度 CO$_2$ 气氛下，煤焦颗粒本身的实际温度较 N$_2$ 气氛时要稍低，这可能是两种气氛下煤焦衍射峰差异的原因之一。

8.2.4　煤焦 X 射线衍射峰的归属与解析

1. X 射线衍射峰的归属

　　由煤焦的 XRD 谱图可知，在布拉格角小于 34°之前，有一较宽的峰值，其包含了 $2\theta=26°$ 左右的(002)衍射峰以及 $2\theta\approx19°$ 左右的(γ)衍射峰。对于石墨晶体而言，其(002)衍射峰的 $2\theta=26.7°$，由于热解煤焦的石墨化程度远未达到石墨晶体的规则程度，其(002)衍射峰的 2θ 一般略小。至于(γ)衍射峰，其一般对应于煤焦中的非晶部分，主要是无定形碳衍射的结果，通常多为脂构碳(主要为正构链烷的贡献)[10]。

2. (002)衍射峰及(γ)衍射峰的解叠

由于煤焦为一种极其复杂的材料，不同形态的碳结构——定形程度很差的碳结构、定形程度稍好的碳结构和具有类石墨的碳结构[35,36]相互交织混杂共同构成了煤焦的碳物质。因此，煤焦的碳结构表现在 XRD 谱图的衍射峰并不对称，在进行煤焦 XRD 的定量分析之前，有必要对(002)衍射峰及(γ)衍射峰进行解叠，即分峰处理。分峰处理的基本做法是将原混合峰形分解为两个对称峰，分别对应于(002)衍射峰及(γ)衍射峰。通过选取合适的峰形函数(一般多选用 Gaussian 或 Lorentzian 函数)对原混合峰图按照最小二乘法进行拟合。从拟合的结果可获得相应峰的峰位、半峰宽等峰形参数以便于后续的定量计算之用。本节的数据处理及其拟合过程主要借助于数据处理软件 Origin 8.0 及其内潜的非线性拟合工具进行，相应的处理结果如图 8-12、图 8-13 所示。

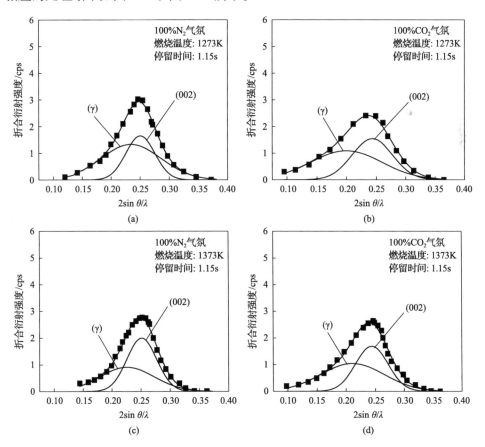

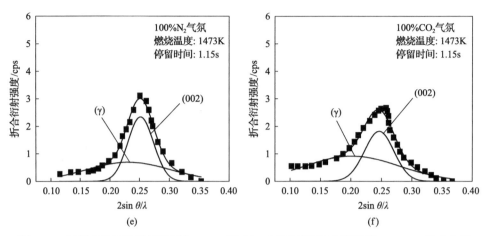

图 8-12　不同条件下龙岩无烟煤焦 XRD 谱图 (002) 衍射峰及 (γ) 衍射峰 Gaussian 拟合曲线

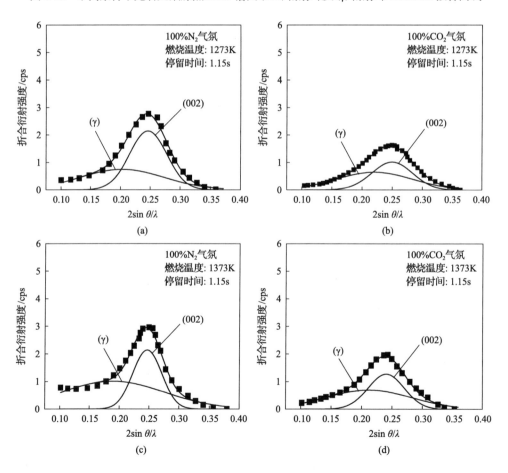

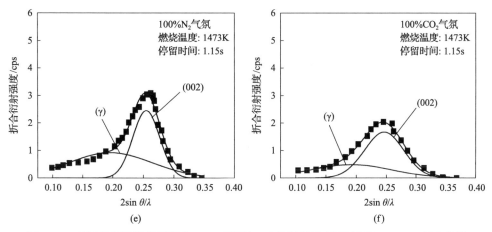

图 8-13　不同条件下贵州烟煤焦 XRD 谱图 (002) 衍射峰及 (γ) 衍射峰 Gaussian 拟合曲线

8.2.5　煤焦 XRD 实验结果的定量分析

1. 煤焦微晶结构参数的计算原理、方法及步骤

当 X 射线照射到物体上时，部分光子由于和原子碰撞传播方向发生改变而产生散射，当散射线的波长和入射线的波长相同且具有一定的相位关系时，两者就可以发生干涉从而形成衍射现象。

Bragg 定律是 XRD 分析测试的理论基础，入射线与晶体界面的交角 (衍射角) θ 及 X 射线的波长 λ 的关系可表示为

$$2d \cdot \sin\theta = \lambda \tag{8-9}$$

式中，d 为晶面间距。

粉晶或多晶试样相当于一个或多个单晶体绕空间各个方向做任意旋转的情况：当一束单色 X 射线照射到试样上时，对每一族晶面 (hkl) 而言，总有某些小晶体的 (hkl) 与 θ 可满足 Bragg 定律而发生衍射。

对于实际的衍射线，总有一定的强度分布，即具有一定的宽度，这种分布称为衍射峰。影响衍射峰形的一个重要的因素是晶粒的大小，其之间的关系满足谢乐 (Scherrer) 方程[37]：

$$L_{hkl} = \frac{K'\lambda}{\beta\cos\theta} \tag{8-10}$$

式中，λ 为 X 射线的波长 (对于 CuKa 靶，λ 为 0.15418nm)；β 为衍射峰半峰宽；K' 为常数。

由式 (8-10) 可知，微晶粒度越小，衍射峰就越宽。XRD 分析的一个重要的应

用就是确定微晶尺度的大小，因此，对衍射线形进行分析得到峰位及半峰宽即可计算出垂直于 (hkl) 晶面方向的晶粒尺寸；同时，根据 Bragg 方程还可以获得对应晶面的晶面间距 d。

相关参数的计算步骤如下所述。

根据 XRD 谱图确定 (002) 衍射峰、(10) 衍射峰的峰位（$2\theta_{002}$ 和 $2\theta_{10}$），测量各峰位的最大半峰宽（β_{002} 和 β_{10}）。

根据谢乐公式计算晶体在 c 方向（垂直于 002 面）上的平均尺寸 L_c（即层片堆积高度 L_{002}）和在 a 方向上的平均尺寸 L_a（即层片直径 L_{10}）（相关的示意图如图 8-14 所示），其中 $K=0.89\,(L_c)$、$K=1.84\,(L_a)$；即

$$L_c = \frac{0.89\lambda}{\beta_{002}\cos\theta_{002}} \tag{8-11}$$

$$L_a = \frac{1.84\lambda}{\beta_{10}\cos\theta_{10}} \tag{8-12}$$

式中，λ 为 X 射线的波长，nm；β_{002}、β_{10} 为衍射峰 (002) 和 (10) 的半峰宽；θ_{002}、θ_{10} 为衍射峰 (002) 和 (10) 对应的衍射角。

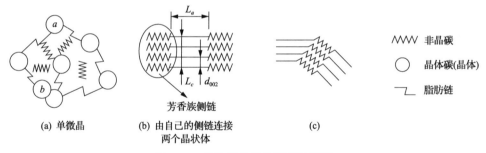

(a) 单微晶　　　(b) 由自己的侧链连接　　　(c)　　　　　非晶碳　晶体碳(晶体)　脂肪链
　　　　　　　　　　两个晶状体

图 8-14　煤焦微晶结构模型示意图

利用 Bragg 方程计算晶面间距 d_{002}：

$$d_{002} = \frac{\lambda}{2\theta_{002}} \tag{8-13}$$

式中，d_{002} 为晶面间距，nm；θ 为 X 射线的衍射角；λ 为 X 射线的波长，nm。

计算 c 方向上的平均堆积层数：

$$n = L_c / d_{002} \tag{8-14}$$

2. 实验条件对煤焦微晶平均尺寸的影响

按照前述晶构参数的计算方法，不同制备条件下所得煤焦的微晶结构参数如

表 8-4 所示。从表 8-4 中可以看出，随着热处理温度的增加，煤焦的微晶结构表现出规律性的变化，微晶层片堆积高度 L_c 及层片直径 L_a 均有不同程度的增加，但晶面间距 d_{002} 减小。因此，微晶层片的平均堆积层数 n 随处理温度的升高表现出增加的趋势。表明在实验选取的温度范围内，煤焦微晶纵向相邻的基本空间单元（BSU）间的夹层缺陷随温度的升高逐步消失并发生缩聚。但可以看出，虽然高温下煤焦微晶晶面间距 d_{002} 减小，但其仍显著高于石墨的晶面间距（0.3352nm），表明在此温度范围内热解（气化）煤焦结构的有序化程度并不高。图 8-15 为煤焦基本空间单元随热处理温度而变化的示意图，可以看出当热处理温度增加时，煤焦基本空间单元由于长大其排列更加有序，边缘碳原子明显减少[38]。

表 8-4　不同制备条件下所得的煤焦的微晶结构参数

煤种	气氛	温度/K	L_c/nm	L_a/nm	d_{002}/nm	$n=L_c/d_{002}$
龙岩无烟煤焦	100%N$_2$	1273	2.3309	3.2151	0.3991	5.8404
		1373	2.4046	3.4037	0.3906	6.1562
		1473	2.7860	5.1311	0.3868	7.2027
	100%CO$_2$	1273	1.8436	3.6324	0.4063	4.5375
		1373	2.1741	3.7412	0.4027	5.3988
		1473	2.5091	4.2865	0.4021	6.2400
贵州烟煤焦	100%N$_2$	1273	1.9141	3.6408	0.4056	4.7192
		1373	2.4809	3.9434	0.4051	6.1242
		1473	2.7206	4.1929	0.3923	6.9350
	100%CO$_2$	1273	1.7643	3.1121	0.4155	4.2462
		1373	1.8059	3.5367	0.4063	4.4447
		1473	2.0116	4.2625	0.4003	5.0252

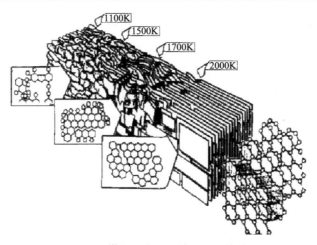

图 8-15　煤焦基本空间单元的"热融"

从两种气氛（100%N$_2$ 和 100%CO$_2$ 气氛）热解煤焦的晶构参数来看，其间存在着相当程度的差异，这意味着热解(气化)气氛对煤焦微晶结构发展过程存在一定的影响，主要在于 CO_2 气氛下的气化效应降低了煤焦的实际颗粒温度；而从变温度的测定结果可以发现，温度的确是影响晶粒生长和结构有序化的主要要素。

3. 煤焦芳香度的计算与分析

芳香度主要用于描述芳香环碳和脂肪链碳的比值。首先去掉无定形碳的影响即将衍射峰减去背景强度，理论上讲衍射峰(002)应为一对称的峰形曲线，但实际上由于有其他(γ)段衍射峰的影响其并不对称，将实际衍射峰"(002)"分解为(002)段衍射峰和(γ)段衍射峰，其中(002)段衍射峰对应于芳香环碳而(γ)段衍射峰对应于脂肪链碳的影响。理论上(002)段衍射峰和(γ)段衍射峰下的面积相对于芳香环碳的含量(C_{ar})和脂肪链碳的含量(C_{al})，因此，煤焦的芳香度可表示为

$$f_a = \frac{C_{ar}}{C_{ar} + C_{al}} = \frac{A_{002}}{A_{002} + A_\gamma}$$

(8-15)

注：A_{002} 为(002)峰的面积；A_γ 为(γ)峰的面积。

根据前面分峰拟合处理的结果，不同制备工况下煤焦芳香度的计算结果如表 8-5 所示。

表 8-5　不同制备工况下的煤焦芳香度

芳香度	气氛	龙岩无烟煤焦			贵州烟煤焦		
		1273K	1373K	1473K	1273K	1373K	1473K
f_a	100%N_2	0.5556	0.6302	0.6576	0.5537	0.5839	0.7485
	100%CO_2	0.4867	0.5118	0.5606	0.5150	0.5662	06783

注：相关的计算方法主要引自文献[26-28]。

从计算结果可以看出，两种气氛下煤焦芳香度随热处理温度的升高均呈现增加的趋势。其主要原因在于，在高的热处理温度下，煤焦网络结构上的那些结合并不紧密的脂肪类的侧链将断裂并将以挥发分的形式析出，表现为 XRD 谱图上的(γ)衍射峰减小直至消失，从而使得煤焦芳香度 f_a 增加。但可以发现，相同热处理温度的 100%CO_2 气氛下煤焦的芳香度较 100%N_2 气氛时稍低，其可能是高浓度 CO_2 的特性及其对煤焦热解(气化)的影响所致。与前面(8.1.4 节)FTIR 的分析结果相比，由于不同的测试方法及参数计算中待定量选取的差异，芳香度 f_a 的绝对值之间存在一定的差异，但其变化趋势基本一致。

8.3　煤尘燃烧特性的灰色关联分析

灰色系统理论是由我国学者邓聚龙教授于 20 世纪七八十年代初提出的[39]，目

前在社会、经济、科技等各个领域特别是在交叉学科中已得到了广泛应用[40-43]。灰色系统认为任何系统在一定的范围和时间内部分信息已知、部分信息未知。对于一个实际运行的系统而言，其大多均可描述为一个灰色系统，尽管客观系统表象复杂、数据离散，但必然潜伏着内在的某种规律，系统的各个因素也总是相互联系的。

因此，本节以灰色系统理论为基础，针对煤焦的物理化学结构特性对其燃烧反应性的影响进行了关联分析。

8.3.1 灰色系统及灰色关联分析简介

系统是一个包含若干相互关联、相互制约元素所组成的具有某种功能的整体。描述和研究系统的理论与方法很多，其中灰色系统理论是由"黑箱"和"灰箱"演变而来的。1945 年美国控制论专家维纳(Wiener)和 1953 年英国科学家艾什比(A.Isbo)曾用闭盒(closed box)与黑盒(black box)来称呼内部信息未知的对象，自此以后，人们常用颜色的深浅来表示系统信息的完备程度。

灰色系统即是以颜色来命名的。我们把内部信息完全已知的系统称为白色系统，把内部信息未知或不确定的系统称为黑色系统，而灰色系统即表示部分信息已知、部分信息不确定，即对内部信息的认知不完全。因此，我们把既含有已知的又含有未知的或非确定性的信息系统，称为灰色系统，信息不完全是灰色系统的主要特征。

灰色系统不同于"灰箱"，"灰箱"意味着边界、框架，而灰色系统是打破框架，突破箱的约束，从系统内部去发掘信息并充分利用信息。灰色系统也不同于"黑箱"及"模糊数学"，因为"黑箱"建模方法着重于系统外部行为数据的处理方法，而灰色建模方法则着重于系统内部行为数据间进行内在关系的挖掘量化；模糊系统着重于外延不明确、内涵明确的对象，而灰色系统着重于外延明确、内涵不明确的对象。

灰色关联是指事物之间的不确定关联，是对一个系统发展变化态势进行定量描述和比较的方法，其依据空间理论的数学基础，按照规范性、偶对对称性、整体性和接近性的原则来确定参数数列(母序列)和若干比较数列(子序列)的关联系数和关联度，其目的在于寻找各因素之间的相互关系，找出影响目标值的重要因素，从而为系统识别、预测、决策、控制等提供有用的信息和依据。

灰色关联分析是灰色系统理论的精华(信息加工技术)的重要组成部分，是灰色系统的基本内容。其基本任务是基于行为因子序列的微观或宏观几何接近，根据因素之间发展态势的相似或相异程度来分析和确定因子间的影响程度或因子对主行为的贡献程度，是对发展态势的量化比较与分析。关联度系数的计算，就是因素间关联程度大小的一种定量分析。因此，作为一种数学理论，这种方法实质上是将无限收敛用近似收敛取代，将无限空间的问题用有限数列的问题取代，将连续的概念用离散的数据列取代的一种方法。灰色关联分析是按发展趋势做分析，因此对样本量的多少没有过多的要求，也不需要典型的分布规律。因此，灰色关联分析是系统分析中最理想的一种方法，具有广泛的使用性[44]。

8.3.2　灰色关联分析的方法与步骤

灰色关联分析的基本步骤如下。

1) 原始数据变换

由于各因素的物理意义不同，量纲不同，数量级可能相差悬殊。为了便于分析，保证各因素的等效性和同序性，需要对原始数据进行处理，使之无量纲化和归一化，本节采用均值化的方法对其进行规格化处理，如式(8-16)所示：

$$x_i'(k) = x_i(k) \bigg/ \frac{1}{m}\sum_{j=1}^{m} x_i(k) \tag{8-16}$$

式中，$i = 0, 1, 2, \cdots, m$；$k = 1, 2, \cdots, n$。

2) 计算关联系数

经过数据变换的母序列记为 $\{x_0(t)\}$，子序列记为 $\{x_i(t)\}$，在 $t=k$ 时刻，$\{x_0(k)\}$ 与 $\{x_i(k)\}$ 的关联系数按式(8-17)计算：

$$\xi_{ik} = \frac{\min\limits_{i}\min\limits_{k}\left|x_0(k) - x_i(k)\right| + \rho\max\limits_{i}\max\limits_{k}\left|x_0(k) - x_i(k)\right|}{\left|x_0(k) - x_i(k)\right| + \rho\max\limits_{i}\max\limits_{k}\left|x_0(k) - x_i(k)\right|} \tag{8-17}$$

式中，$\rho \in (0, +\infty)$ 为分辨系数，其作用在于提高关联系数间差异的显著性，ρ 越小，分辨率越大。一般取 $0 \leqslant \rho \leqslant 1$，本节取 $\rho = 0.5$[45-47]。

3) 计算关联度

关联度描述了系统发展过程中因素间相对变化的情况，若变化基本一致，则关联度较大。两序列的关联度可用两比较序列各时刻的关联系数平均值表示，即

$$R_i = \frac{1}{N}\sum_{j=1}^{N} \xi_{ij} \tag{8-18}$$

式中，R_i 为关联度；ξ_{ij} 为关联系数；N 为序列中各因素的数量。

4) 排关联序

将各子序列对同一母序列的关联度按大小顺序排列起来，便组成关联序。根据其中各关联度的大小关系来判断各子因素对母因素的作用，以此区分主要影响因素和次要因素。

8.3.3　煤焦结构与其反应性的关联分析

煤焦是一种由有机组分与无机矿物质共同组成的极其复杂的物质，大量的研究表明，煤焦的反应特性与煤阶、有机组分、无机矿物质及其本身的结构等都有着极重要的关系。由于各因素的影响有所不同，各因素本身之间又相互影响，且在反应过程中又有所变化，为了探讨各因素对煤焦反应特性的影响，本节引入灰色关联法以比较各因素对煤焦反应特性的影响的差异。

1. 原始数据的处理

本次实验的主要目的在于考察煤焦的结构(物理、表面化学及类微晶结构)、颗粒灰分含量等因素对煤焦最终反应活性影响的关系。实验中主要测定了两个煤种(龙岩无烟煤和贵州烟煤)及不同气氛下煤焦的结构参数与其反应活性，其中焦样的制备是在沉降炉快速升温条件下进行的，而所获取试样的反应特性主要通过其在程序升温下的反应曲线(DTG 曲线)来描述，并定义最大失重率为其反应活性[即$(\mathrm{d}W/\mathrm{d}t)_{\mathrm{Max}}$，mg/min]；试样的孔隙结构参数主要通过液氮吸附分析仪(ASAP2020M)进行测定，而颗粒的表面化学及类微晶结构主要用傅里叶变换红外光谱仪和 X 射线衍射分析仪进行测试，同时按照半定量的方法进行相关微观结构参数的计算，原始数据的归类如表 8-6 所示。

表 8-6　煤焦反应特性及其结构参数

序号	项目	龙岩无烟煤					贵州烟煤				
		原煤	焦Ⅰ 100%N₂	焦Ⅱ 5%O₂/95%N₂	焦Ⅲ 100%CO₂	焦Ⅳ 5%O₂/95%CO₂	原煤	焦Ⅴ 100%N₂	焦Ⅵ 5%O₂/95%N₂	焦Ⅶ 100%CO₂	焦Ⅷ 5%O₂/95%CO₂
X0	反应活性$(\mathrm{d}W/\mathrm{d}t)_{\mathrm{Max}}$/(mg/min)	0.45	0.59	0.55	0.44	0.51	0.53	0.55	0.53	0.44	0.51
X1	BET 比表面积 S_{BET}/(m²/g)	1.5188	10.851	11.167	11.018	12.168	2.333	6.066	4.293	11.409	3.361
X2	BJH 比孔容积 V_{BJH}/(cc/g)	0.0047	0.0117	0.0130	0.0138	0.0115	0.0051	0.0076	0.01105	0.0146	0.0083
X3	平均孔径 d_{pore}/nm	5.1676	11.7891	9.0992	14.552	4.6393	12.055	13.394	14.773	8.371	15.412
X4	灰分含量 A	0.3823	0.4353	0.4916	0.4270	0.4129	0.2552	0.3852	0.5947	0.3684	0.5397
X5	芳氢与脂氢比 $H_{\mathrm{ar}}/H_{\mathrm{al}}$	0.68	1.34	3.61	1.08	2.05	0.55	2.79	3.02	2.48	2.73
X6	芳香度 f_a	0.907	0.946	0.976	0.936	0.962	0.751	0.962	0.973	0.948	0.960
X7	微晶晶面间距 d_{002}	—	0.3868	—	0.4021	—	—	0.3923	—	0.4003	—
X8	微晶层片直径 L_a	—	5.1314	—	4.2865	—	—	4.1929	—	4.2625	—
X9	层片堆积高度 L_c	—	2.7860	—	2.5091	—	—	2.7206	—	2.0116	—

注：煤焦的反应活性通过热重实验在相应的氧化性气氛下进行测定，定义为反应的最大失重率，即$(\mathrm{d}W/\mathrm{d}t)_{\mathrm{Max}}$(mg/min)。

在关联分析过程中，将煤焦的反应性序列定义为参考序列（即母序列），将反映煤焦本身特性的物理化学等参数定义为比较序列（即子序列）。比较序列与参考序列的关系按照式(8-17)来计算其关联系数（其中 $\zeta01$ 表示 X0 与 X1 序列之间的关联关系，$\zeta02$～$\zeta09$ 分别表示 X0 与 Xi 序列之间的关联关系），相应的计算结果如表8-7所示。

表 8-7　灰色关联系数

序号	龙岩无烟煤					贵州烟煤				
	原煤	焦 I 100%N$_2$	焦 II 5%O$_2$/95%N$_2$	焦 III 100%CO$_2$	焦 IV 5%O$_2$/95%CO$_2$	原煤	焦 V 100%N$_2$	焦 VI 5%O$_2$/95%N$_2$	焦 VII 100%CO$_2$	焦 VIII 5%O$_2$/95%CO$_2$
$\zeta01$	0.3508	0.5459	0.4622	0.3704	0.3639	0.3356	0.5855	0.4433	0.3516	0.4012
$\zeta02$	0.4672	1.0000	0.6438	0.4236	0.7340	0.4061	0.5280	0.8824	0.3880	0.6713
$\zeta03$	0.4727	0.8288	0.6001	0.4387	0.3890	0.8553	0.7155	0.5402	0.7949	0.4719
$\zeta04$	0.9842	0.7223	0.8499	0.7379	0.9111	0.4520	0.6714	0.5148	0.9945	0.5887
$\zeta05$	0.4008	0.4242	0.3443	0.5258	0.9840	0.3225	0.5559	0.4511	0.5070	0.5173
$\zeta06$	0.8052	0.7234	0.9266	0.7241	0.9249	0.6122	0.8926	0.9939	0.7061	0.9299
$\zeta07$	—	0.6744	—	0.7061	—	—	0.8133	—	0.7124	—
$\zeta08$	—	0.9836	—	0.7949	—	—	0.7261	—	0.8043	—
$\zeta09$	—	0.8945	—	0.7289	—	—	0.9881	—	0.8631	—

2. 灰色关联度的求取及讨论

通过计算参考序列与比较序列的灰色关联度[式(8-18)]，来反映各子因素对母因素的影响关系，但关联度的绝对大小并无太大的实际意义，而最重要的是关联度的排序，灰色关联分析即依据关联度的大小关系来确定各因素对考察目标的影响程度，其中关联度越大则影响程度越大。

从计算的关联度（此处为两种煤焦关联度的综合计算结果）的列表（表 8-8）来

表 8-8　灰色关联度（降序排列）

序号	影响因素	关联度
R09	层片堆积高度 L_c	0.8686
R08	微晶层片直径 L_a	0.8272
R06	芳香度 f_a	0.8239
R04	灰分含量 A	0.7427
R07	微晶晶面间距 d_{002}	0.7266
R02	BJH 比孔容积 V_{BJH}	0.6144
R03	平均孔径 d_{pore}	0.6107
R05	芳氢与脂氢比 H_{ar}/H_{al}	0.5033
R01	BET 比表面积 S_{BET}	0.421

看，在所考察的对煤焦的反应性相关的参数之间，高温热解煤焦本身的微观化学及微晶结构是影响其最终反应性的根本因素，这与文献[48]的研究结论基本一致。而与之相比，颗粒物理结构（比表面积、比孔容积和平均孔径等）虽然也存在相当程度的影响，但其影响程度较前者稍小。

8.4　本 章 小 结

本章采用 FTIR 和 XRD 测试分析技术，系统阐述了煤焦表面微结构测试、谱图校正、多峰解析及特征参数计算等分析方法，系统研究了快速升温条件下煤焦颗粒表面的化学结构及微晶结构的演化规律，通过谱图解析及定义的评价参数，对比并半定量化分析了不同条件下煤焦表面结构的差异及其影响因素。基于灰色关联分析方法，获得了影响煤焦受热结构演化的关键受控因素与其反应性的关联关系，研究结果为深入揭示煤焦宏观反应性的微观内在机理提供了支持。

参 考 文 献

[1] 彭卿, 徐怡庄, 李维红, 等. 胃肠道正常组织与相应肿瘤组织结构的 FTIR 光谱研究[J]. 光谱学与光谱分析, 1998, 18(5): 528-531.

[2] 董庆年. 红外光谱法[M]. 北京: 化学工业出版社, 1979: 271.

[3] 张守仁. 造山带外缘煤的演化特性研究及应用[D]. 北京: 中国矿业大学, 2001: 53.

[4] YÜrÜm Y, Bozkurt D, Yalcin M N. Change of the structure of coals from the Kozlu K_{20} G borehole of Zonguldak basin with burial depth-1. Chemical structure[J]. Energy Sources, 2001, 23(6): 511-520.

[5] Aouad A, Benchanoa M, Mokhlisse A. et al. Study of thermal behaviour of organic matter from natural phosphates (Youssoufia-Morocco)[J]. Journal of Thermal Analysis and Calorimetry, 2002, 70(2): 593-603.

[6] Sun Q L, Li W, Chen H, et al. The variation of structural characteristics of macerals during pyrolysis [J]. Fuel, 2003, 82(6): 669.

[7] 琚宜文, 姜波, 侯泉林, 等. 构造煤结构成分应力效应的傅里叶变化红外光谱研究[J]. 光谱学与光谱分析, 2005, 25(8): 1216-1220.

[8] 余海洋, 孙旭光. 江西乐平晚二叠世煤成烃机理红外光谱研究[J]. 光谱学与光谱分析, 2007, 27(5): 858-862.

[9] 张蕤, 孙旭光. 新疆吐哈盆地侏罗纪煤生烃模式的红外光谱分析[J]. 光谱学与光谱分析, 2008, 28(1): 61-66.

[10] 赵匡宗, 张秀义, 劳永新. 干酪根的 X 射线衍射研究[J]. 沉积学报, 1987, 5(1): 26-36.

[11] 陶著. 煤化学[M]. 北京: 冶金工业出版社, 1984.

[12] Jones J M, Pourkashanian M, Rena C D, et al. Modeling the relationship of coal structure to char porosity[J]. Fuel, 1999, 78(14): 1737-1744.

[13] 余明高, 贾海林, 于水军, 等. 乌达烟煤微观结构参数解算及其与自燃的关联性分析[J]. 煤炭学报, 2006, 31(5): 610-614.

[14] Ibarra J V, Munoz E, Moliner R. FTIR study of the evolution of coal structure during the coalification process[J]. Organic Geochemistry, 1996, 24(6/7): 725-735.

[15] Petersen H I, Rosenberg P, Nytoft H P. Oxygen groups in coals and alginite-rich kerogen revisited[J]. International Journal of Coal Geology, 2008, 74(2): 93-113.

[16] Ibarra J V, Moliner R, Bonet A J. FT-i.r. investigation on char formation during the early stages of coal pyrolysis[J]. Fuel, 1994, 73(6): 918-924.

[17] Yao S P, Zhang K, Jiao K, et al. Evolution of coal structures: FTIR analyses of experimental simulations and naturally matured coals in the Ordos Basin, China[J]. Energy Exploration & Exploitation, 2011, 29(1): 1-20.

[18] Koch A, Krzton A, Finqueneisel G. A study of carbonaceous char oxidation in air by semi-quantitative FTIR spectroscopy [J]. Fuel, 1998, 77(6): 563-569.

[19] Solomon P R, Carangelo R M. FTIR analysis of coal. 1. Techniques and determination of hydroxyl concentrations [J]. Fuel, 1982, 61(7): 663-669.

[20] Solomon P R, Carangelo R M. FTIR analysis of coal. 2. Aliphatic and aromatic hydrogen concentration[J]. Fuel, 1988, 67(2): 949-959.

[21] Brown J K, Lander W R. A study of the hydrogen distribution in coal-like materials by high-resolution nuclear magnetic resonance spectroscopy. II, A comparison with infrared measurement and the conversion to carbon structure[J]. Fuel, 1960, 39(6): 87-96.

[22] Short M A, Walker P L J. Measure of interlayer spacings and crystal sizes in turbostratic carbon[J]. Carbon, 1963, 1(1): 3-9.

[23] Edwards I A S. Structure in Carbons and Carbon Forms. In Introduction to Carbon Science[M]. London: Butterworths, 1989: 1-32.

[24] Wang S B, Lu G Q. Effect of acidic treatments on the pore and surface properties of Ni-catalyst supported on activated carbon[J]. Carbon, 1998, 36(3): 283-292.

[25] Lu L, Sahajwalla V, Harris D. Characteristics of chars prepared from various pulverized coals at different temperatures using drop-tube furnace[J]. Energy & Fuels, 2000, 14(4): 869-876.

[26] Lu L, Sahajwalla V, Harris D. Coal char reactivity and structural evolution during combustion-factors influencing blast furnace pulverized coal injection operation[J]. Metallurgical and Materials Transactions B, 2001, 32B: 811-820.

[27] Lu L, Sahajwalla V, Kong C, et al. Quantitative X-ray diffraction analysis and its application to various coals[J]. Carbon, 2001, 39(12): 1821-1833.

[28] Lu L, Kong C, Sahajwalla V, et al. Char structural ordering during pyrolysis and combustion and its influence on char reactivity[J]. Fuel, 2002, 81(9): 1215-1225.

[29] Klug H P, Alexander L E. X-ray diffraction procedures for poly crystalline and amorphous materials[M]. 3rd ed. New York: John & Willey, 1974.

[30] Compton A H, Allison S K. X-rays in Theory and Experiment[M]. New York: D. Van Nostrand, 1935.

[31] Berghuis J, Haanappel I M, Potters M. New calculations of atomic scattering factors[J]. Acta Crystallographica, 1955, 8(6): 478-483.

[32] Keating D T, Vineyard G H. The complete incoherent scattering function for carbon[J]. Acta Crystallographica, 1956, 9(2): 895-896.

[33] 黎永. 循环流化床燃烧条件下焦碳反应性实验研究[D]. 北京: 清华大学, 2002: 5.

[34] Russell N V, Gibbins J R, Williamson J. Structure ordering in high temperature coal chars and the effect on reactivity[J]. Fuel, 1999, 78(7): 803-807.

[35] Oya A, Mochizuki M, Otani S, et al. An electron microscopic study on the turbostratic carbon formed in phenolic resin carbon by catalytic action of finely dispersed nickel[J]. Carbon, 1979, 17(1): 71-76.

[36] Wang J, Morishita K, Takarada T. High-temperature interactions between coal char and mixtures of calcium oxide, quartz and kaolinite[J]. Enery & Fuels, 2001, 15(5): 1145-1152.

[37] Hawe E, Oczek J, Bródka A, et al. Structural studies of disordered carbons by high-energy X-ray diffraction[J]. Philosophical Magazine, 2007, 87(32): 4973-4986.

[38] Marsh H. A tribute to Philip L.Walker[J]. Carbon, 1991, 29(6): 703-704.

[39] 邓聚龙. 灰理论基础[M]. 武汉: 华中科技大学出版社, 2002.

[40] 马玉峰, 王辉, 姜秀民, 等. 水煤浆球在流化床内的燃烧试验及灰色关联分析[J]. 中国电机工程学报, 2007, 27(5): 61-66.

[41] 张雪平, 殷国富. 基于层次灰色关联的产品绿色度评价研究[J]. 中国电机工程学报, 2005, 25(17): 78-82.

[42] Mu H, Kondou Y, Tonooka Y, et al. Grey relative analysis and future prediction on rural household biofuels consumption in china[J]. Fuel Processing Technology, 2004, 85(8-10): 1231-1248.

[43] Moran J, Granada E, Miguez J L, et al. Use of grey relational analysis to assess and optimize small biomass boilers [J]. Fuel Processing Technology, 2006, 87(2): 123-127.

[44] Fu C Y, Zheng J S, Zhao J. Application of grey relational analysis for corrosion failure of oil tubes[J]. Corrosion Science, 2001, 43(5): 881-889.

[45] 曹国庆, 邢金城, 涂光备. 基于灰色层次分析理论的烟气脱硫技术评价方法[J]. 中国电机工程学报, 2006, 26(4): 51-55.

[46] 王辉, 姜秀民, 刘建国, 等. 石英砂流化床床料的磨损实验与灰色关联分析[J]. 化工学报, 2006, 57(5): 1133-1137.

[47] 王进伟, 赵新木, 李少华, 等. 循环流化床锅炉煤灰分成对其磨耗特性的影响[J]. 化工学报, 2007, 58(3): 739-744.

[48] 范晓雷, 杨帆, 张薇, 等. 热解过程中煤焦微晶结构变化及其对煤焦气化反应活性的影响[J]. 燃料化学学报, 2006, 34(4): 395-398.

第9章 煤尘爆炸及抑爆响应特性

煤被破碎成微细的煤尘后，其比表面积将显著增加，当煤尘悬浮于空气中时，其氧化能力显著增强，在有火源情况下将引发氧气与煤尘间剧烈的氧化反应，煤尘燃烧将热量以湍流混合及辐射的方式传递给周围的煤尘，使之参与燃烧反应，如此循环下去，燃烧产物的迅速膨胀会在火焰波波阵面前方形成压缩波，压缩波在不断压缩的气固介质中进行传播，从而引起火焰传播自动加速，即诱发煤尘爆炸。从单个煤尘颗粒的着火来看，煤尘爆炸机理主要有气相着火和表面非均相着火两种形式，其爆炸过程也包含了两个典型的反应过程：可燃性气体的析出与均相燃烧以及固态碳的非均相燃烧，这两个过程对煤尘爆炸的整体反应速率都起着至关重要的作用。当然，煤尘的爆炸过程异常复杂，影响因素众多，研究不同工况条件下煤尘爆炸特性对预防、减少和控制煤尘爆炸事故的发生具有重要的现实意义[1,2]。因此，本章系统研究了不同煤尘的爆炸特征参数，分析了影响煤尘爆炸的关键影响因素，探索了煤尘爆炸气固相产物的演化规律，获得了煤尘爆炸对典型抑爆剂的响应规律。

9.1 煤尘爆炸及其发生条件

9.1.1 煤尘爆炸简况

1. 煤尘爆炸过程

煤尘爆炸是空气中氧气和煤尘急剧氧化的反应过程：第一步是悬浮的煤尘在热源的作用下迅速被干馏或气化而放出可燃气体；第二步是可燃气体与空气混合而燃烧；第三步是煤尘燃烧放出热量，这种热量以分子传导和火焰辐射的方式传给附近悬浮的或被卷扬起来的煤尘，这些煤尘受热后被氧化，使燃烧不断循环继续下去[3]。煤尘爆炸过程如图9-1所示。

2. 煤尘爆炸的条件

煤尘爆炸必须同时具备三个条件：煤尘本身具有爆炸性；煤尘必须悬浮在空气中，并达到一定浓度；存在能引燃煤尘爆炸的高温热源[4-6]。爆炸三角形如图9-2所示。

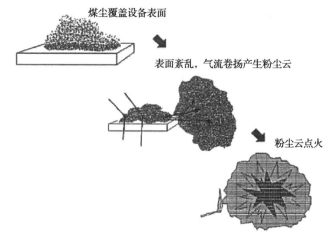

图 9-1　常见导致煤尘爆炸事故序列

图 9-2　爆炸三角形

1) 煤尘爆炸性

并不是所有煤尘都具有爆炸性。煤尘具有爆炸性是煤尘爆炸的必要条件。煤尘爆炸的危险性必须经过试验确定。

2) 悬浮煤尘浓度

井下空气中只有悬浮的煤尘达到一定浓度时，才可能引起爆炸，单位体积中能够发生的煤尘爆炸的最低和最高煤尘量称为下限和上限浓度。低于下限浓度或高于上限浓度的煤尘都不会发生爆炸。煤尘爆炸的浓度范围与煤的成分、粒度、引火源的种类和温度及实验条件等有关。一般说来，煤尘爆炸的下限浓度为 $30\sim50\text{g/cm}^3$，上限浓度为 $1000\sim2000\text{g/cm}^3$。其中爆炸力最强的浓度为 $300\sim500\text{g/cm}^3$。

3) 引燃煤尘爆炸的高温热源

煤尘的引燃温度变化范围较大，它随着煤尘性质、浓度及试验条件的不同而变化。我国煤尘的引燃温度在 610～1050℃，一般为 700～800℃。煤尘爆炸的最小点火能量为 4.5～40mJ。这样的温度条件，几乎一切火源均可达到，如爆破火焰、电气火花、机械摩擦火花、瓦斯燃烧或爆炸、井下火灾等。

也有相关学者针对煤尘爆炸提出了爆炸五边形的概念，其参数如图 9-3 所示。

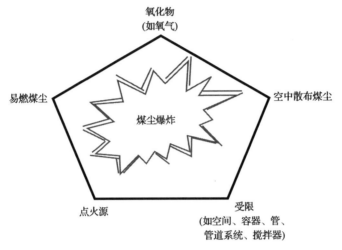

图 9-3　煤尘爆炸五边形

针对物质的可燃性，它存在一个易燃区域，在一定的温度和蒸汽压下，燃料在易燃区域内遭遇足够的点火能量才会燃烧进而产生爆炸。闪点是在规定的试验条件下，使用某种点火源造成液体汽化而着火的最低温度。闪燃是液体表面产生足够的蒸气与空气混合形成可燃性气体时，遇火源产生短暂的火光，发生一闪即燃的现象。闪燃的最低温度称为闪点，即图 9-4 中着火浓度下限和蒸汽压力相交点所对应的温度。

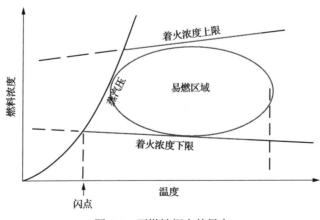

图 9-4　可燃性概念的界定

9.1.2　煤尘二次爆炸

1. 煤尘二次爆炸机制

煤尘爆炸和瓦斯爆炸一样，都伴随有进程冲击和回程冲击两种冲击。进程冲击是在高温作用下爆炸瓦斯及空气向外扩张。回程冲击是发生爆炸地点空气受热膨胀，密度减小，瞬时形成负压区，在气压差作用下，空气向爆源逆流，促成的空气冲击，简称"返回风"，若该区域内仍存在可以爆炸的煤尘和热源，就会因补给新鲜空气而发生第二次爆炸。主爆炸和二次爆炸机制如图 9-5 所示。

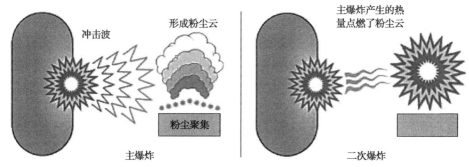

图 9-5　主爆炸和二次爆炸机制

煤尘爆炸的压力波传播速度很快，能将巷道中的煤尘扬起，使巷道中的煤尘浓度迅速达到爆炸范围，因而当落后于冲击波的火焰到达时，就会产生煤尘爆炸。有时可如此反复多次，形成连续爆炸[7]，形成如图 9-6 所示的多米诺骨牌效应。

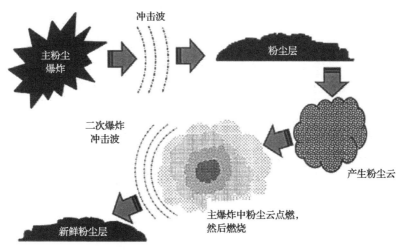

图 9-6　煤尘爆炸多米诺骨牌效应说明

2. 煤尘二次爆炸的影响因素[8]

1）煤尘浓度

随着煤尘浓度的增加，煤尘二次爆炸最大压力和爆炸压力最大上升速率均先增大后减小，爆炸最大压力差先减小后增大，爆炸压力最大上升速率差先减小后增大再减小。二次爆炸最佳爆炸浓度为 $300g/m^3$，比一次爆炸最佳爆炸浓度 $400g/m^3$ 有所减小。爆炸最大压力差和爆炸压力最大上升速率差在煤尘浓度为 $300g/m^3$ 时达到波谷，在煤尘浓度为 $400g/m^3$ 时达到峰值。

2）煤尘粒径

随着煤尘粒径的减小，煤尘二次爆炸最大压力和爆炸压力最大上升速率不断增大，爆炸最大压力差和爆炸压力最大上升速率差均先增大后减小。大粒径煤尘对二次爆炸最大压力和爆炸压力最大上升速率变化的影响较小，煤尘粒径为 $37\sim75\mu m$ 时爆炸最大压力差和爆炸压力最大上升速率差取得最大值。

3）点火能量

随着点火能量的增加，煤尘二次爆炸最大压力和爆炸压力最大上升速率，以及爆炸最大压力差和爆炸压力最大上升速率差均呈增大趋势。二次爆炸最大压力在点火能量高于 5kJ 后缓慢上升，爆炸压力最大上升速率在点火能量高于 8kJ 后基本保持不变，爆炸最大压力差在点火能量为 10kJ 时取得最大值。

煤尘发生二次爆炸时，爆炸最大压力和爆炸压力最大上升速率与一次爆炸时相比均较小。比较不同煤尘浓度、煤尘粒径和点火能量条件下的煤尘一次爆炸和二次爆炸的最大压力，发现在煤尘浓度变化情况下爆炸最大压力差最大，因此煤尘浓度为煤尘二次爆炸与一次爆炸产生差异的主要影响因素。

9.2　煤尘爆炸特征参数及其受控因素

9.2.1　煤尘爆炸测试方法

本节的煤尘爆炸及抑爆实验均依据国际标准《抑爆系统 第 1 部分：空气中可燃粉尘爆炸指数的测定》（ISO 6184—1985）在标准 20L 球形爆炸装置（图 9-7）中进行。实验前，将预先称重好的煤尘放置在储粉罐内（体积 0.6L），实验用化学点火头通过导线与点火电极相连，整个实验装置处于完全封闭状态。实验进行时，预先将实验腔体抽真空至 0.06MPa（绝对压力），喷粉压力设置为 2MPa（标准压力）。当连接储粉罐与实验腔体的电磁阀触发时，空气和煤尘被喷入实验腔体内部，化学点火头经过 60ms 的系统延迟后通电、引燃[9,10]。至此，爆炸过程完毕，采集计算机上的爆炸压力曲线进行后期分析。实验结束后，储粉罐和实验腔体采用压缩空气来进行彻底清洗，为下次实验做准备。

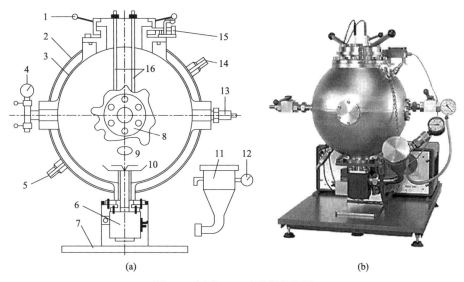

图 9-7　标准 20L 球形爆炸装置

1-密封盖；2-夹层外套；3-夹层内套；4-真空表；5-循环水入口；6-机械两向阀；7-底座；8-观察孔；9-抽真空孔；
10-分散阀；11-储粉罐；12-电接点压力表；13-压力传感器；14-循环水出口；15-安全限位开关；16-点火杆

　　实验过程中，点燃煤尘的化学点火头由锆粉、过氧化钡和硝酸钡按照 4∶3∶3 的比例混合制成。本节所用点火头能量均为 5kJ，煤尘浓度介于 60～500g/m^3。

　　实验控制箱及数据采集系统均由东北大学自主研发，该系统主要由压力传感器、采集仪器和计算机组成。煤尘爆炸发生后，压力传感器动作并通过采集器，最终由计算机配套软件进行信息处理，绘制实时压力-时间曲线。绘制曲线的坐标系中纵坐标为压力值，一般将量程设定为–0.06～1.0MPa，横坐标为时间轴，量程设定为 0～1000ms。通过对该曲线的处理，系统软件可以直接读出煤尘最大爆炸压力及最大爆炸压力上升速率。

　　目前为止，测试压力有多种方式，根据压力转换成电量途径的不同，一般将压力传感器分为压电式压力传感器、电阻式压力传感器和电感式压力传感器三类。压电式压力传感器以石英、电气石晶体为敏感元件，机械性能和电性能好，压电特性稳定，因此本实验研究选用压电式压力传感器，数据采集系统及压力传感器实物如图 9-8、图 9-9 所示。

　　本节选用的压力传感器型号为 GEMS 压力传感器，基本参数如下：输出电压为 0～5V；压力端口为 G 1/4″外牙；电源连接处配小型 4 针 DIN 插头；精度为 ±0.25% F.S（F.S 表示全量程）；介质温度为–40～125℃；量程为 0～25bar。

图 9-8   爆炸装置数据采集系统图

图 9-9   压力传感器实物图

9.2.2   煤尘爆炸特征参数

借助标准 20L 球形爆炸装置,实验过程中每组煤尘爆炸实验均重复 3 次,爆炸压力变化过程由安装在实验容器侧壁的压力传感器记录并最终传输到数据采集系统。煤尘最大爆炸压力及最大爆炸压力上升速率可从爆炸压力曲线中直接读出。

图 9-10 给出了一个特定浓度条件下典型的煤尘爆炸压力曲线,图中标注出了排除器壁冷却作用以及点火头"过压作用"后的煤尘最大爆炸压力、最大爆炸压力上升速率以及爆燃时间[11]。图 9-10 中,τ_1 为从煤尘点燃至达到最大爆炸压力上升速率的时间段,表征挥发性气体燃烧的最快速率;τ_2 为从最大爆炸压力上升速率到最大爆炸压力之间的时间段,表征固定碳的燃烧程度。τ_1 和 τ_2 描述了爆炸火焰的发展快慢。煤尘最大爆炸压力 P_{ex} 代表煤尘爆炸过程中取得的最大爆炸压力值,即爆炸压力曲线的峰值,用来表征煤尘的爆炸威力。煤尘最大爆炸压力上升速率 $(dP/dt)_{ex}$ 是指煤尘爆炸过程中单位时间内压力上升最快值,即爆炸压力曲线中的斜率最大值,代表了煤尘的爆炸危险性。

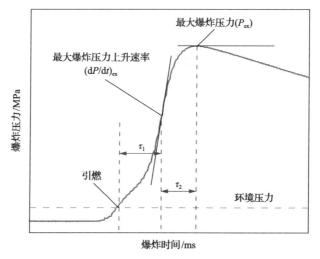

图 9-10   标准煤尘爆炸压力曲线

9.2.3　煤尘爆炸的影响因素

1. 浓度对煤尘爆炸特性的影响

煤尘爆炸是一个剧烈的氧化反应过程。在一定的受限空间内，煤尘浓度和氧气浓度相互制衡。煤尘浓度较低时，整个爆炸过程处于富氧燃烧阶段；煤尘浓度超过一定值后，煤尘爆炸进入富燃料燃烧阶段。因此，研究煤尘浓度对煤尘爆炸特性参数的影响并确定最优爆炸浓度，对充分认识煤尘爆炸规律具有重要的指导意义。

根据实验研究目的，本节选用了内蒙古、宁夏、淮北 3 种不同变质程度煤，分别在 $60g/m^3$、$125g/m^3$、$250g/m^3$、$400g/m^3$ 及 $500g/m^3$ 条件下测定煤尘爆炸特性参数，并分析浓度对煤尘爆炸特性的影响。

实验前，煤样均在 50℃真空条件下干燥 24h，以去除水分对爆炸实验的影响。煤样的工业分析和粒度分析见表 9-1、表 9-2。

表 9-1　煤样工业分析　　　　　　　　（单位：%）

煤样	M_{ad}	A_{ad}	V_{daf}	FC_{ad}
内蒙古	1.48	14.25	14.03	73.72
宁夏	1.58	28.54	33.51	47.51
淮北	2.16	20.55	35.77	51.03
铁法	9.76	28.12	40.97	42.44
山西	1.03	6.92	23.38	71.32

表 9-2　煤样粒度分析

煤样	$D_{90}/\mu m$	$D_{50}/\mu m$	$D_{10}/\mu m$	σ_D
内蒙古	101.4	45.37	9.54	2.02
宁夏	91.62	43.69	7.14	1.93
淮北	91.66	45.20	7.92	1.85

注：σ_D 为粒径分散度。

借助标准 20L 球形爆炸装置，本节对 3 组粒径和粒径分散度大致相等的煤样进行了煤尘爆炸实验，分别测定其在不同浓度条件下的煤尘爆炸特性参数，实验结果见图 9-11。

由图 9-11 可知，3 种不同变质程度煤的最大爆炸压力及最大爆炸压力上升速率均随煤尘浓度的增加而呈现先升高后降低的趋势（淮北煤除外）。在本实验测试条件下，煤尘最适爆炸浓度（该浓度条件下煤尘爆炸出现最大爆炸压力的极值）均为 $250g/m^3$，但是煤尘最大爆炸压力上升速率对应的最适浓度值滞后于最大爆炸压力对应的浓度值。这是因为随着煤尘浓度的增大，粒子数目增多、间距减小，热量扩散更易进行，单位时间内会有更多煤尘参与反应，煤尘最大爆炸压力上升速率继续增大。然而，受反应空间内氧气量的限制，虽然煤尘浓度为 400g/m³ 时内蒙古、宁夏煤尘最大爆炸压力上升速率出现最大值，但是最大爆炸压力却有所降低。

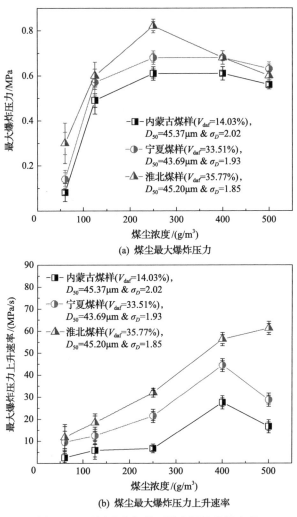

(a) 煤尘最大爆炸压力

(b) 煤尘最大爆炸压力上升速率

图 9-11　不同浓度条件下煤尘爆炸特性参数

对于煤尘爆炸而言，在煤尘浓度低于最适浓度的贫燃区，由于氧气供应充分，煤尘燃烧主要受煤尘数量控制，提高煤尘浓度、降低颗粒间的间距有助于煤尘间的热量传输，更有助于煤尘爆炸反应的充分进行；而在煤尘浓度高于 250g/m³ 的富燃料阶段，氧气扩散供应将成为控制煤尘燃烧速率的关键因素，过量的粉尘不仅影响煤尘群的分散程度，还将导致煤尘燃烧速率及爆炸参数降低。

2. 粒径对煤尘爆炸特性的影响

煤尘爆炸是煤尘表面与氧气接触后发生的剧烈氧化反应过程，与煤尘群的有效反应表面积大小关系密切。粒径作为衡量煤尘粒子大小的重要指标，直接决定着煤尘有效反应表面积的大小，进而影响煤尘爆炸特性。

本节选用铁法煤样，根据实验设计要求，煤样经过粉碎、筛分以及混合处理后用于实验研究。实验前，煤样均在 50℃真空条件下干燥 24h，以去除水分对爆炸实验的影响作用。煤样的工业分析和粒度表征见表 9-1、图 9-12[其中 $D_{××}$ 指的是 ××%(按体积计)的煤尘粒径不大于该值]。

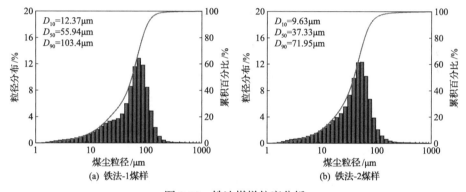

图 9-12　铁法煤样粒度分析

借助标准 20L 球形爆炸装置，本节对 2 组粒径 D_{50}(55.94μm、37.33μm)不同但粒径分散度 σ_D(1.63、1.67)大致相等的煤样进行了煤尘爆炸实验，从而确定煤尘粒径对最大爆炸压力、最大爆炸压力上升速率以及煤尘爆燃时间的影响作用。图 9-12、图 9-13 分别给出了 2 组煤样的粒度分析结果以及不同浓度条件下煤尘爆炸特性参数。

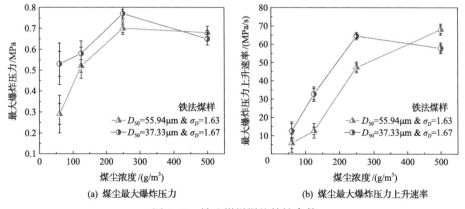

图 9-13　铁法煤样爆炸特性参数

由实验结果可知，在实验选定的煤尘浓度范围内，对于铁法煤样，较小粒径（D_{50}=33.73μm）的煤尘会产生更大的爆炸压力。这是因为随着煤尘粒径的减小，单个煤尘的有效反应表面积急剧增大。此外，同一浓度条件下，煤尘粒径越小，数量越多，从而进一步增大煤尘群的有效反应表面积。因此，对于实验选用煤样，煤尘粒径越小，爆炸产生的最大爆炸压力越大，这也证明了煤尘的燃烧反应和单位体积内煤尘的有效反应表面积密切相关[12]。同时，研究发现2组铁法煤样虽然粒径不同，但最优爆炸浓度（最大爆炸压力出现极值时对应的粉尘浓度）均为250g/m³，这一结果可能是氧气量有限所造成的。与最大爆炸压力相比，煤尘粒径对最大爆炸压力上升速率的影响明显更大。一方面，同一环境条件下，煤尘粒径越小越容易被加热且单位时间内能释放出更多的可燃性气体，这将在很大程度上提高煤尘的燃烧速率，在单位时间内产生更大的爆炸压力[13]。另一方面，随着煤尘粒径的增大，考虑到其自身的重力作用，越来越多的大粒径煤尘会在吸收环境热量后快速沉降以至于无法参与煤尘爆炸反应，进而造成煤尘爆炸威力降低。

已有研究证实大粒径煤尘的燃烧时间更长、释放能量更多，在某种程度上补偿了大粒径煤尘快速沉降带来的热量损失[14]。这也解释了大粒径煤尘的最大爆炸压力和小粒径煤尘相差不多的现象。但需要指出的是，当煤尘浓度达到一定值（500g/m³）后，大粒径煤尘（D_{50}=55.94μm）产生的最大爆炸压力及最大爆炸压力上升速率均大于小粒径（D_{50}=33.73μm）煤尘。这是因为在高浓度条件下，粒径较小的煤尘会有数量更多的煤尘粒子，这会在很大程度上影响其喷粉过程中的分散程度，进而影响其爆炸特性参数。

煤尘爆燃火焰发展的快慢直观地反映了煤尘爆炸的危险程度。为了定量化描述这一过程，引入 τ_1 和 τ_2 来表征煤尘爆燃火焰的发展速度。由图 9-14 可知，对于

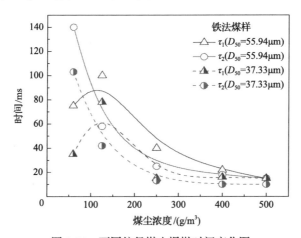

图 9-14　不同粒径煤尘爆燃时间变化图

粒径分散度近似相等的煤尘，在同一浓度条件下，随着煤尘粒径减小，τ_1 和 τ_2 明显下降，这也进一步证实了粒径较小的煤尘更容易被加热、引燃，从而产生更大的爆炸威力。随着煤尘浓度的增加，τ_2 不断减小。这是因为煤尘浓度增加后，煤尘数目增多、粒子间间距减小，传热更易进行，所以煤尘爆燃时间减小。但粒子间间距并不能无限制地减小，所以当煤尘浓度高到一定程度时，煤尘浓度对 τ_2 的影响几乎可以忽略。另外，当煤尘浓度($60g/m^3$)很小时，即需加热的煤尘数量很少，τ_1 也较小；随着煤尘浓度的增加，τ_1 略有增大，之后由于煤尘粒子间间距的影响而与 τ_2 呈现一致的发展趋势。

因此，煤尘粒径的减小会显著增加煤尘群的有效反应表面积，造成燃烧速率增大，进而产生更大的最大爆炸压力和最大爆炸压力上升速率。

3. 粒径分散度对煤尘爆炸特性的影响

煤尘群由数量相当的大小不等、形状不规则的煤尘组成，粒径作为煤尘中位粒径的度量，无法表征煤尘群中不同粒径范围煤尘所占的比重大小。因此，探索新的煤尘群度量标准——粒径分散度，用来表征不同粒径范围的煤尘在煤尘群中所占比重的大小具有重要的现实意义。在粒径近似相等的情况下，粒径分散度能够表征煤尘群的粒径分布比重，更加全面地反映煤尘反应有效表面积的变化，对煤尘爆炸特性有显著影响。

为了充分研究相近粒径条件下煤尘粒径分散度对爆炸特性的影响作用，实验选用山西煤样，煤样的工业分析见表 9-1。实验前，将实验设定的特定粒径的煤样按照一定比例混合并手工掺匀 30min，以保证实验用混合煤样的均一性。处理后的煤样均在 50℃真空条件下干燥 24h，以去除水分对煤尘爆炸实验的影响作用。煤样的粒度测试结果见图 9-15。用来表征煤尘粒径分散范围的粒径分散度由式 (9-1)确定[15]：

$$\sigma_D = (D_{90} - D_{10}) / D_{50} \tag{9-1}$$

借助标准 20L 球形爆炸装置，本节对粒径近似相等条件下不同粒径分散度 (D_{50}=51.13μm & σ_D=1.84；D_{50}=52.36μm & σ_D=3.60) 的煤样进行了爆炸测试。所有的实验均在 $60g/m^3$、$125g/m^3$、$250g/m^3$、$400g/m^3$ 和 $500g/m^3$ 的浓度条件下进行。图 9-15 和图 9-16 分别给出了山西煤样的粒径分布和煤尘爆炸特性参数。

由图 9-16 可知，尽管实验用煤样的粒径近似相等，但由于煤尘粒径分散度不同，2 组煤样的爆炸特性仍然呈现很大差异，煤尘爆炸危险性随着煤尘粒径分散度的增加而减小。由图 9-16(b)可知，煤尘粒径分散度的减小会造成最大爆炸压力上升速率显著增大，这说明煤尘粒径分散度对爆燃动力过程具有重要的影响作用。

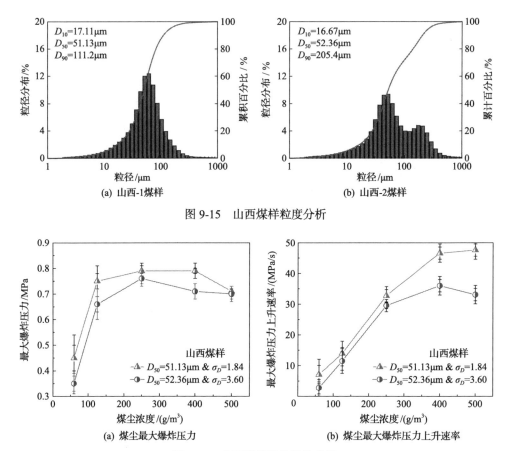

图 9-15　山西煤样粒度分析

图 9-16　山西煤样爆炸特性参数

结合对煤尘粒径分布(图 9-15)和粒径分散度定义的分析可知，煤尘粒径分散度较大时，粒径呈现双峰分布，图 9-15(b)中右侧峰的存在说明正是相当数量大粒径煤尘的存在导致煤尘粒径分散度增加。已有研究表明，煤尘的最大爆炸压力以及最大爆炸压力上升速率和悬浮在煤尘群中的小粒径煤尘量密切相关[14]，因为过多的大粒径煤尘会显著减少煤尘的有效反应表面积，进而抑制爆炸过程的发展。此外，由图 9-17 可知，粒径分散度较大的煤尘中有相当一部分大粒径煤尘未参与爆炸反应(爆炸固体产物粒径的 D_{90} 很大)，即过多的大粒径煤尘显著增加了爆炸过程中的热量损失。因此，随着煤尘粒径分散的增加，煤尘群中大粒径煤尘的数量显著增加，煤尘受热、挥发更加困难，尤其在煤尘浓度超过 250g/m³ 之后，煤尘最大爆炸压力上升速率的增速显著减小。另外，当煤尘浓度超过 250g/m³ 之后，过量的大粒径煤尘直接影响喷粉过程中煤尘的分散程度，不利于煤尘的燃烧和热解，进一步降低了最大爆炸压力上升速率。

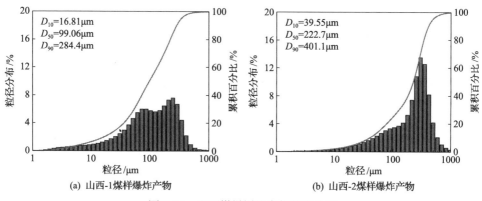

(a) 山西-1煤样爆炸产物　　　　　　　　(b) 山西-2煤样爆炸产物

图 9-17　山西煤样爆炸产物粒度分析

　　相比煤尘最大爆炸压力上升速率，粒径分散度对煤尘最大爆炸压力的影响作用较小。但随着煤尘粒径分散度从 1.84 增大到 3.60，煤尘最大爆炸压力整体呈现下降的趋势，尤其在煤尘浓度为 400g/m³ 时，煤尘最大爆炸压力随着粒径分散度的增大而减小了 10.13%。这是因为在粒径近似相等的情况下，粒径分散度越小，粒径较小的煤尘所占比重越大，越有利于爆炸反应的进行，进而产生更大的爆炸压力。

　　然而，本节中煤尘粒径分散度的增大主要是由大粒径煤尘(D_{90})数量的增加而造成的。需要指出的是，D_{90} 一定的情况下，如果在混合煤样中掺入大量小粒径(减小 D_{10})煤尘，同样会导致煤尘粒径分散度增大，但此时却会因为煤尘群中粒径较小煤尘数量的增多而产生更大的最大爆炸压力及最大爆炸压力上升速率。

　　由图 9-18 可知，60g/m³ 的煤尘浓度条件下，当粒径分散度从 3.60 减小到 1.84 时，τ_1 和 τ_2 急剧减小(τ_1 从 80.3ms 下降到 60.2ms，τ_2 从 110.0ms 下降到 50.1ms)，

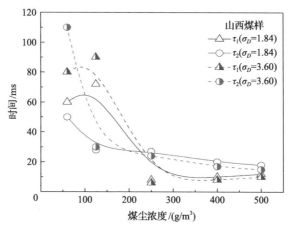

图 9-18　不同粒径分散度煤尘爆燃时间变化图

也就是说，对于粒径近似相等但粒径分散度不同的煤尘，在低煤尘浓度(煤尘浓度 $C_{dust} \leqslant 250g/m^3$)范围内，$\tau_1$ 和 τ_2 随着粒径分散度的减小而显著降低，随着煤尘浓度的不断升高，这一降低趋势逐渐变缓。这也证实了小粒径煤尘在爆炸的发展过程中起主导作用。在同一浓度条件下，粒径分散度较小的煤样与粒径分散度较大的煤样相比含有更多的小粒径煤尘，因此更容易被加热、引燃。此外，同煤尘浓度条件下较小粒径煤尘的数目增多、粒子间间距减小，从而进一步促进了煤尘的燃烧[16]。

综上，煤尘爆炸威力主要由小粒径煤尘控制，而粒径分散度显著影响煤尘粒径所占比例，所以，有关煤尘危险性的评价不仅要考虑煤尘粒径，还要考虑煤尘粒径分散度。

4. 挥发分含量对煤尘爆炸特性的影响

煤的组成复杂、成分不固定。到目前为止尚无煤尘的统一结构表达。但针对不同变质程度煤，一般根据其煤阶进行划分。不同变质程度煤的物理、化学组成差别很大，表现出不同的爆炸特性。已有研究成果表明，挥发分是影响煤尘爆炸特性的首要因素[17]，所以深入探索不同变质程度煤尘的爆炸特性差异对煤尘爆炸事故的预防和控制具有重要意义。

根据实验设计要求，本节选用 3 种不同变质程度煤样，经过粉碎、筛分以及混合处理(保证其具有相近的粒径和粒径分散度)后用于实验研究。实验前，煤样均在 50℃真空条件下干燥 24h，以去除水分对煤尘爆炸特性的影响作用。煤样的工业分析和粒度表征见表 9-1、图 9-19。

由图 9-19 可知，实验选用的 3 组煤样均在 200~400g/m³ 浓度范围内且粒径介于 46~75μm 时能够产生最强的爆炸威力，这说明对于不同变质程度煤，煤尘产生较大的最大爆炸压力时粒径和浓度的组合范围较大，验证了不同变质程度煤均具有很大的潜在爆炸危险性。

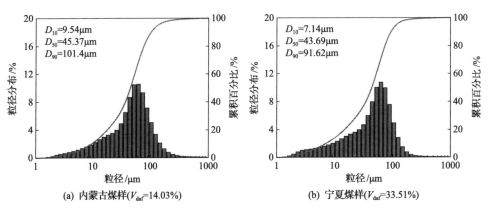

(a) 内蒙古煤样(V_{daf}=14.03%)　　　　　　　(b) 宁夏煤样(V_{daf}=33.51%)

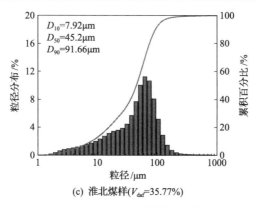

(c) 淮北煤样(V_{daf}=35.77%)

图 9-19 不同变质程度煤样粒度分析

在煤尘粒径和粒径分散度近似相等的条件下，不同变质程度煤尘的爆炸威力有很大不同，对于挥发分含量较高(V_{daf}=35.77%)的煤尘，爆炸威力图[图 9-20(c)]

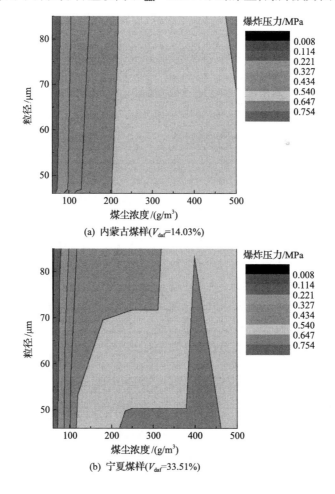

(a) 内蒙古煤样(V_{daf}=14.03%)

(b) 宁夏煤样(V_{daf}=33.51%)

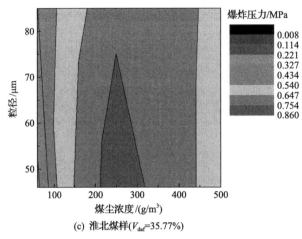

图 9-20　不同变质程度煤爆炸威力图

中出现红色区域(红色区域代表爆炸压力介于 0.754~0.860MPa)，而对于其他 2 组挥发分含量较低的煤尘，爆炸威力图[图 9-20(a)、(b)]中无红色区域，只是出现了代表压力值更低的橙色(橙色区域代表爆炸压力介于 0.647~0.754MPa)及黄色(黄色区域代表爆炸压力介于 0.540~0.647MPa)区域。这说明高挥发分煤尘不仅会产生更大的最大爆炸压力，而且产生强破坏性爆炸的范围更大，即高挥发分煤尘爆炸危险性及威力均较大。这是因为在相同加热条件下，单位时间内挥发分含量高的煤尘会产生更多的可燃性气体，从而促进气相爆燃的快速发展，产生更大的爆炸威力。

由图 9-21 可知，3 组煤样的最适爆炸浓度均为 250g/m³，但其爆炸特性参数有很大不同。当煤尘浓度为 250g/m³ 时，随着挥发分含量的增加，3 组煤样的最大爆炸压力递增为 0.61MPa、0.68MPa、0.82MPa。相比于最大爆炸压力，挥发分含量对最大爆炸压力上升速率的影响更加明显，而且随着煤尘浓度的增加，影响作用越来越大。当煤尘浓度达到 500g/m³ 时，实验用煤样中挥发分含量最大和最小煤尘的最大爆炸压力上升速率差值达到 44.55MPa/s,这和 Li 等[18]的研究结果相一致。可以确定的是，相同加热条件下，单位时间内高挥发分煤尘会释放更多可燃性气体、呈现更好的爆炸特性，进而产生更大的爆炸威力。然而，当煤尘浓度超过最优爆炸浓度后，高挥发分煤尘的最大爆炸压力下降较快，甚至会低于挥发分含量较低煤尘的最大爆炸压力，这可能是因为过强的挥发作用会在一定程度上阻止氧气与煤尘表面的接触[13]，进而降低煤尘反应程度。

综上，当煤尘浓度较低时，高挥发分煤尘受热产生更多的可燃性气体，造成更大的爆炸危险性；而当煤尘浓度超过最优爆炸浓度后，可燃性气体的挥发作用会在一定程度上阻碍煤尘表面与氧气的反应，从而导致煤尘爆炸威力下降。

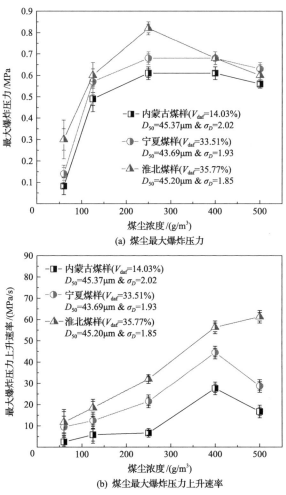

(a) 煤尘最大爆炸压力

(b) 煤尘最大爆炸压力上升速率

图 9-21　不同变质程度煤爆炸特性参数

9.2.4　瓦斯煤尘多元多相体系的爆炸特性

由于瓦斯(甲烷)的反应活性显著高于煤尘,加入瓦斯势必对空气/煤尘混合物的爆炸特性产生显著影响,同时由于煤矿井下作业处于瓦斯、煤尘共存的环境,探索瓦斯、煤尘共存条件下混合体系的爆炸特性则显得至关重要。

不同甲烷含量的空气/煤尘混合物的爆炸特性实验结果如图 9-22 和图 9-23 所示。由图 9-22 和图 9-23 可以看出,在空气/煤尘混合物中加入甲烷后,其爆炸超压、爆炸压力上升速率和爆炸指数显著增加。与煤尘颗粒相比,由于甲烷的点火能量相对要小得多,甲烷气体的燃烧将为煤尘颗粒的热解和挥发性气体的点火提供更多的能量。由图 9-22 可知,甲烷的存在可大大缩短煤尘爆炸的反应时间。从图 9-23 还可以看出,随着甲烷体积分数的增加大于 0.10,煤尘混合物的爆炸特性将受到一定程度的抑制。其主要归因于甲烷的存在导致耗氧量增加，并且甲烷的存在增加了混合物中氧气的扩散阻力，从而降低了煤尘颗粒表面与氧气的反应速率。而煤尘颗粒燃烧速率的降低减弱了混合体系的爆炸性。

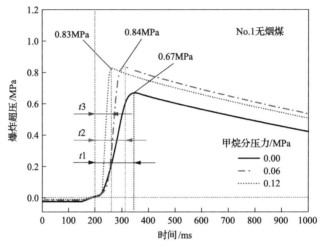

图 9-22　甲烷添加量对煤尘爆炸超压的影响

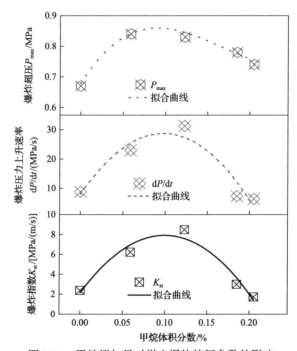

图 9-23　甲烷添加量对煤尘爆炸特征参数的影响

与此同时，瓦斯存在将使得煤尘最小点火能量有较大幅度的减小，煤尘爆炸下限大幅度降低。因此，只要有瓦斯存在，对于无煤尘爆炸危险性的矿井仍应加强对煤尘的管理，防治多相混合爆炸灾害的发生。

9.3 煤尘爆炸固相产物特征

9.3.1 爆炸前后煤尘粒度变化

粒度是煤尘颗粒大小的重要度量标准，研究分析爆炸前后煤尘的粒度变化对于深入探讨不同粒径煤尘在爆炸过程中的参与程度、实现煤尘爆炸过程的反推和演化具有重要意义。

1. 实验方法

为了充分研究煤尘爆炸前后的粒度变化规律，本节对不同粒径、不同粒径分散度以及不同变质程度的煤样进行了爆炸实验。煤尘爆炸实验完成后，打开球体装置排气孔，拧下密封盖，取足量沉积于球体底部的爆炸固体产物进行粒度测试。本节系统研究了不同粒径、不同粒径分散度以及不同变质程度煤尘在出现最大爆炸压力极大值(P_{max})和极小值(P_{min})时对应的粒度变化规律，从而对煤尘爆炸过程进行进一步的探究。

2. 实验结果及分析

对于变质程度不同的煤尘，当煤尘最大爆炸压力出现极小值(对应煤尘浓度为60g/m³)时，相同加热条件下挥发分含量较高的煤尘更易受热生成可燃性气体，进而促进爆炸过程的发展。所以对于内蒙古煤样，由于挥发分含量较小，煤尘较难加热，大部分粒径较小的煤尘受热、参与爆炸反应，而粒径较大的煤尘则吸热沉降。因此内蒙古煤样产物的 D_{50}(64.35μm)远小于淮北煤样产物的 D_{50}(108μm)，而相同浓度条件下，随着煤样挥发分含量的增加，内蒙古、宁夏、淮北煤样的最大爆炸压力极小值递增为 0.08MPa、0.14MPa、0.30MPa(表 9-3)。

表 9-3 不同变质程度煤尘爆炸前后粒度统计表

粒径参数		D_{10}	D_{50}	D_{90}	σ_D
原煤/μm	内蒙古煤样	9.54	45.37	101.4	2.02
	宁夏煤样	7.14	43.69	91.62	1.93
	淮北煤样	7.92	45.2	91.66	1.85
内蒙古煤样爆炸压力(MPa)及对应产物粒径(μm)	P_{min}=0.08	10.01	64.35	401.2	6.08
	P_{max}=0.61	14.8	66.38	350.8	5.06
宁夏煤样爆炸压力(MPa)及对应产物粒径(μm)	P_{min}=0.14	20	85.4	388.5	4.31
	P_{max}=0.68	15.02	74.55	283.8	3.61
淮北煤样爆炸压力(MPa)及对应产物粒径(μm)	P_{min}=0.30	18.14	108	306.8	2.67
	P_{max}=0.82	12.03	75.03	194.9	2.44

当煤尘最大爆炸压力出现极大值(对应粉尘浓度为 250g/m³)时，随着煤尘浓度的增加，煤尘数量明显增多，煤尘粒子间间距急剧减小，煤尘更容易被加热、引燃。在单位加热时间内，较小粒径煤尘更易被加热、燃烧，进而参与、控制爆炸过程，煤尘爆炸主要是消耗粒径较小煤尘，大粒径煤尘由于自身沉降作用并未参与反应，因此无论煤尘挥发分含量高低，其爆炸反应固体产物的 D_{50} 相差不大(内蒙古、宁夏、淮北煤样产物的 D_{50} 分别为 66.38μm、74.55μm、75.03μm)。然而，爆炸反应过程中氧气的含量是一定的，也就是说，煤尘数量充裕的条件下，氧气是制约爆炸反应的主要因素。对于挥发分含量较高的煤尘，单位加热时间内会产生更多挥发性气体，大量氧气参与煤尘爆炸过程中的气相反应，导致大部分粒径较大的煤尘无法参与爆炸反应，所以变质程度较高的淮北煤样的 D_{90}(194.9μm)远小于内蒙古煤样的 D_{90}(350.8μm)。

由表 9-4 不同粒径煤尘爆炸前后粒度统计结果可知，在粒径分散度近似相等的情况下，对于 D_{50} 较小的煤尘，煤尘群中粒径较小的煤尘占有相当比重。由于小粒径煤尘数量多、粒子间间距小且小粒径煤尘更容易被加热、引燃，在单位加热时间内，大量较小粒径煤尘参与、控制爆炸过程。所以，无论煤尘最大爆炸压力出现极小值(对应粉尘浓度为 60g/m³)还是极大值(对应粉尘浓度为 250g/m³)，对于 D_{50} 较小的煤尘，因为爆炸过程中粒径较小的煤尘起主导作用，多数大粒径煤尘由于自身沉降作用并未参与反应，所以煤尘最大爆炸压力出现极小值和极大值时对应的固体产物粒度变化呈现基本一致的分布规律。

表 9-4　不同粒径煤尘爆炸前后粒度统计表

粒径参数		D_{10}	D_{50}	D_{90}	σ_D
原煤/μm	铁法-1	12.37	55.94	103.4	1.63
	铁法-2	9.63	37.33	71.95	1.67
铁法-1 煤样最大爆炸压力(MPa)及对应产物粒径(μm)	P_{min}=0.29	15.39	168.4	363.9	2.07
	P_{max}=0.70	6.71	51.79	334.8	5.46
铁法-2 煤样最大爆炸压力(MPa)及对应产物粒径(μm)	P_{min}=0.53	20.88	76.23	245.6	2.95
	P_{max}=0.77	17.88	78.12	291.3	3.50

相比 D_{50} 较小的煤尘，当 D_{50} 显著增大时，煤尘群中粒径较小的煤尘所占比例降低。当煤尘最大爆炸压力出现极小值(对应粉尘浓度为 60g/m³)时，由于煤尘数量少、粒子间间距较大，煤尘间的传热难以进行，参与爆炸反应的煤尘数量急剧减少，尤其是粒径较大的煤尘。此外，对于粒径很大的煤尘，相当一部分由于其自身的重力作用吸热后沉降，消耗系统氧气的同时造成系统热量损失，进而导致较小粒径煤尘反应率下降，故爆炸固体产物粒度分布的跨度很大，从 15.39μm 一直到 363.9μm。当煤尘最大爆炸压力出现极大值(对应粉尘浓度为 250g/m³)时，粒

径较小的煤尘数量大量增加且粒子间间距急剧减小，煤尘受热程度明显增加，整体反应率显著上升，大量煤尘粒子参与爆炸反应。当然，由于此时煤尘粒子数目很多，爆炸反应处于富燃料阶段，氧气成为制约爆炸反应的主要因素。相同加热条件下，小粒径煤尘更易被加热、燃烧，进而参与、控制爆炸过程，相当部分大粒径煤尘由于自身重力作用产生沉降，并不参与爆炸反应。因此，爆炸固体产物的 D_{90} 明显升高，但粒径分散度减小。

由表 9-5 可知，在粒径近似相等的情况下，对于粒径分散度较小的煤尘，煤尘群中粒径较小的煤尘占多数。无论煤尘最大爆炸压力出现极小值(对应粉尘浓度为 60g/m³)还是极大值(对应粉尘浓度为 250g/m³)，由于小粒径煤尘更容易被加热、引燃，煤尘粒子间间距并不是影响煤尘燃烧的主要因素，大量较小粒径煤尘参与爆炸反应。所以，煤尘粒径分散度较小时，煤尘最大爆炸压力出现极小值和极大值时对应的固体产物粒度呈现基本一致的分布规律，这也说明较小粒径煤尘参与、控制爆炸过程，大粒径煤尘多数由于自身沉降作用并未参与反应。

表 9-5　不同粒径分散度煤尘爆炸前后粒度统计表

粒径参数		D_{10}	D_{50}	D_{90}	σ_D
原煤/μm	山西-1	17.11	51.13	111.2	1.84
	山西-2	16.67	52.36	205.4	3.6
山西-1 煤样最大爆炸压力(MPa)及对应产物粒径(μm)	P_{min}=0.45	10.2	99.22	279.7	2.72
	P_{max}=0.79	16.81	99.06	284.4	2.7
山西-2 煤样最大爆炸压力(MPa)及对应产物粒径(μm)	P_{min}=0.35	7.83	70.4	396.2	5.52
	P_{max}=0.76	39.55	222.7	401.1	1.62

然而，对于粒径分散度较大的煤尘，煤尘群中粒径较小的煤尘所占比重较小。当煤尘最大爆炸压力出现极小值(对应粉尘浓度为 60g/m³)时，由于煤尘粒径及粒子间间距均较大，煤尘受热难度增大，参与爆炸反应的煤尘数量急剧减少；另外，相当一部分大粒径煤尘吸热后沉降，带走爆炸能量的同时也消耗了系统氧气，导致较小粒径煤尘反应率下降，故爆炸固体产物粒度分布的跨度很大。当煤尘最大爆炸压力出现极大值(对应粉尘浓度为 250g/m³)时，较小粒径的煤尘数量大量增加且粒子间间距急剧减小，煤尘更易受热，反应程度明显增加，故大量小粒径煤尘参与、控制爆炸反应，大粒径煤尘由于自身重力作用沉降。因此，爆炸固体产物的粒径明显升高，但粒径分散度减小。

9.3.2　爆炸前后煤尘表面形态

一般认为，煤尘爆炸是一个复杂的气固两相反应过程。对于颗粒较大的煤尘，其加热速率比较慢，以气相反应为主；而对于颗粒较小的煤尘，其加热速率较快，爆炸过程中表面非均相反应起主导作用。在一定条件下，气相反应和表面非均相反应不仅可以并存，而且还会相互转化。气相反应中的可燃性气体主要是由煤尘受热分解产生，所以煤尘爆炸前后表面结构的变化程度直观反映了煤尘反应活性的高低。

1. 实验方法

为了考察不同变质程度煤的表面结构特征以及爆炸后的表面形态变化规律，本节对 3 种不同变质程度煤样的原样及爆炸（煤尘浓度为 250g/m³）产物进行了扫描电镜分析，并在对扫描电镜图像进行二值化处理的基础上，借助 MATLAB 程序，进行煤尘爆炸产物表面形态的量化处理，以揭示爆炸前后煤尘表面形态的差异。

2. 实验结果及分析

煤尘原样的表面结构特征直观反映了煤尘反应性的差异。为了考察不同变质程度煤的表面结构特征，本节对 3 种实验煤样进行了扫描电镜分析，实验结果如图 9-24 所示。从图 9-24 中可以明显看出，随着煤尘变质程度的降低，煤尘表面由光滑变为粗糙，尤其是淮北煤样，表面甚至出现大量不规则孔洞。综上可知，对于变质程度低的煤尘，一方面，由于其挥发分含量较多，相同加热条件下会产生更多的可燃性气体，进而促进爆炸过程的发展；另一方面，煤尘的变质程度越低，表面结构越粗糙，甚至有大量不规则孔洞出现，极大地增大了煤尘表面积，更有利于煤尘的吸热、热解，表现出更大的爆炸危险性。

(a) 内蒙古煤样(V_{daf}=14.03%)　　　(b) 宁夏煤样(V_{daf}=33.51%)　　　(c) 淮北煤样(V_{daf}=35.77%)

图 9-24　不同变质程度煤尘原样扫描电镜图

为了进一步探索煤尘爆炸反应性的差异，本节对同一浓度（煤尘浓度为 250g/m³）条件下煤尘爆炸的固体产物进行了扫描电镜处理（图 9-25），并将其二值化，最后借助 MATLAB 程序进行表面形态分析。如图 9-26 所示，二值化处理的结果还原性较好，误差较小。由煤尘爆炸固体产物表面孔隙统计表（表 9-6）可知，总的来说，实验选用的 3 种不同变质程度煤样，其爆炸固体产物的表面孔隙数目

在 2718～12690、孔隙总面积介于 80500～132099 像素，表明产物颗粒表面分布
着大小、形状各不相同的孔洞，存在较大差异。由图 9-27 可知，随着煤尘变质程
度的降低，煤尘爆炸产物表面的孔隙数目不断减少、但孔隙总面积显著增大，即
内蒙古、宁夏、淮北煤样的表面孔隙数目分别为 12690、3904、2718，但表面孔
隙总面积依次为 80500 像素、106351 像素、132099 像素。进一步来看，3 种煤样
的表面平均孔隙面积分别为 6.34 像素、27.24 像素、48.60 像素。这说明高挥发分
煤尘爆炸固体产物表面孔隙数目虽然很少，但孔隙总面积却很大，即孔洞更大、
更圆，反映其具有更高的反应性。同时，结合前面的研究成果，高挥发分煤尘呈
现更好的爆燃特性，进而产生更大的爆炸威力。然而，当煤尘浓度超过最优爆炸
浓度后，高挥发分煤尘的最大爆炸压力出现轻微下降，这可能是因为过强的挥发
作用会在一定程度上阻止氧气与煤尘表面的接触，进而降低煤尘反应程度。

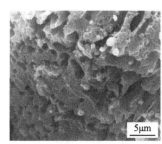

(a) 内蒙古煤样(V_{daf}=14.03%)　　　(b) 宁夏煤样(V_{daf}=33.51%)　　　(c) 淮北煤样(V_{daf}=35.77%)

图 9-25　不同变质程度煤尘爆炸产物扫描电镜图

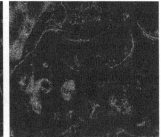

(a) 内蒙古煤样(V_{daf}=14.03%)　　　(b) 宁夏煤样(V_{daf}=33.51%)　　　(c) 淮北煤样(V_{daf}=35.77%)

图 9-26　不同变质程度煤尘爆炸产物二值化处理图

表 9-6　煤尘爆炸固体产物表面孔隙统计表

煤样	孔隙数目	孔隙总面积 /μm^2	孔隙总周长 /μm	计算平均孔隙面积/μm^2	计算平均孔隙周长/μm	计算平均孔径/μm
内蒙古	12690	80500	8.14×10^4	6.34	6.42	0.01
宁夏	3904	106351	6.30×10^4	27.24	16.14	0.04
淮北	2718	132099	8.77×10^4	48.60	32.28	0.08

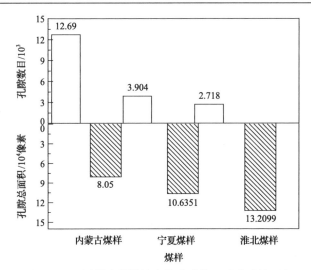

图 9-27 不同煤阶煤爆炸产物孔隙数目及孔隙总面积

9.3.3 爆炸前后煤尘表面官能团变化

煤尘的红外光谱能够反映其化学结构特点，因为不同的官能团对应特定的特征振动频率(吸收峰)。通过分析煤的红外光谱，不仅可以得出其官能团的类型，而且可以确定各官能团的百分比含量。对比分析煤尘爆炸前后表面官能团的变化，十分有利于探究不同种类煤尘在爆炸过程中的反应程度。

1. 实验方法

本节借助傅里叶变换红外光谱方法对煤样进行了测试，并结合 OMNIC 软件进行分峰操作，并对分峰结果进行归一化处理，半定量分析了爆炸前后煤样官能团含量的变化。

实验采用德国 Bruker 公司生产的 TENSOR27 傅里叶变换红外光谱仪进行测试，红外光谱范围为 400~4000cm^{-1}，分辨率为 4.0cm^{-1}，累加扫描 16 次。煤样与 KBr 以 1∶100 的比例混合后进行研磨并在 10MPa 压力下压片。

2. 实验结果及分析

1)爆炸前后煤样红外谱图分析

一般来说，煤样的红外光谱主要存在三种类型的吸收峰，即脂肪结构吸收峰、芳环吸收峰和含氧官能团吸收峰。脂肪结构吸收峰主要存在于 1380cm^{-1}、1460cm^{-1}、2800~3000cm^{-1}；芳环吸收峰主要存在于 750~870cm^{-1}、1600cm^{-1}、3050cm^{-1}；含氧官能团吸收峰主要存在于 1006~1309cm^{-1}、1700~1750cm^{-1}、3200~3600cm^{-1}。

由图 9-28 可知，对于煤样爆炸产物的红外谱图，谱图趋于复杂化，尤其是 $400\sim1400cm^{-1}$ 区域，这说明煤尘爆炸反应对表面官能团的影响作用显著，也验证了煤尘爆炸反应程度和煤样表面反应性有很大关系。

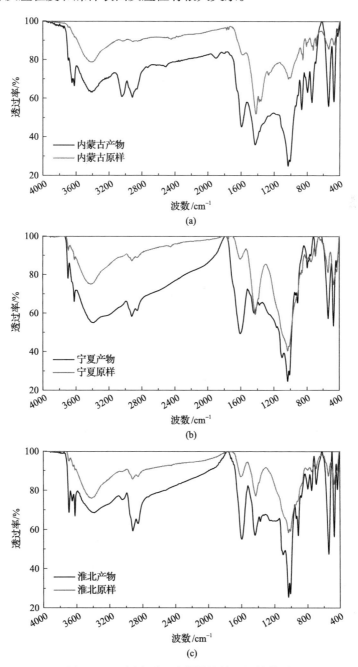

图 9-28 不同变质程度煤爆炸前后红外谱图

2) 爆炸前后煤样表面官能团半定量分析

由于煤样红外光谱谱图中有些吸收峰常常重叠,直接观察很难确定其吸收峰峰位及峰边界,更无法计算其峰面积。因此,为了量化这一变化,本节借助 OMNIC 软件进行分峰操作,并对分峰结果进行归一化处理,从而以百分比含量的变化来准确反映爆炸过程对煤样表面官能团的影响。

鉴于煤样红外光谱谱图的复杂性,为了达到更好的拟合效果,现对各谱图进行分段拟合、分峰。具体操作为:$1800\sim4000cm^{-1}$ 区域半峰宽设定为 25cm,噪声目标为 10.0,低灵敏度,线性基线;$400\sim1800cm^{-1}$ 区域半峰宽设定为 10cm,噪声目标为 10.0,低灵敏度,线性基线。具体分峰处理数据见表 9-7。

表 9-7　不同变质程度煤样爆炸前后官能团统计表

煤样		内蒙古原样	内蒙古产物	宁夏原样	宁夏产物	淮北原样	淮北产物
—OH	①	0.31	0.24	0.31	0.28	0.26	0.28
—CH/—CH₂/—CH₃	②	0.22	0.01	0.16	0.18	0.2	0.12
—COOH	③	0.03	0.01	0.1	0.23	0.19	0.21
C=C	④	0.09	0.04	0.03	0	0.07	0
Ar—C—O—	⑤	0.19	0.41	0.11	0.3	0.08	0.15
Si—O	⑥	0	0.16	0	0.19	0.12	0.25
含硫官能团	⑦	0.14	0	0.12	0	0.08	0

注:①$3200\sim3697cm^{-1}$、$921\sim979cm^{-1}$;②$2850\sim3060cm^{-1}$、$1435\sim1449cm^{-1}$、$1373\sim1379cm^{-1}$、$743\sim747cm^{-1}$;③$2350\sim2780cm^{-1}$、$1690\sim1715cm^{-1}$;④$1595\sim1635cm^{-1}$、$1460\sim1560cm^{-1}$;⑤$1060\sim1330cm^{-1}$;⑥$1020\sim1060cm^{-1}$;⑦$2525cm^{-1}$、$540cm^{-1}$、$475cm^{-1}$。

针对分峰处理后煤样的表面官能团变化,采用归一化处理方法,分别做出爆炸前后不同煤阶煤表面官能团的百分比变化柱状图,具体结果如图 9-29 所示。

总的来说,随着煤样变质程度的降低,煤尘原样表面及产物表面官能团含量趋于均匀化,反映出爆炸过程中有更多的官能团参与,爆炸反应性好。下面将针对具体的官能团进行逐一分析。

A. 煤尘爆炸对煤中—OH 的影响

由图 9-29 可知,爆炸过程对实验煤样的—OH 影响显著,但对于不同变质程度煤尘,爆炸过程对煤中—OH 的影响程度不同。煤阶较高时,爆炸过程显著降低了煤中—OH 的含量,最大降低幅度可达 22.58%。随着煤阶的降低,—OH 的降低幅度变小。当煤阶超过一定程度时,如实验所用淮北煤样,爆炸产物的—OH 含量反而增加。这是因为低煤阶煤孔隙连通性较好,以开放孔为主,而无烟煤则多存在类似于"墨水瓶"形的半封闭孔[19],所以爆炸发生后,短时间内形成的热环境会在低煤阶煤尘表面分解更多水分,产生更多—OH,从而增加了爆炸产物表面—OH 的含量。

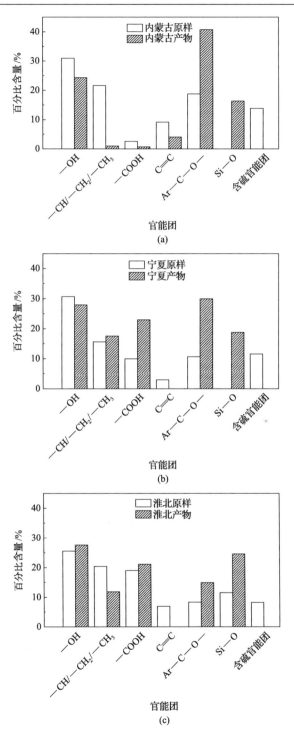

图 9-29　不同变质程度煤样爆炸前后官能团含量变化图

B. 煤尘爆炸对煤中 Si—O 的影响

爆炸过程对煤样的 Si—O 含量影响很大，最小增加幅度有 52%。对于内蒙古和宁夏煤样，Si—O 在原样中的含量基本可以忽略不计，但是爆炸产物中 Si—O 却占有相当大的比重。这是因为在煤尘原样中，Si—O 的含量微乎其微，可以忽略不计，但是爆炸发生后，煤尘表面官能团大量参与反应被消耗，整体比重下降，采用归一化方法处理数据，由于基数的变化，最终产物中 Si—O 的含量显著增加。

C. 煤尘爆炸对煤中 Ar—C—O— 的影响

对于不同煤阶的煤尘，原样表面的 Ar—C—O—含量随着煤阶的升高而逐渐增加，而在爆炸发生后，实验选用的 3 种煤样爆炸产物表面的 Ar—C—O—含量均有大幅增加，增加幅度都在 50% 左右。这可能是因为 Ar—C—O—的结构稳定，爆炸过程对其影响不大，由于其他大量官能团被爆炸反应消耗，从而导致爆炸过程后 Ar—C—O—的含量比出现上升。

D. 煤尘爆炸对煤中 C═C 及含硫官能团的影响

由不同变质程度煤样爆炸前后官能团含量变化图 (图 9-29) 可知，爆炸过程对 C═C 及含硫官能团的影响最为显著，在煤尘原样表面，3 种不同变质程度煤均含有大量的 C═C 及含硫官能团，但在爆炸发生后，产物表面几乎监测不到两种官能团。这是因为 C═C 及含硫官能团直接参与爆炸过程，在燃烧反应中被大量消耗，所以含量骤减。

E. 煤尘爆炸对煤样表面其他官能团的影响

除了上述基团外，煤中还含有—COOH、C═O、—COO—以及—CH/—CH₂/—CH₃ 等[20]官能团，但这些官能团未与爆炸反应建立明显的联系，所以本节不再进行分析。

9.4　煤尘爆炸气相产物特征

9.4.1　煤尘爆炸气相产物的生成分析

煤尘爆炸主要经过以下发展过程：首先，悬浮于空气中的煤尘受高温加热后迅速热解产生可燃性气体，可燃性气体与空气混合燃烧并放出大量热量；其次，受热后的煤尘将热量以热对流、热传导和热辐射的方式传给临近悬浮煤尘，使得这些煤尘受热后进一步析出挥发分，参与爆炸反应。总的来说，煤尘爆炸过程主要是可燃性气体的析出和燃烧。因此，深入研究煤尘爆炸气体产物成分特征及其变化规律对探索煤尘爆炸演化过程具有重要意义。

本节借助气相色谱仪，研究了煤尘爆炸气体成分及含量的变化规律，探讨了爆炸残留气体体积分数与煤尘浓度、最大爆炸压力等的联系。实验研究成果可以为深入研究煤尘爆炸演化过程提供理论依据，对爆炸事故调查具有重要的指导意义。

　　爆炸实验进行前，预先将软管连接在爆炸装置的排气口，软管的开口端用夹子夹住。煤尘爆炸实验完成后，缓缓打开排气口的阀门，用注射器抽取爆炸产物气样，存放于气样袋中用于分析。

　　气样成分及含量借助气相色谱仪进行测量，气相色谱仪由载气系统、进气系统、色谱柱以及数据处理系统等部分组成，采用外标定量法对待测气体进行测定。该仪器采用五阶程序升温，升温梯度为 ±1%，升温速率为 0.1～30℃/min，控温精度不大于 ±0.1℃。对烃类气体检出限为 0.1×10^{-6}。

　　煤的组成以有机质为主体，构成有机高分子的主要是碳、氢、氧、氮等元素。煤中存在的元素有数十种之多，但通常认为煤的主要可燃部分是指其中的碳、氢以及由氧、氮、硫与碳和氢所构成的化合物，在煤中含量很少、种类繁多的其他元素一般不作为煤燃烧的研究重点。在有限的空间内，煤尘不可控地剧烈燃烧产生煤尘爆炸，一般经历以下几个过程：

　　(1)受热阶段，环境热源加热煤尘粒子，煤中水分逐渐蒸发。

　　(2)热解阶段，煤尘受热释放出可燃的碳氢化合物，形成残焦。

　　(3)着火阶段，挥发物和残焦着火燃烧。该过程与热解阶段可能是相继发生并相互交叉，也可能是同步进行。

　　(4)灰渣生成阶段。

　　研究煤尘燃烧过程时，一般认为煤尘主要可燃部分是其中的碳、氢以及由氧、氮、硫与碳和氢所构成的化合物，其主要化学反应和标准状态下的反应热 $(\Delta_r H_m^{\ominus})$ [21]如下：

$$C + O_2 = CO_2, \ \Delta_r H_m^{\ominus} = -39.395 \text{kJ/mol} \tag{9-2}$$

$$C + 1/2O_2 = CO, \ \Delta_r H_m^{\ominus} = -110.52 \text{kJ/mol} \tag{9-3}$$

　　除此之外，煤尘在受热过程中产生的气化产物会加速煤尘燃烧过程：

$$C + H_2O(g) = CO + H_2, \ \Delta_r H_m^{\ominus} = -131.31 \text{kJ/mol} \tag{9-4}$$

$$C + 2H_2O(g) = CO_2 + 2H_2, \ \Delta_r H_m^{\ominus} = 90.15 \text{kJ/mol} \tag{9-5}$$

$$CO + H_2O(g) = CO_2 + H_2, \ \Delta_r H_m^{\ominus} = -41.16 \text{kJ/mol} \tag{9-6}$$

$$CO + 3H_2 = CH_4 + H_2O(g), \ \Delta_r H_m^{\ominus} = -206.16 \text{kJ/mol} \tag{9-7}$$

9.4.2　煤尘浓度与气体产物生成规律

　　煤尘爆炸后的气体产物成分主要有 O_2、CO、CO_2、CH_4、C_2H_2、C_2H_4、C_2H_6 及 C_3H_8 等中的部分或全部气体。由图 9-30 可知，相同浓度条件下不同变质程度

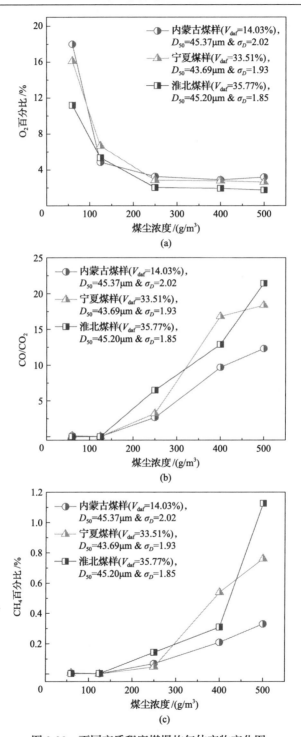

图 9-30 不同变质程度煤爆炸气体产物变化图

煤尘爆炸所产生的气体量不同，不同浓度煤尘爆炸后气体成分及体积分数也不尽相同。

　　煤尘爆炸是一个剧烈的氧化过程，氧气含量的变化直观地反映了爆炸过程的反应程度。煤尘浓度较低时，随着煤尘浓度的增加，爆炸气体产物中氧气含量急剧下降，尤其对于内蒙古煤样，当煤尘浓度从 $60g/m^3$ 增加到 $250g/m^3$ 时，氧气含量从 17.99%下降到了 3.27%。这是因为煤尘浓度较低时，爆炸反应处于富氧燃烧阶段，随着煤尘浓度的不断增大，参与爆炸反应的煤尘数量不断增加，大量氧气被消耗，从而造成了气体产物中氧气含量急剧下降。但是，当煤尘浓度超过最适爆炸浓度($250g/m^3$)后，爆炸反应进入富燃料燃烧阶段，氧气消耗量达到最大值，气体产物中的氧气含量基本不变。

　　对于选定的实验浓度范围，当煤尘浓度很低(煤尘浓度小于 $125g/m^3$)时，因为参与反应的煤尘数量很少，且系统中氧气充足，所以煤尘燃烧过程中的完全反应占据主导地位，CO/CO_2很小。当煤尘浓度超过 $125g/m^3$ 后，随着煤尘浓度的升高，爆炸后气体产物中 CO/CO_2 呈现明显的上升趋势。CO/CO_2增大代表了爆炸过程中煤尘燃烧反应生成的 CO 体积分数较 CO_2 增幅更为明显，系统不完全反应程度加剧。由不同变质程度煤爆炸气体产物变化图(图 9-30)可知，当煤尘浓度较高时，爆炸产物中 CO 的含量远远大于 CO_2，反应式(9-3)占主导地位。因为 CO 是有毒有害气体，含量超过标准时会致人中毒死亡，增加煤尘爆炸造成的人员伤亡。所以，对于高浓度煤尘的爆炸危险性，一方面来自巨大的爆炸压力，另一方面则来自生成的大量有毒有害气体。

　　CH_4 是煤尘爆炸过程中产生的体积分数较高的烃类气体，其主要来源是煤尘中的吸附烃类，煤尘在吸收一定能量的基础上，发生解吸和断裂[22]。吸附 CH_4 的存在对气体产物 CH_4 的体积分数产生了较大影响。从实验结果可以看出，在选定实验浓度范围内，随着煤尘浓度的升高，爆炸后气体产物 CH_4 的含量呈现明显的上升趋势。尤其在煤尘浓度超过 $250g/m^3$ 后，随着被加热煤尘数量的快速增加，CH_4 百分比急剧上升。

　　烃类气体作为煤尘爆炸过程中生成的标志性气体产物，其含量随着煤尘浓度的升高而快速上升(图 9-31)。这是因为高浓度条件下，受热煤尘的数量不断增加，更多的煤尘参与爆炸反应，生成大量烃类气体。值得一提的是，当煤尘浓度不大于 $125g/m^3$ 时，3 种不同变质程度煤中均监测不到 C_2H_2、C_2H_4、C_2H_6 及 C_3H_8 气体。这是因为煤尘浓度低时，煤尘颗粒数量少、颗粒间距相对较大，颗粒吸收和传递热量的速率较慢，传热难以进行，而且煤尘爆炸反应一般在 1s 内完成，所以低浓度条件下，爆炸反应后系统温度相对较低。爆炸后温度较低是造成煤尘浓度不大于 $125g/m^3$ 时没有监测到 C_2H_2、C_2H_4、C_2H_6 及 C_3H_8 气体的主要原因。

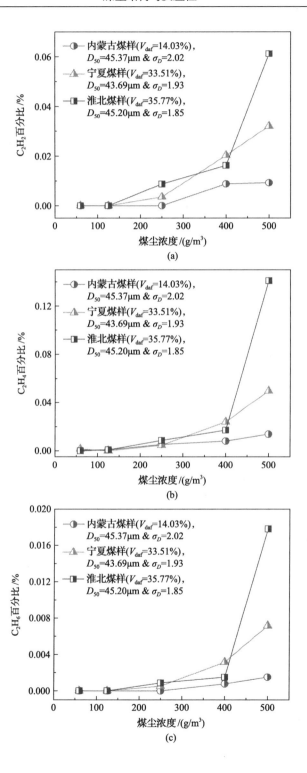

(a)

(b)

(c)

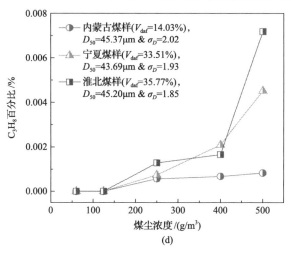

(d)

图 9-31　不同变质程度煤爆炸后烃类气体变化图

9.4.3　煤尘爆炸压力和气体产物生成规律

煤尘爆炸压力是表征爆炸反应程度的典型参数，爆炸压力越大，说明煤尘反应越充分，其气体产物也会呈现相应的变化规律。本节对 3 种不同变质程度煤的爆炸气体产物进行了体积分数测定，结果如图 9-32 和图 9-33 所示。

由图 9-32 可知，在爆炸产生最大爆炸压力的极大值之前，随着最大爆炸压力的不断升高，氧气含量急剧减少，反映出越来越多的煤尘参与爆炸反应，氧气被大量消耗。但当煤尘达到最大爆炸压力极大值之后，氧气量基本不变，最大爆炸压力略有降低。这可以从 CO/CO_2 的变化结果中得出解释，以煤尘达到最大爆炸压力的极大值为分界线，该分界线以前 CO/CO_2 缓慢增长，分界线以后 CO/CO_2 进入快速增长阶段，说明此时煤尘爆炸反应过程中不完全反应程度加剧，并逐渐占据主导地位。

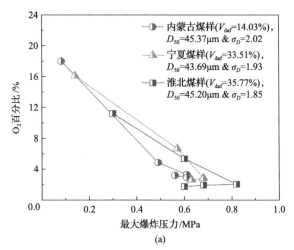

(a)

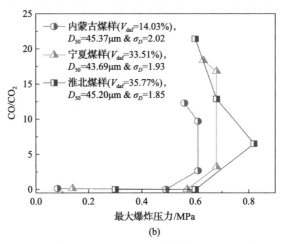

(b)

图 9-32　煤尘最大爆炸压力和气体产物生成量关系图

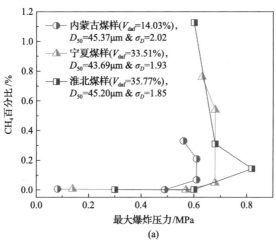

(a)

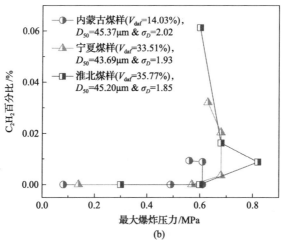

(b)

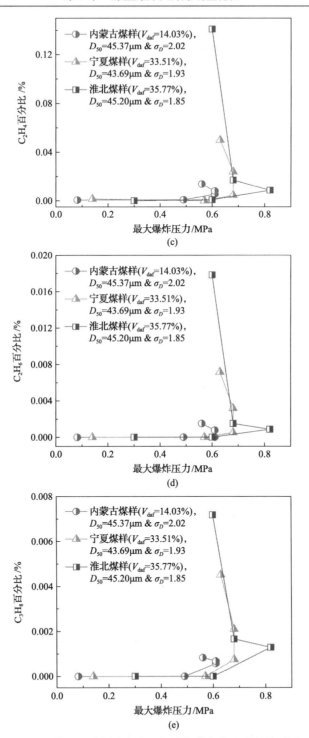

图 9-33　煤尘最大爆炸压力和烃类气体产物生成量关系图

烃类气体是煤尘受热后的分解产物，其含量随着爆炸压力的升高先是缓慢上升，紧接着进入快速上升阶段。这说明越来越多的煤尘被加热、分解，但是限于系统的氧气含量有限，过量的煤尘参与爆炸反应反而造成爆炸过程中的不完全反应程度加剧，导致煤尘爆炸压力略有降低，大量烃类气体累积。

综上，煤尘爆炸过程是气相反应和表面非均相着火共同作用的结果，是在煤尘浓度一定的条件下气相反应和表面非均相着火的互相牵制。结合爆炸产物中烃类气体的变化规律可知，爆炸过程中的烃类气体主要由煤尘的挥发作用产生，在取得煤尘最大爆炸压力极大值之前，煤尘受热产生的烃类气体直接参与煤尘爆炸的气相反应，所以监测结果中几乎没有烃类气体；而在超过煤尘最大爆炸压力极大值之后，过量煤尘的不完全反应消耗过量氧气，导致烃类气体无法参与煤尘爆炸反应，出现大量累积。

9.5　含煤尘气固多相体系的抑爆响应特性

9.5.1　典型抑爆剂的特性及抑爆机理

煤矿井下的煤尘爆炸事故通常具有爆源物质分布范围广、能量释放时间长以及极易引发二次爆炸等特点。而且煤尘爆炸一旦发生，在现场工艺设备、坑道或管壁面等障碍物的作用下很容易发生火焰加速现象，火焰和压力波实现耦合，导致灾害程度和作用范围增大。目前，针对如何有效控制煤尘爆炸，国内外学者从抑爆、隔爆以及泄爆等[23-26]方面对预防和降低爆炸危害进行了大量研究，并取得了一定的成果。其中，探讨较多的是粉体抑爆剂技术。粉体抑爆剂技术可以用于抑制煤尘二次爆炸，是井下常用的抑爆措施之一。但是，目前可供使用的粉体抑爆剂种类繁多，作用机理也不尽相同，因此，在总结前人研究成果的基础上，通过实验，本节对3种常用粉体抑爆剂的理化性质及抑爆机理进行了对比，为井下选择更合适的粉体抑爆剂提供指导，为实现煤尘爆炸的有效抑制打下基础。

广义程度上，一般将粉体抑爆剂划分为惰化剂和抑制剂两种，两者使用的材料基本相同，但区别在于使用的时间有所差异，抑制剂是在爆炸发生初期使用，而惰化剂是在爆炸未发生前使用。金龙哲和程卫民[27]提出抑制煤尘爆炸的关键技术在于对已沉落在巷道周壁和支架上的煤尘进行惰化，使其失去爆炸性。与此同时，在局部地区发生爆炸后，必须将其隔离在小范围内。在这种情况下，惰化剂才能发挥作用，阻断爆炸过程中链式反应的生成与发展，实现煤尘抑爆。基于这一理论，本节集中研究粉体抑爆剂的惰化作用，即在煤尘爆炸发生前预先设置粉体抑爆剂，并对比3种不同种类粉体抑爆剂的抑爆效果。

1. 粉体抑爆剂及其抑爆机理

矿用粉体抑爆剂大都具有灭火性能，主要利用其物理或化学作用来抑制煤尘爆炸、降低爆炸作用范围。磷酸盐、卤化物和碳酸盐都具有一定的抑爆作用。

粉体抑爆剂在抑爆过程中大致通过物理作用、化学作用和物理化学混合作用三种作用类型来抑制煤尘爆炸。其中，通过自身吸热分解、失去结晶水吸热、隔绝热传导和稀释氧浓度四种方式或其综合作用来进行抑爆的属于物理作用，对于物理作用机理，抑爆材料在高温下能够释放结晶水或发生热解，吸收反应环境中的热量，并生成不活泼气体，进而稀释燃烧区域的氧气浓度，从而起到冷却与窒息作用，如碳酸钙、氧化铝和二氧化硅等；而化学抑爆是以吸收反应中产生的自由基为主，借助抑爆粉体的作用，消耗燃烧反应中的自由基，中断燃烧的链反应，最终抑制爆炸，如氯化钾、氯化钠等；物理化学混合作用综合了物理抑制和化学抑制两方面，其作用机理一般是先吸热分解，然后生成物吸收自由基，最后在两者的综合作用下实现抑爆，如磷酸二氢铵、碳酸氢钠等。

一般来说，具有物理化学综合作用的粉体抑爆剂抑爆效果更好。其抑爆机理大致分为以下几个方面：首先，粉体抑爆剂会吸收大量爆炸反应过程中释放出的热量，降低火焰温度，减少辐射到周围可燃物质的能量，在一定程度上抑制燃烧爆炸反应。其次，粉体抑爆剂在高温条件下会迅速发生反应，热解生成不活泼气体，稀释爆炸区域的氧气浓度，从而起到窒息作用。与此同时，惰性气体可以把煤尘隔开，屏蔽热辐射、热传导等作用，有效阻止爆炸的发展。再次，粉体抑爆剂生成活性基团，参与到煤尘爆炸反应过程中。由于自由基对应原子团的电子壳层不完整，化学活性很高[26]。抑爆剂产生的活性基团可以在煤尘爆炸过程中代替活性基团 HCO—CH，生成稳定产物，进而降低自由基增长速率。这样一来，煤尘爆炸反应产生的自由基减少，燃烧反应链难以持续，煤尘爆炸被有效抑制。

2. 粉体抑爆剂的选择

抑爆剂主要有气相、液相和固相三种形式，现在常见的抑爆剂有液体抑爆剂水、水加卤代烷以及各种粉末无机盐类抑爆剂和卤代烷。卤化物因其对环境的危害现已逐步被取代。

考虑到煤矿井下的特殊作业环境和生产工艺，且矿用抑爆剂必须符合《煤矿安全规程》要求，所以选择粉体抑爆剂时一般要考虑以下几点要素：

(1) 自身无毒无害且反应后不生成有毒有害物质，即既不损害人的健康，又不污染环境。

(2) 粉体抑爆剂形态稳定，不易受潮失效。这是为了应对井下的潮湿环境，保证无论是放置在粉棚内的抑爆剂还是放置在抑爆器中的抑爆剂，都能保持稳定的形态，具备良好的抑爆能力。

(3)理化性质稳定，抑爆作用时间长。考虑到煤矿井下工作的连续性，抑爆剂应该具备较长的作用时间，否则会增大井下工作量和生产成本。

(4)价格低廉，方便购买，使用简单。

综合考虑以上四点要素，本节选用磷酸二氢铵、碳酸钙和氯化钾三种粉体抑爆剂，通过实验研究其对煤尘的抑爆作用。碳酸钙是白色固体状，无味、无臭；相对密度为2.71；825～896.6℃下分解，在约825℃时分解为氧化钙和二氧化碳；熔点1339℃，10.7MPa下熔点为1289℃；难溶于水和醇，溶于稀酸，同时放出二氧化碳，呈放热反应；也溶于氯化铵溶液。碳酸钙主要是通过物理干预发挥抑爆作用。氯化钾味极咸，无臭无毒性；密度为1.987g/m³；熔点为776℃，加热到1420℃时即能沸腾；易溶于水、醚、甘油及碱类，微溶于乙醇，但不溶于无水乙醇，有吸湿性，易结块。氯化钾主要是通过化学作用对进行煤尘抑爆。磷酸二氢铵又称ABC粉，白色结晶性粉末；在空气中稳定，微溶于乙醇，不溶于丙酮；相对密度为1.80；熔点为190℃。磷酸二氢铵具有分解温度低，受热分解速度快等特征，兼具物理作用和化学作用。

9.5.2 瓦斯煤尘多相体系对抑爆剂的响应

煤尘爆炸威力巨大，极易造成重大人员伤亡，带来不可估量的财产损失。因此，寻找并采取有效的抑爆、泄爆措施来减小、抑制煤尘爆炸威力尤其重要。国内外学者在进行了大量实验研究的基础上，基本认为粉体抑爆剂的抑爆效果较好。本节在吸取前人研究经验的基础上，选择了磷酸二氢铵、碳酸钙以及氯化钾三种粉体抑爆剂，研究其对煤尘爆炸特性参数(最大爆炸压力、最大爆炸压力上升速率)的影响。

1. 实验方法

煤尘爆炸的主要危险性在于小范围的煤尘爆炸传播较快，极易引起沉积煤尘的二次爆炸，进而造成更大的破坏。基于这一考虑，为了更好地研究粉体抑爆剂的抑爆效果，本节将粉体抑爆剂预先放置于煤尘之上，即抑爆实验开始前，称取定量的抑爆剂放入已加入煤尘的储粉罐内，在高压气体作用下和煤尘一起喷入爆炸球体内。

2. 实验结果及分析

本节煤尘抑爆实验选用了 3 种不同变质程度煤(河南煤：D_{50}=156.6μm & σ_D=1.99；山西煤：D_{50}=113.9μm & σ_D=2.04；淮北煤：D_{50}=85.82 μm & σ_D=1.79)。

实验前，煤样均在 60℃条件下干燥 24h，测试煤尘质量均为 5g（对应煤尘浓度为
250g/m³），3 种粉体抑爆剂均过 100 目筛子。河南煤样添加粉体抑爆剂后煤尘爆
炸特性曲线变化如图 9-34 所示。

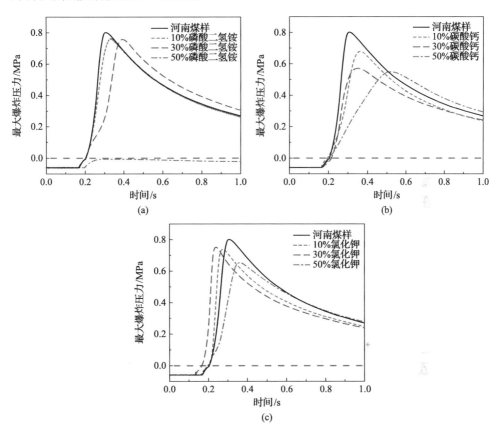

图 9-34　不同种类粉体抑爆剂作用下河南煤样爆炸曲线变化图

　　煤尘标准爆炸压力曲线表征了自喷粉、引燃直至煤尘爆炸整个过程的压力变
化，通过观察添加不同种类抑爆剂后煤尘爆炸压力曲线的变化，可以直观地比较
不同种类抑爆剂的抑爆效果。

　　由图 9-35 可知，3 种粉体抑爆剂对河南煤样均有抑制作用。当粉体抑爆剂的
质量百分比为 10%时，碳酸钙对河南煤样的抑制作用最强，分别使煤尘最大爆炸
压力下降了 15.0%、最大爆炸压力上升速率下降了 40.0%；相比较而言，磷酸二
氢铵的抑制作用则比较弱，分别使煤尘最大爆炸压力下降了 5.0%、最大爆炸压力
上升速率下降了 30.0%。然而，在添加了氯化钾后，虽然煤尘最大爆炸压力下降
了 7.5%，但是煤尘最大爆炸压力上升速率却上升了 23.1%，这符合 Dastidar 等[28]
在研究粉尘抑爆时提出的"SEEP 现象"。

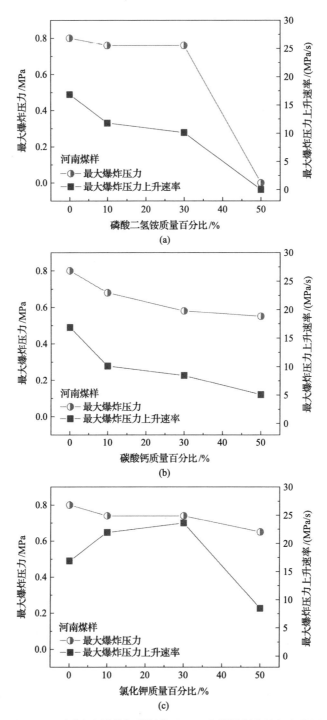

图 9-35　不同种类粉体抑爆剂作用下河南煤样爆炸特性变化图

　　提高粉体抑爆剂的质量百分比至30%，碳酸钙的抑制作用仍然最好，分别使煤尘最大爆炸压力下降了 27.5%、最大爆炸压力上升速率下降了一半。而对于磷酸二氢铵和氯化钾，添加30%和10%的质量百分比，煤尘的最大爆炸压力变化不大，磷酸二氢铵使煤尘最大爆炸压力上升速率略有降低，氯化钾造成煤尘最大爆炸压力上升速率升高。

　　为了充分研究粉体抑爆剂的抑爆效果，继续提高粉体抑爆剂的质量百分比至50%。实验发现，随着粉体抑爆剂添加量的不断增大，3 种粉体抑爆剂对煤尘爆炸的抑制作用越来越好，无论是煤尘最大爆炸压力还是最大爆炸压力上升速率均有大幅下降。尤其是磷酸二氢铵，在 3 次重复实验过程中，均成功遏制了煤尘爆炸，即添加质量百分比为 50%的磷酸二氢铵时，煤尘不再发生爆炸。

　　由图 9-36 可知，对于山西煤样，碳酸钙的抑制作用很差。当添加质量百分比为 10%和 30%的碳酸钙时，粉体抑爆剂作用下的煤尘标准爆炸压力曲线峰值稍有降低，但增长趋势基本没有变化。增加碳酸钙质量百分比至 50%时，煤尘最大爆炸压力下降了 16.3%、最大爆炸压力上升速率下降了 52.9%(图 9-37)。

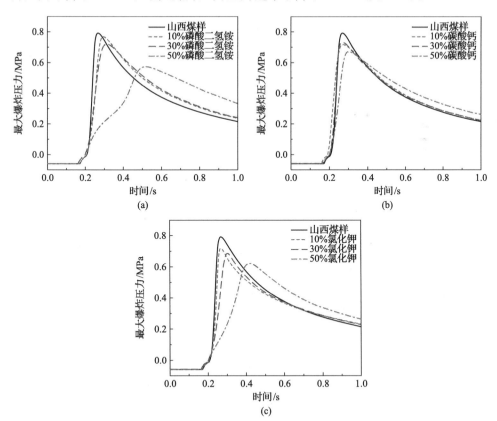

图 9-36　不同种类粉体抑爆剂作用下山西煤样爆炸曲线变化图

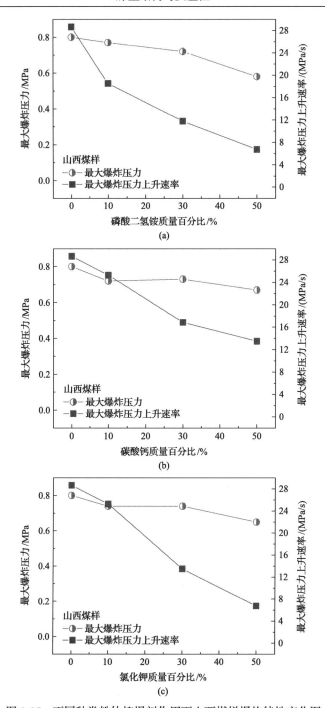

图 9-37   不同种类粉体抑爆剂作用下山西煤样爆炸特性变化图

相对而言，磷酸二氢铵和氯化钾对山西煤样的抑制效果要好得多。当添加质量百分比为 10%的粉体抑爆剂时，磷酸二氢铵和氯化钾分别使煤尘最大爆炸压力下降了 3.8%和 7.5%，使煤尘最大爆炸压力上升速率下降了 35.3%和 11.8%。提高粉体抑爆剂质量百分比到 30%时，磷酸二氢铵和氯化钾的抑制作用进一步增强，分别使煤尘最大爆炸压力下降了 10.0%和 7.5%、煤尘最大爆炸压力上升速率下降了 58.8%和 52.9%。

进一步增加粉体抑爆剂质量百分比至 50%，可以明显看出磷酸二氢铵和氯化钾作用下的煤尘标准爆炸压力曲线均产生了明显变化，曲线峰值出现大幅降低。此时，磷酸二氢铵和氯化钾分别使煤尘最大爆炸压力下降了 27.5%和 18.8%；相对于煤尘最大爆炸压力，磷酸二氢铵和氯化钾对煤尘最大爆炸压力上升速率的影响更大，磷酸二氢铵和氯化钾分别使煤尘最大爆炸压力上升速率下降了 76.5%和 72%。

相比于变质程度较高的河南煤样和山西煤样，淮北煤样变质程度低、挥发分产率高，同等条件下煤尘爆炸危险性更大。然而，实验发现，粉体抑爆剂对淮北煤样的抑制作用最强，实验选用的 3 种粉体抑爆剂作用后，淮北煤尘标准爆炸压力曲线(图 9-38)均产生了显著变化，即曲线峰值出现明显降低、增长趋势趋于平缓。

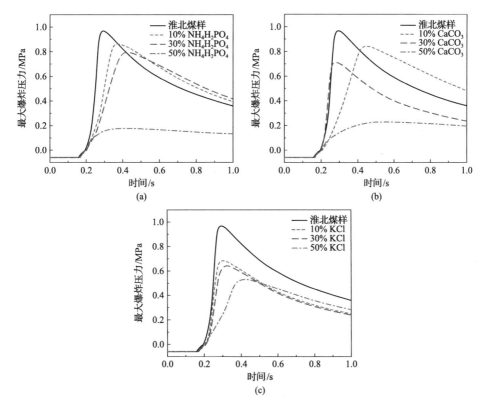

图 9-38　不同种类粉体抑爆剂作用下淮北煤样爆炸压力曲线变化图

由图 9-39 可知，当添加质量百分比为 10%的粉体抑爆剂时，氯化钾对淮北煤

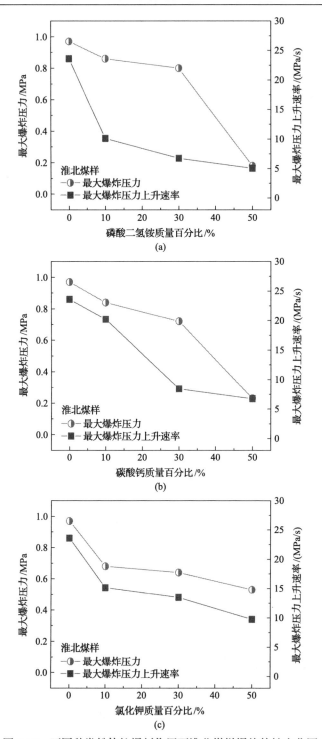

图 9-39　不同种类粉体抑爆剂作用下淮北煤样爆炸特性变化图

样的最大爆炸压力影响作用最大，使其减小了 0.29MPa；而磷酸二氢铵则有效降低了煤尘最大爆炸压力上升速率，其作用前后煤尘最大爆炸压力上升速率减小了 13.48MPa/s。

提高粉体抑爆剂质量百分比至 30%，磷酸二氢铵、碳酸钙和氯化钾的抑制作用进一步增强，分别使煤尘最大爆炸压力下降了 17.5%、25.8% 和 29.9%，使煤尘最大爆炸压力上升速率下降了 71.4%、64.3% 和 42.9%。

为了进一步研究粉体抑爆剂对煤尘爆炸威力的影响作用，继续提高粉体抑爆剂质量百分比。实验发现，当粉体抑爆剂质量百分比增加到 50% 时，磷酸二氢铵和碳酸钙对煤尘爆炸的抑制作用很强，使得煤尘标准爆炸压力曲线的峰值急剧下降，曲线趋于平缓。此时，磷酸二氢铵和碳酸钙分别使煤尘最大爆炸压力减小了 0.79MPa 和 0.74MPa，使煤尘最大爆炸压力上升速率减小了 18.54MPa/s 和 16.85MPa/s。相比之下，添加质量百分比为 50% 的氯化钾对煤尘的抑制作用较弱，其作用后煤尘最大爆炸压力减小了 0.44MPa、最大爆炸压力上升速率减小了 13.85MPa/s。

9.5.3　煤尘爆炸抑爆效果分析

为了深入研究各粉体抑爆剂的作用类型，了解添加抑爆剂后煤尘表面官能团的分布，本节借助傅里叶红外光谱仪对 3 种粉体抑爆剂作用后的煤尘表面进行了监测和分析。

本节借助傅里叶红外光谱仪对煤样进行测试，结合 OMNIC 软件对红外光谱进行分峰操作，并对分峰结果进行归一化处理，半定量分析了抑爆前后煤样官能团含量的变化。红外光谱测试在德国 Bruker 公司生产的 TENSOR27 傅里叶变换红外光谱仪上进行，红外光谱范围为 $400 \sim 4000\text{cm}^{-1}$，分辨率为 4.0cm^{-1}，累加扫描 16 次。煤样与 KBr 以 1:100 的比例进行混合后研磨并在 10kg/cm^2 压力下压片。

由于红外谱图中的峰位置受到很多外在、内在因素的影响，常常出现偏移和重合，为消除该影响，本节以红外光谱的二阶导数和退卷积为引导，对红外光谱进行分峰操作。

为了全面比较不同质量百分比粉体抑爆剂对煤尘表面官能团的影响作用，本节选用河南、山西和淮北 3 种不同变质程度煤样，分别测试其在粉体抑爆剂质量比为 0%、10% 和 50% 条件下表面官能团的变化情况。具体分峰结果见表 9-8～表 9-10。

由图 9-40 可知，对于河南煤样，磷酸二氢铵对煤尘表面官能团的分布有很大影响。其中，—OH 含量的变化显著，尤其在添加质量百分比为 50% 的磷酸二氢铵后，煤尘表面的 —OH 含量明显下降。当磷酸二氢铵质量百分比为 10% 时，Ar—C—O— 含量出现大幅增加，这可能是因为 Ar—C—O— 的结构稳定，磷酸二

表 9-8 河南煤样抑爆前后官能团分类统计表

煤样	—OH (3200~3697cm⁻¹、921~979cm⁻¹)	—CH/—CH₂/—CH₃ (2850~3060cm⁻¹、1435~1449cm⁻¹、1373~1379cm⁻¹、743~747cm⁻¹)	—COOH (2350~2780cm⁻¹、1690~1715cm⁻¹)	C=C (1595~1635cm⁻¹、1460~1560cm⁻¹)	Ar—C—O— (1060~1330cm⁻¹)	Si—O (1020~1060cm⁻¹)	含硫官能团 (2525cm⁻¹、540cm⁻¹、475cm⁻¹)
河南煤样爆炸产物	0.24	0.13	0.15	0.08	0.19	0.02	0.01
河南煤样+10%磷酸二氢铵	0.24	0.08	0.12	0.03	0.23	0.02	0.02
河南煤样+50%磷酸二氢铵	0.18	0.16	0.09	0.08	0.17	0.01	0.03
河南煤样+10%碳酸钙	0.26	0.11	0.14	0.06	0.17	0.01	0.02
河南煤样+50%碳酸钙	0.18	0.14	0.16	0.1	0.2	0.01	0.07
河南煤样+10%氯化钾	0.23	0.1	0.13	0.11	0.2	0.01	0.02
河南煤样+50%氯化钾	0.19	0.15	0.19	0.06	0.23	0.01	0.02

表 9-9 山西煤样抑爆前后官能团分类统计表

煤样	—OH (3200~3697cm⁻¹、921~979cm⁻¹)	—CH/—CH₂/—CH₃ (2850~3060cm⁻¹、1435~1449cm⁻¹、1373~1379cm⁻¹、743~747cm⁻¹)	—COOH (2350~2780cm⁻¹、1690~1715cm⁻¹)	C=C (1595~1635cm⁻¹、1460~1560cm⁻¹)	Ar—C—O— (1060~1330cm⁻¹)	Si—O (1020~1060cm⁻¹)	含硫官能团 (2525cm⁻¹、540cm⁻¹、475cm⁻¹)
山西煤样爆炸产物	0.3	0.1	0.29	0.04	0.09	0.01	0
山西煤样+10%磷酸二氢铵	0.32	0.07	0.24	0.04	0.09	0.01	0.01
山西煤样+50%磷酸二氢铵	0.35	0.17	0.22	0.08	0.03	0.01	0.02

续表

煤样	—OH 3200~3697cm⁻¹、921~979cm⁻¹	—CH/—CH₂/—CH₃ 2850~3060cm⁻¹、1435~1449cm⁻¹、1373~1379cm⁻¹、743~747cm⁻¹	—COOH 2350~2780cm⁻¹、1690~1715cm⁻¹	C=C 1595~1635cm⁻¹、1460~1560cm⁻¹	Ar—C—O— 1060~1330cm⁻¹	Si—O 1020~1060cm⁻¹	含硫官能团 2525cm⁻¹、540cm⁻¹、475cm⁻¹
山西煤样+10%碳酸钙	0.32	0.09	0.17	0.05	0.08	0	0.01
山西煤样+50%碳酸钙	0.27	0.11	0.2	0.05	0.11	0	0.02
山西煤样+10%氯化钾	0.33	0.16	0.17	0.03	0.12	0.01	0.03
山西煤样+50%氯化钾	0.33	0.14	0.24	0.07	0.2	0	0.02

表 9-10 淮北煤样抑爆前后官能团分类统计表

煤样	—OH 3200~3697cm⁻¹、921~979cm⁻¹	—CH/—CH₂/—CH₃ 2850~3060cm⁻¹、1435~1449cm⁻¹、1373~1379cm⁻¹、743~747cm⁻¹	—COOH 2350~2780cm⁻¹、1690~1715cm⁻¹	C=C 1595~1635cm⁻¹、1460~1560cm⁻¹	Ar—C—O— 1060~1330cm⁻¹	Si—O 1020~1060cm⁻¹	含硫官能团 2525cm⁻¹、540cm⁻¹、475cm⁻¹
淮北煤样爆炸产物	0.28	0.12	0.21	0	0.15	0.12	0
淮北煤样+10%碳酸二氢铵	0.32	0.11	0.17	0.02	0.15	0.1	0.02
淮北煤样+50%碳酸二氢铵	0.23	0.17	0.25	0.07	0.06	0.08	0.01
淮北煤样+10%碳酸钙	0.36	0.11	0.18	0.02	0.12	0.1	0.01
淮北煤样+50%碳酸钙	0.23	0.14	0.22	0.03	0.17	0.14	0.04
淮北煤样+10%氯化钾	0.32	0.11	0.13	0.05	0.17	0.11	0
淮北煤样+50%氯化钾	0.26	0.14	0.2	0.04	0.21	0.06	0.02

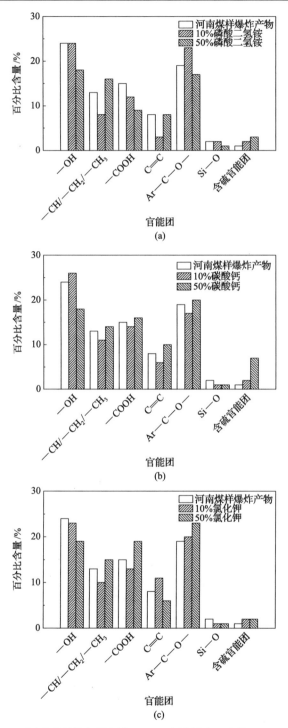

图 9-40　不同种类粉体抑爆剂作用后河南煤样表面官能团含量变化图

氢铵含量较少时抑爆作用不强，煤尘表面大量官能团被爆炸反应消耗，从而导致 Ar—C—O—含量出现上升。随着磷酸二氢铵添加量的增大，抑爆作用增强，Ar—C—O—含量降低。此外，磷酸二氢铵含量较低（质量百分比为 10%）时，C＝C 大量参与爆炸过程，在燃烧反应中被直接消耗，所以含量出现骤减，而在增加磷酸二氢铵质量百分比至 50% 后，其含量有明显上升。

相对来说，碳酸钙主要是通过物理过程来实现煤尘抑爆，即通过自身吸热分解消耗环境热量，并释放惰性气体来实现煤尘抑爆。所以碳酸钙主要影响河南煤样表面的—OH 分布。当碳酸钙质量百分比为 10% 时，碳酸钙吸收环境热量能力很弱，无法阻止爆炸过程中链式反应的进行，煤尘表面大量官能团被消耗，—OH 含量略有上升。提高碳酸钙质量百分比到 50% 时，碳酸钙含量充足，吸热能力明显增强且释放大量二氧化碳气体，有效抑制了煤尘爆炸，造成—OH 含量骤减。

作为典型的化学抑爆剂，氯化钾作用后煤尘爆炸产物表面官能团的变化规律基本与磷酸二氢铵一致，只是磷酸二氢铵兼具化学和物理双重作用，对煤尘表面官能团的影响更大一些。

从煤尘抑爆结果来看，本节选用的 3 种粉体抑爆剂对山西煤样的抑爆效果都不是很好，尤其是碳酸钙，即使达到 50% 的质量百分比，抑爆作用仍旧很弱。反映到抑爆前后煤尘表面官能团的变化图（图 9-41）上，添加 10% 和 50% 的碳酸钙后，煤尘表面官能团的变化很小。

相对来说，具备化学作用的磷酸二氢铵和氯化钾对山西煤样的抑爆作用较好，尤其是在粉体抑爆剂的质量百分比达到 50% 之后，直接参与煤尘爆炸反应的—OH 和 C＝C 含量大大增加，说明煤尘的爆炸反应得到了有效抑制。

相比于变质程度较高的河南煤样和山西煤样，淮北煤样变质程度低、挥发分含量高，相同加热条件下易生成更多的可燃性气体，造成更大的爆炸威力。有趣的是，针对爆炸危险性更大的淮北煤样，实验选用的 3 种粉体抑爆剂却发挥了很好的抑爆作用，但其抑爆机理不同。碳酸钙主要是通过自身吸热分解进而吸收了环境中的大量热量，造成煤尘受热不足，无法生成大量的可燃性气体，最终导致爆炸威力减小。而氯化钾主要是通过破坏链式反应来进行抑爆，由于变质程度较低的淮北煤样在受热条件下表面易生成较大、较圆的孔洞，煤尘表面积大大增加，有利于氯化钾产生的活性基团在煤尘爆炸过程中代替活性基团 HCO—CH[26]，生成稳定产物，从而大大减慢自由基增长。此外，氯化钾产生的活性基团通过快速夺取煤尘爆炸反应的自由基—OH，使得反应产生的自由基浓度骤减，破坏燃烧反应链，进而发挥抑制煤尘爆炸的作用。不同种类抑爆剂作用后淮北煤样表面官能团含量变化图如图 9-42 所示。

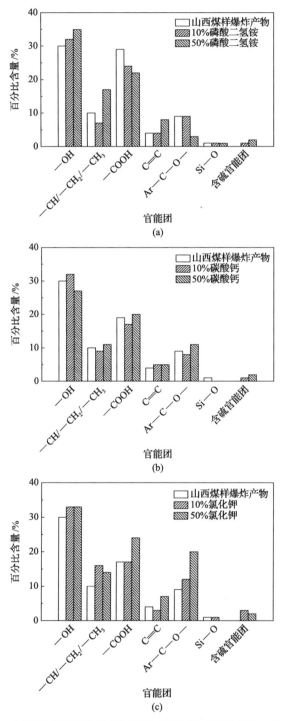

图 9-41　不同种类粉体抑爆剂作用后山西煤样表面官能团含量变化图

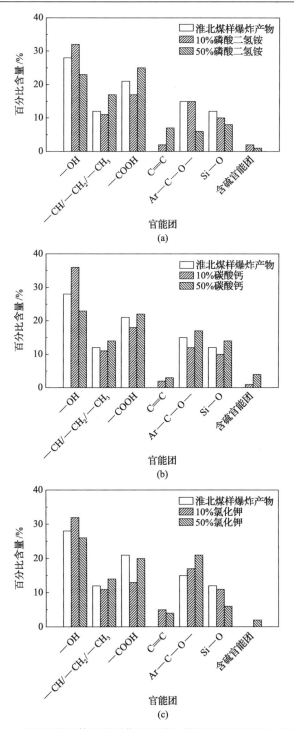

图 9-42　不同种类粉体抑爆剂作用后淮北煤样表面官能团含量变化图

作为典型的物理-化学抑爆剂，磷酸二氢铵的加入显著影响了煤尘表面官能团的百分比含量，这说明磷酸二氢铵不但能有效吸收环境热量、加快颗粒的沉降速度、增强环境窒息作用，还能通过自身的化学反应发挥抑爆作用，从而使得煤尘爆炸得到有效抑制。

9.6　本章小结

本章阐述了煤尘爆炸及二次爆炸发生的条件与分析测试方法，系统研究了煤尘爆炸特征参数及其关键影响因素，探索了煤尘在含瓦斯气氛条件下的爆炸特性。基于气固分析，获得了煤尘爆炸前后固体颗粒的粒度、表面形态及颗粒表面化学结构的演化规律，明确了爆炸气体产物的生成规律及其物质组成，探索了爆炸产物与煤尘爆炸压力间的耦合关系。分析了典型抑爆剂的热反应特性及其抑爆机理，基于抑爆效果，获得了煤尘爆炸对不同抑爆剂作用的抑爆响应特性。

参 考 文 献

[1] 来诚锋, 段滋华, 张永发, 等. 煤粉末的爆炸机理[J]. 爆炸与冲击, 2010, 30(3): 325-328.

[2] Li Q Z, Zhai C, Wu H J, et al. Investigation on coal dust explosion characteristics using 20L explosion sphere vessels[J]. Journal of China Coal Society, 2011, 36(S1): 119-124.

[3] 景国勋, 杨书召. 煤尘爆炸传播特性的实验研究[J]. 煤炭学报, 2010, 35(4): 605-608.

[4] 王德明. 矿尘学[M]. 北京: 科学出版社, 2015.

[5] 杨春, 安媛, 赵莉. 浅谈煤尘爆炸及其预防措施[J]. 科技资讯, 2008, (24): 205.

[6] 程卫民. 矿井通风与安全[M]. 北京: 煤炭工业出版社, 2016.

[7] 尉存娟, 谭迎新, 胡双启, 等. 瓦斯爆炸诱导瓦斯-煤尘二次爆炸的试验研究[J]. 中国安全科学学报, 2014, 24(12): 29-32.

[8] 刘浩雄, 刘贞堂, 钱继发. 煤尘二次爆炸特性研究[J]. 工矿自动化, 2018, (6): 81-87.

[9] Ajrash M J, Zanganeh J, Moghtaderi B. The effects of coal dust concentrations and particle sizes on the minimum auto-ignition temperature of a coal dust cloud[J]. Fire & Materials, 2017, 41(7): 908-915.

[10] Standard J I. Test method for minimum explosible concentration of combustible dusts: JIS-Z8818[S]. 京都: 日本工业标准调查会标准部会, 2002.

[11] Cashdollar K L, Zlochower I A. Explosion temperatures and pressures of metals and other elemental dust clouds[J]. Journal of Loss Prevention in the Process Industries, 2007, 20(4): 337-348.

[12] Cao W G, Huang L Y, Zhang J X, et al. Research on characteristic parameters of coal-dust explosion[J]. Procedia Engineering, 2012, 45(2): 442-447.

[13] Shaddix C R, Molina A. Particle imaging of ignition and devolatilization of pulverized coal during oxy-fuel combustion[J]. Proceedings of the Combustion Institute, 2009, 32(2): 2091-2098.

[14] Man C K, Harris M L. Participation of large particles in coal dust explosions[J]. Journal of Loss Prevention in the Process Industries, 2014, 27(1): 49-54.

[15] Castellanos D, Carreto-Vazquez V H, Mashuga C V, et al. The effect of particle size polydispersity on the explosibility characteristics of aluminum dust[J]. Powder Technology, 2014, 254(2): 331-337.

[16] Wieslaw R, Wojciech M, Wieslaw F. Dust ignition characteristics of different coal ranks, biomass and solid waste[J]. Fuel, 2019, 237: 606-618.

[17] 宋春香. 煤质成分对煤尘爆炸特性影响实验研究[J]. 煤炭技术, 2015, 34(2): 189-191.

[18] Li Q Z, Lin B Q, Dai H M, et al. Explosion characteristics of H_2/CH_4/air and CH_4/coal dust/air mixtures[J]. Powder Technology, 2012, 229(6): 222-228.

[19] 李敏. 煤表面含氧官能团的研究[D]. 太原: 太原理工大学, 2004.

[20] 谢克昌. 煤的结构与反应性[M]. 北京: 科学出版社, 2002.

[21] 李伍, 朱炎铭, 陈尚斌, 等. 低煤级煤生烃与结构演化的耦合机理研究[J]. 光谱学与光谱分析, 2013, 33(4): 1052-1056.

[22] Xu H, Wang X, Gu R, et al. Experimental study on characteristics of methane–coal-dust mixture explosion and its mitigation by ultra-fine water mist[J]. Journal of Engineering for Gas Turbines and Power, 2012, 134(6): 401-406.

[23] Yu S J, Xie F C, Lu C, et al. Oxidation and inhibition characteristic of coal with different deoxidization degree[J]. Journal of China Coal Society, 2010, 35(S1): 136-140.

[24] 谢波, 范宝春. 大型管道中主动式粉尘抑爆现象的实验研究[J]. 煤炭学报, 2006, 31(1): 54-57.

[25] 邢晓江, 范宝春, 杨宏伟. 管内粉尘抑爆效果的实验研究[J]. 弹道学报, 2000, 12(4): 72-76.

[26] 王秋红. 粉体抑爆技术应用于煤矿的现状与问题探讨[J]. 煤矿现代化, 2008, 5(86): 27-28.

[27] 金龙哲, 程卫民. 关于岩粉隔爆效果的探讨[J]. 山东科技大学学报: 自然科学版, 1998, (4): 19-21.

[28] Dastidar A G, Amyotte P R, Going J, et al. Flammability limits of dusts: minimum inerting concentrations[J]. Process Safety Progress, 1999, 18(1): 56-63.